石油炼制工艺水污染物来源与末端控制技术

张　华　李兴春　吴百春　张晓飞　等编著

石油工业出版社

内容提要

木书基于国内外石油炼制行业的大量调研资料，从原油性质入手，系统梳理了石油炼制工艺水污染物的来源与转化，分析了典型废水产生的过程与污染物降解趋势，并对国内外水污染控制技术的应用与进展进行了分类总结，结合行业污染控制现状与技术需求，提出了点源污染治理与系统优化的技术对策及管理建议。

本书适合从事石油炼制及环境保护的相关管理人员、技术人员和高等院校相关专业师生阅读和参考。

图书在版编目(CIP)数据

石油炼制工艺水污染物来源与末端控制技术 / 张华等编著 .— 北京：石油工业出版社，2021. 5

ISBN 978-7-5183-4667-7

Ⅰ. ①石… Ⅱ. ①张… Ⅲ. ①石油炼制-水污染防治-研究 Ⅳ. ①X742

中国版本图书馆 CIP 数据核字(2021)第 112091 号

出版发行：石油工业出版社
(北京安定门外安华里 2 区 1 号楼 100011)
网 址：www. petropub. com
编辑部：(010)64523546 图书营销中心：(010)64523633
经 销：全国新华书店
印 刷：北京中石油彩色印刷有限责任公司

2021 年 5 月第 1 版 2021 年 5 月第 1 次印刷
787×1092 毫米 开本：1/16 印张：18. 75
字数：430 千字

定价：120. 00 元
(如出现印装质量问题，我社图书营销中心负责调换)

《石油炼制工艺水污染物来源与末端控制技术》
编　写　组

组　长：张　华

副组长：李兴春　吴百春　张晓飞

成　员：陈春茂　张瑞成　谢加才

刘译阳　李嫣宁

前　　言

近十年来，炼油行业水资源环境压力日趋突出。一方面，原油品质日益下降，劣质化、重质化加剧，而产品环境标准不断提高，导致废水及其污染物产生强度显著增加；另一方面，国家要求的企业用水定额、排水基准和水污染物排放总量持续下降。“十三五”期间，污水处理设施大规模升级改造后，炼油行业普遍能够实现废水达标排放。但是，在源头控制、末端治理技术没有实质性突破的情况下，目前的绩效水平实质上是资源环境、技术、经济弱平衡的结果，并不代表采用最佳适用技术(BAT)和相应技术组合就能够达到处理效果，也不足以支撑炼油行业达到更高的国家政策法规要求和行业自愿承诺的持续节水、减排的目标。

笔者长期从事石油石化行业水污染治理研究工作，在综合现有文献和现场调研、实验研究成果的基础上，系统描述了原油中水污染物组成及其在加工过程中的迁移、转化，分析了典型工艺废水的特征污染物和相应的分离、降解趋势。通过对比不同的实验结果、工程案例，提出了工艺废水隔离、处理和全流程的技术对策及管理建议。同时，根据全面的水平衡分析阐述了工艺废水、循环冷却水、新鲜水脱盐对用水/排水强度、盐和持久性有机物的相对贡献，可以用来确定进一步节水、减排的重点方向和技术路线。希望本书能为推动石油石化行业污染防治与资源化的发展起到促进作用，为从事此项工作的技术人员和管理人员提供借鉴和启发，为中国石油石化行业绿色低碳转型发展贡献一份绵薄之力。

为更加真实地反映行业内装置运行现状，本书除了参考公开的文献外，还开展现场调研并收集了非公开的行业内部资料。所有实地调研资料均经过脱密处理后使用。对工业规模实际应用技术与效果的客观描述，按研究报告(政府/行业/机构)、技术文献、商业公司资料的优先顺序引用公开文献。由于石油石化行业上游和下游(炼油)的水污染物同源，本书较多地引用了上游的相关研究成果。

本书在编写和成稿过程中，汇集了石油石化污染物控制与处理国家重点实验室相关研究成果，得到了国家“水体污染控制与治理科技重大专项”的资助。朱洪法教授对本书的编写提出了许多宝贵的意见，在此表示衷心的感谢！

由于水平有限，书中难免存在疏漏和不当之处，恳请读者批评指正。

目　　录

第1章　概述……………………………………………………（1）

第2章　石油炼制工艺及污染物产排 ………………………（5）

2.1　原油基本物性 ………………………………………（5）
2.2　非常规原油性质 ……………………………………（10）
2.3　中国加工原油性质 …………………………………（12）
2.4　炼厂配置 ……………………………………………（15）
2.4.1　原油脱盐 …………………………………………（20）
2.4.2　蒸馏装置 …………………………………………（23）
2.4.3　催化裂化 …………………………………………（25）
2.4.4　减黏裂化 …………………………………………（26）
2.4.5　耗氢工艺 …………………………………………（27）
2.4.6　催化重整 …………………………………………（28）
2.4.7　焦化装置 …………………………………………（28）
2.4.8　沥青生产 …………………………………………（30）
2.4.9　汽油醚化 …………………………………………（30）
2.4.10　烷基化……………………………………………（31）
2.4.11　异构化……………………………………………（32）
2.4.12　润滑油基础油生产………………………………（32）
2.4.13　产品处理…………………………………………（32）
2.4.14　气体分离…………………………………………（33）
2.4.15　储存/混合 ………………………………………（35）
2.4.16　硫黄回收…………………………………………（37）
2.4.17　异常操作…………………………………………（37）

第3章　石油炼制污染源汇解析 ………………………………（39）
3.1　商品原油 ………………………………（39）
3.1.1　采出水 ………………………………（39）
3.1.2　金属离子 ………………………………（41）
3.1.3　石油烃 ………………………………（42）
3.1.4　酚类 ………………………………（47）
3.1.5　有机酸类 ………………………………（48）
3.1.6　表面活性剂 ………………………………（51）
3.1.7　聚合物 ………………………………（53）
3.2　迁移转化 ………………………………（53）
3.2.1　生产过程分析 ………………………………（53）
3.2.2　有机酸的迁移与转化 ………………………………（54）
3.2.3　有机氮与硫的迁移与转化 ………………………………（56）
3.2.4　酚的迁移与转化 ………………………………（56）
3.2.5　金属离子的迁移 ………………………………（57）
3.3　乳化过程 ………………………………（58）
3.3.1　乳化物 ………………………………（58）
3.3.2　乳化稳定剂 ………………………………（58）
3.3.3　协同乳化作用 ………………………………（61）
3.3.4　乳化对石油炼制工艺的影响 ………………………………（63）
3.3.5　乳化过程控制 ………………………………（64）
3.4　污染负荷 ………………………………（67）
3.5　典型水质 ………………………………（72）
3.5.1　分析项目 ………………………………（73）
3.5.2　油罐底水 ………………………………（76）
3.5.3　电脱盐废水 ………………………………（79）
3.5.4　酸性水汽提废水 ………………………………（91）
3.6　降解趋势分析 ………………………………（96）
3.6.1　石油烃和酚 ………………………………（98）
3.6.2　有机酸 ………………………………（100）

3.6.3 化学添加剂 …………………………………………………………… (106)
3.6.4 综合处理 …………………………………………………………… (108)
第4章 水污染控制常规技术 …………………………………………… (127)
4.1 均质调节 …………………………………………………………… (129)
4.2 旋流分离 …………………………………………………………… (130)
4.3 混凝/絮凝 …………………………………………………………… (130)
4.3.1 技术原理 …………………………………………………………… (130)
4.3.2 案例分析 …………………………………………………………… (132)
4.4 化学沉淀与沉降分离 …………………………………………………… (135)
4.4.1 化学沉淀 …………………………………………………………… (135)
4.4.2 沉降/澄清…………………………………………………………… (135)
4.5 浮选技术 …………………………………………………………… (137)
4.5.1 浮选原理 …………………………………………………………… (137)
4.5.2 改进浮选 …………………………………………………………… (139)
4.6 机械过滤 …………………………………………………………… (140)
4.7 化学氧化 …………………………………………………………… (140)
4.8 还原/水解 …………………………………………………………… (146)
4.9 微滤/超滤 …………………………………………………………… (146)
4.10 纳滤/反渗透 …………………………………………………………… (148)
4.11 正向渗透…………………………………………………………… (150)
4.12 结晶浓缩…………………………………………………………… (151)
4.13 固相吸附…………………………………………………………… (152)
4.13.1 吸附原理与吸附剂………………………………………………… (152)
4.13.2 吸附在石油行业中应用…………………………………………… (154)
4.14 离子交换…………………………………………………………… (157)
4.15 溶剂萃取…………………………………………………………… (158)
4.16 蒸馏/精馏 …………………………………………………………… (159)
4.17 废水蒸发…………………………………………………………… (160)
4.18 气提转移…………………………………………………………… (160)
4.19 湿式氧化…………………………………………………………… (162)

4.20 生物方法……………………………………………………………… (164)
4.21 废水焚烧……………………………………………………………… (166)
4.22 电化学法……………………………………………………………… (167)
4.23 其他技术……………………………………………………………… (171)

第5章 炼厂水污染防治技术的应用 …………………………………… (173)

5.1 油罐底水 ………………………………………………………………… (174)
5.2 电脱盐废水 ……………………………………………………………… (175)
5.2.1 脱盐工艺控制 ………………………………………………………… (175)
5.2.2 电脱盐废水预处理 …………………………………………………… (176)
5.3 酸性废水 ………………………………………………………………… (178)
5.3.1 常规酸性水汽提工艺 ………………………………………………… (178)
5.3.2 酸性水汽提工艺优化 ………………………………………………… (181)
5.3.3 其他酸性气/水………………………………………………………… (182)
5.3.4 酸性水汽提运行现状 ………………………………………………… (184)
5.4 废碱处理 ………………………………………………………………… (187)
5.4.1 废碱的产生与组成 …………………………………………………… (187)
5.4.2 废碱的处理与处置原则 ……………………………………………… (188)
5.4.3 废碱处理技术 ………………………………………………………… (190)
5.5 油水分离 ………………………………………………………………… (195)
5.5.1 物理除油 ……………………………………………………………… (195)
5.5.2 混凝—浮选 …………………………………………………………… (196)
5.5.3 其他技术 ……………………………………………………………… (197)
5.5.4 应用案例 ……………………………………………………………… (198)
5.6 废水处理厂(WWTP) …………………………………………………… (201)
5.6.1 IWTT 数据分析 ……………………………………………………… (201)
5.6.2 国内炼厂污水处理厂处理系统及污染负荷 ………………………… (210)
5.6.3 炼油废水处理流程分析 ……………………………………………… (227)
5.6.4 炼厂废水处理厂废水负荷衡算 ……………………………………… (232)

第6章 石油炼制行业水系统优化 ……………………………………… (242)

6.1 冷却系统 ………………………………………………………………… (243)

6.2 能源系统 …………………………………………………… (247)
6.3 生产用水 …………………………………………………… (249)
6.4 系统集成 …………………………………………………… (251)
6.5 废水管理措施 ……………………………………………… (251)
第7章 建议与展望 ………………………………………… (253)
7.1 隔离与稀释 ………………………………………………… (254)
7.2 浓缩与降解 ………………………………………………… (255)
7.3 成熟与先进 ………………………………………………… (258)
7.4 水量与水质 ………………………………………………… (263)
参考文献 …………………………………………………… (265)

第 1 章　概　　述

随着产品质量标准(包括环境标准)越来越严格，炼油工艺必须去除或转化原油中的杂质，从而产生产品、副产品甚至废物流，后者同样需要满足更加严格的污染控制环境标准。与此同时，由于资源、价格因素，炼厂更多地使用重质、酸性等“劣质原油”或“机会原油”等非常规原油，导致炼油工艺更加复杂，资源消耗强度、环境压力明显上升。尽管如此，“十三五”期间，国内炼油企业普遍对废水处理设施进行了升级改造，全面达到水环境污染物排放标准，总体接近甚至超过欧美炼厂的先进水平。但是，必须承认，这种状态实际上是一种经济、资源和环境平衡与妥协的结果，投资运行成本高，管理难度大；同时，不能排除合规但不合理的“稀释”(低污染废水与重污染废水混合)和污染物的相/介质转移(如废水与固体废物)的作用，也难以避免一些低效的“先进技术”占用了有限的资源。虽然相关研究、技术、管理机构进行了大量的分析和验证，判断原油劣质化确实增加了炼油废水处理的难度，却难以将原油品质与炼油工艺和废水处理过程中污染物迁移(产品与废物流)、转化(分解与转移)处理效果系统地关联起来，也就不足以支持全面客观的环境绩效评价，进而选择最佳适用技术(BAT)或做法(BAP)。因此，本书将从水污染物来源、迁移、转化的角度，全面描述炼油工艺；基于污染特征，论证特定技术的可行性或可能的效果、特定工艺废水和废水处理厂(WWTP)的适用技术和技术组合/流程的适用条件和运行效果。作为炼油行业重要的环境指标之一，单位原油加工量的新鲜水消耗与冷却水系统、能源系统(产蒸汽)的新鲜水消耗密切相关，且后者对废水系统的污染负荷(水量和水质)影响很大，废水深度处理回用的目标多是冷却水系统补充水或产蒸汽锅炉给水，因此，本书也简要介绍了不同系统的用水特点和可能的集成方式。最后，重点讨论了“隔离与稀释”“浓缩与降解”“成熟与先进”“水量与水质”等技术问题，提出了技术选择、优化的方向与领域。

商品原油既是石油炼制的原料，也是石油炼制废水水污染物的主要来源。原油实质上是一种天然矿物，含水率、“四组分”(饱和烃、芳烃、沥青质、胶质)、酸值、碱值、氮和硫含量、重金属含量等常用指标可以用来判断原油所含的杂质或水污染物及其前体的种类和水平。但是，不可能将这些指标与废水表观污染指标[如化学需氧量(COD)、氮含量]或特征污染物(石油烃、酚、有机酸)直接关联起来。可以通过分析所有涉及水污染物迁移转化的炼油工艺、相应的产品和中间产品的指标变化、工艺废水水质，取得准确信息。商品原油储罐是炼厂废水的重要来源，经过长期沉降，底水(与底泥没有严格的界限)会排入废水系统，除了乳化更为严重之外，溶解性污染物与上游的采出水基本相同，包括溶解盐、有机酸和少量的溶解烃；严格地说，脱盐(普遍采用电脱盐)实质上也是一种脱水工艺，除了起到明显的脱盐(溶解盐)作用外，由于温度升高、原油与水的比例和水质(含盐量)的变化、油包水乳化物的破乳，低溶解度的重质有机酸/环烷酸也更多地分配到水相，表现为脱盐原油的含盐量、酸值降低。除了原油中的乳化水，电脱盐废水的污染物来源也包括脱盐使用的新鲜水或回用水(主要是酸性水)。真正的炼油工艺实际上从常减压蒸馏开始，基于不同组分的馏点分离原油，有机重金属主要分配到渣油中，有机氮、有机硫和环烷酸会不同程度地分配到柴油、煤油馏分或渣油中。催化裂化、焦化等转化工艺均会出现不同程度的裂解反应，产生酚、H_2S、氨氮、HCN，环烷酸会转化为简单的有机酸；焦化过程中，重金属进入石油焦。加氢裂化、加氢精制等耗氢工艺还原非烃有机物，产生 H_2S、氨氮，酚和环烷酸会转化为烃，否则这些有机物会转移到处理产品的废碱液中。热转化和加氢转化工艺的酸性废水分别为含酚废水和非含酚酸性废水，经过酸性水汽提，废水的氨氮和硫化氢含量可降低到极低的水平(需要为废水生物处理保留必要的氮)，之后部分用于电脱盐，酚由原油吸收。液化石油气(LPG)脱硫为相对封闭的系统，脱硫所用的胺不会进入废水系统。除了脱盐工艺投加的破乳剂、控制局部 pH 值投加少量的酸、碱，炼油工艺本身没有其他水污染物输入。另外，几乎其他所有炼油工艺都会出现物料与不同水介质(蒸汽、冷却水、工艺用水)接触的情况，产生含油废水。

由于在水中溶解度极低，石油烃污染物主要以分散、乳化形态存在。经过沉降、浮选等处理工艺，废水中含油量可降低到20mg/L或更低的水平，再经过生化等处理，最终出水中可达到未检出的水平，但不能证明完全矿物化，需要进一步分析可能的降解产物。原油中沥青质、胶质、天然表面活性剂(主要是环烷酸)、采油过程中加入的表面活性剂(聚合物驱油剂)、非溶解矿物、垢和腐蚀产物会形成非常稳定的乳化物，产生油—水界面的“老化油”、油罐底泥、电脱盐污泥。另外，高 pH 值的酸性水汽提净化水可能加剧电脱盐废水的乳化。常规的破乳(混凝)实际上不能实现油、水、固分离(分离的产物依然为含油污泥)，需要在源头隔离，单独处理，包括进一步浓缩分离固(乳化物)/液(水)之后作为固废处置，避免浓缩、稀释、再浓缩的无效循环。溶解态的石油烃(如BTEX)、简单的有机酸、酚易通过生物氧化或化学氧化矿物化，多环芳烃(PAH)和环烷酸最难降解，几乎不能通过生物降解或化学氧化实现完全矿物化。低分子量、溶解形态的有机酸可生物降解。厌氧或水解工艺能够去除BTEX等石油烃，但不能去除有机酸。厌氧条件下通过硫酸盐还原作用分解有机物的机理比较明确，即在地质环境中烃转化为有机酸的主要生物过程，但非常缓慢，不适于工程应用。好氧生物降解的主要限制因素在于污染物的生物适用性差、生物相浓度低。

与更重视源头隔离处置的欧美炼油行业废水处理工艺相比(普遍为隔油、浮选、活性污泥法、活性炭法)，国内炼油行业的相应流程要复杂得多，特别是一级处理后的二级或达标排放处理，通常串联了厌氧/水解酸化、活性污泥、生物膜等多级生化处理工艺，也有更复杂的高级氧化与生化的组合。所有废水处理技术都可分为浓缩或降解两类，同类技术的不同形式或不同技术的组合可达到不同的效率，但并不能改变能够达到分离/破乳/混凝/矿物化水平的效果。各种处理方法去除特定污染物或降低COD并非意味着有机物的矿化，在同一工艺中，可能涉及挥发、吸附、转化(形成中间产物)等复杂过程，如好氧生物处理的挥发和生物质吸附、多相催化中的固体催化剂吸附等，均对污染物浓度的降低有显著贡献。多级生物处理不能解决生物适用性的问题，高级氧化只能部分降解或效果有限。除了隔离废碱液、采用湿空气氧化降解COD、提高可生化性，炼厂重污染废水处理的稳定达标排放更多的是通过其他废水稀释、投加粉末活性炭吸附实现。为了解决现有超滤、反渗透脱盐膜污染和回收率低的问题，可将纳滤作为反渗透的预处理，浓缩多价离子和高分子量有机物，具有运行压力低、抗污染性强、浓水量少等特点，浓水处理/处置的负荷低(更适合混凝/石灰沉淀处理)；后续的反渗透浓水为高品质软化水或盐水(NaCl)，可以直接利用或蒸发结晶。对于电脱盐废水，纳滤同样可以作为一种预处理工艺，降低后续生物处理的负荷，简化达标排放的流程。

《石油炼制工业污染物排放标准》(GB 31570—2015)要求按基准水量($0.5m^3/t$原油加工量)核算排放浓度，即实际单位排水量大于$0.5m^3/t$时，需要将实际排放浓度乘以后者与前者的比值(大于1)，再与标准的限值对比是否超标。根据近年的统计数据，很多炼厂的单位排水量为$0.6\sim1.5m^3/t$，只有个别企业低于$0.5m^3/t$，按40mg/L的排放口监测浓度核算，COD接近达标或明显超标(50mg/L)。另外,《关于印发钢铁等十八项工业用水定额的通知》(水节约〔2019〕373 号)中《工业用水定额:石油炼制》给出的通用值为 0.56m^3/t(包括所有用水),明显低于上述 0.6~1.5m^3/t 单位排水量。再考虑到冷却系统蒸发和其他漏失损失,达到这一定额的难度非常大。冷却水蒸发损失和排污是所有炼厂的最大水耗或废水来源,前者难以避免,后者只能通过提高浓缩倍数、减少水量来实现,但是不能减少污染物量(主要是无机盐);可能的替代方案是空气冷却和低温冷却,但需要较大的投资和系统改造。在普遍采用双膜脱盐实现较大比例废水回用的情况下(污染物浓缩后通过废水系统排放),如果废水量进一步减小,达标排外部分废水处理设施的污染物浓度会显著提高,需要考虑去除浓水中的顽固性有机物,或者通过蒸发实现液体零排放,将废物转移到固相。虽然双膜、蒸发结晶两种技术都很成熟,但是必须优化进水水质和运行条件。

第2章 石油炼制工艺及污染物产排

本章主要描述了不同装置的用水、排水过程和相应的水污染物、废水量，同时介绍了炼油工艺原料、设计和运行的影响以及装置内、外的废水梯级利用现状。污染物迁移转化的物理、化学过程将在3.2中详细讨论。本章前两节概述了原油的物性和炼厂的配置。酸性水汽提实际上也是一种废水处理工艺，与后续的废水处理、回用密切相关；脱盐也是一种油水分离过程，将在第5章中详细讨论。另外，本章还简要介绍了与酸性水汽提衔接的硫黄回收技术。

2.1 原油基本物性

原油包括许多化合物，通常分为四类：饱和烃、芳烃、沥青质、胶质(SARA)。基于API度，原油可分为API度为32~35°API的轻质原油和API度小于32°API的重质原油，如表2.1所示。重质原油特征是饱和组分含量比其他原油低得多，总酸值(TAN)高(大于2mg KOH/g)；极性组分(胶质和沥青质)含量高，密度和黏度较高。轻质原油的酸性和碱性组分含量低。

表2.1 原油的物理化学性质和组分

原油		A	B	C	D	E
API度,°API		19.2	35.8	23.0	36.3	37.9
20℃密度，g/cm^3		0.935	0.841	0.911	0.839	0.831
20℃黏度，mPa·s		354.4	14.2	74.4	10.3	8.3
TAN(总酸值)，mg KOH/g		2.2	<0.1	2.7	0.2	0.5
TBN(总碱值)，mg KOH/g		2.8	1.0	1.1	1.1	0.4
SARA组分,%(质量分数)	饱和烃	50.6	84.0	64.9	71.5	74.8
	芳烃	31.2	13.4	26.3	23.1	23.2
	胶质	15.7	2.3	8.4	5.1	1.9
	沥青质	2.5	0.3	0.4	0.3	0.1
水含量，μg/g		590.9	85.4	535.8	202.4	333.4

石油生物降解会首先去除其中的饱和烃，重质极性和沥青质组分浓缩在残余原油中，原油的黏度、硫和金属含量增加。水是生物降解必需的要素，因此，生物降解通常伴随着水洗。水洗的一个主要化学影响是去除水溶性更强的石油组分，特别是低分子量的(LMW)的芳烃，如苯、甲苯、乙苯和二甲苯(BTEX)。

只含碳和氢的化合物定义为烃。由于没有官能团，在室温条件下，烃通常无极性，化学反应性弱。芳烃化合物具有单个或多个苯环结构，苯最为简单，含有6个碳原子和6个氢原子(单环化合物)。多环芳烃化合物(PAH)是指含两个或多个苯环的化合物。在每一种非芳烃(脂肪烃)中，可进一步分为直链(如正构烷烃)、支链和环(脂肪族)化合物。原油由埋覆的生物质经过漫长的地质演变形成(特别是海洋沉积层)，地球化学转化过程极其复杂，有时包括生物降解反应，产生结构复杂的聚合物。

沥青质是复杂的极性多环物质，可溶于苯/乙酸乙酯，不溶于低分子量的正构烷烃，是一种从灰黑色到黑色的易碎固体，没有明确的熔点。通常认为，沥青质含有烷基和脂环侧链及分散的杂原子(氮、氧、硫、钒、镍等)。沥青质分子中的碳数不小于30，分子量500~10000，具有非常稳定的碳氢比(1.15)，相对密度接近1。胶质是复杂的高分子化合物，不溶于乙酸乙酯，但溶于正庚烷，与沥青质类似，含有氧、氮和硫原子，分子量500~2000。原油中胶质易与沥青质结合形成一种胶束，对稳定乳化物起到了关键作用。

原油组分是决定炼厂可生产产品范围和质量的最重要参数。常规原油大约含84%的碳、14%的氢、1%~3%的硫和平均低于1%的氮、氧、金属及盐等。原油中，烃混合物占95%~99%，杂质通常占总量的1%~5%，而且多数杂质与烃化学键合，如硫、氮、钒和镍；其他为无机物，如砂/黏土、水和水溶解的锌、铬、钠盐。原油按硫含量可分为低硫原油、含硫原油和高硫原油三类。图2.1为原油中存在的典型含硫有机物。原油中，总硫含量可能低至0.04%或高达5%，硫含量高于0.5%硫的原油通常称为“酸性”原油。总的来说，高沸点馏分的硫含量高。此外，原油可根据API度分为重质原油或轻质原油，API度小于32°API的为重质原油，API度为32~35°API的为轻质原油。世界各地的炼厂使用的原油通常有5种，如表2.2所示。不同原油的产地不同，性质也存在很大差异，如表2.3所示。

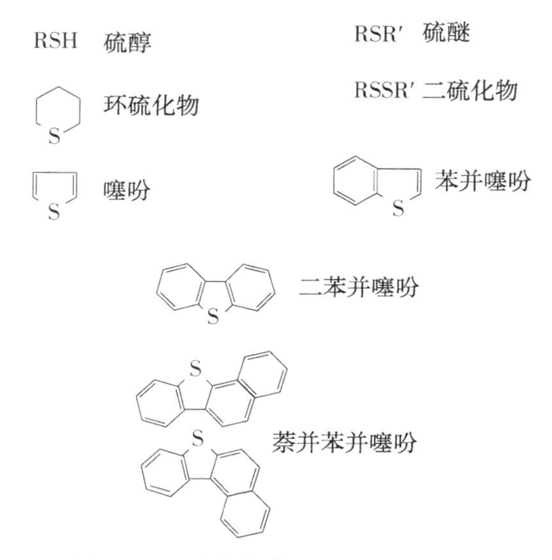

图 2.1　原油中典型的含硫有机物

表 2.2　炼厂使用的5种原油

原油类型	API 度,°API	硫(S),%	常压渣油,%(体积分数)
轻质酸性	>30	>0.5	<50~60
轻质低硫	>30	≤0.5	<50~60
重质低硫	≤30	≤0.5	>50~60
重质酸性	≤30	>0.5	>50~60
超重(油砂和沥青)	<15	>0.5	>60

表 2.3　原油来源与基本性质

原油来源	原油类型	密度, kg/m^3	动力黏度, mm^2/s	硫含量,%	钒, mg/kg	镍, mg/kg
中东	Arabiant 轻质	864	5.18	1.91	23.7	4.6
	Iranian 重质	870	7.85	1.67	68.2	21.4
	Arabian 重质	889	14.54	2.92	69.8	22.3
	Iranian 轻质	860	5.11	1.46	55.2	17.0
	Kuwait	870	6.90	2.47	32.9	9.6
北海	Statfjord	830	2.70	0.26	1.5	0.7
	Oseberg	845	3.47	0.24	1.6	0.8
俄罗斯	Ural	864	5.41	1.55	37.1	12.2

大约95%的原油氮含量小于0.25%，部分原油氮含量小于1%。在所有原油馏分中，氮含量随着沸点的升高而增加。原油中的氮通常分为碱性氮（吡啶衍生物）和非碱性氮（吡咯衍生物），如图2.2所示。不论原油的来源如何，碱性氮与非碱性氮的比例为0.25~0.35。氮含量高的原油会增加腐蚀，降低煤油质量，并增加流化催化裂化（FCC）装置的盐负荷。原油中的含氮化合物与离子反应，形成氯化铵盐，在常减压蒸馏装置和FCC分流塔中沉积造成压降增加和塔盘堵塞，也会使催化剂中毒，降低加氢和FCC催化剂的寿命。

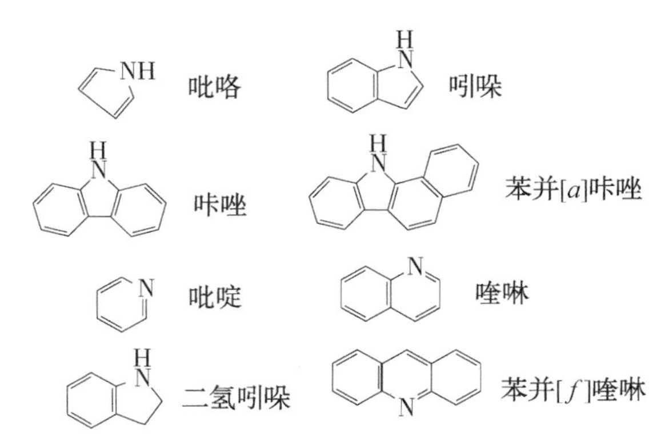

图2.2　原油中典型的含氮化合物

炼厂需要检测、控制环烷酸，其种类超过1000种，主要是烃（唯一能源）和微生物代谢的产物。采用酸值（TAN）分析原油中的酸含量，定义为中和1g原油样品所需的KOH的量（mg KOH/g）。原油的酸值通常为0.1~3.5mg KOH/g，少数原油的酸值会超过10mg KOH/g。环烷酸会造成常减压蒸馏装置严重腐蚀。除了造成炼厂设备腐蚀外，高酸值原油还会产生其他问题：金属含量高，造成流化催化裂化和加氢裂化装置的催化剂中毒；高酸值原油加工过程中盐析出量大，造成装置与管线堵塞；环烷酸盐具有强乳化作用，加大了原油脱盐难度。

炼厂控制原油酸值的主要方法包括不同原油掺混、投加中和剂和萃取剂等，其中中和剂会产生乳化物等副产物，萃取剂可分离出原油中的有机酸，但同样会造成乳化。虽然将高酸值（1.1~4.3mg KOH/g）原油与酸性原油一起处理可通过金属表面硫化减缓高温腐蚀，但是，要达到最终燃料产品的硫含量标准，仍需要加氢脱硫装置。

原油中存在不同形态的金属，如铁、镍、钒、镁、钠和钙等，如表2.4所示，不同产地的原油含有的金属物质浓度也存在差异。近年来，由于勘探和开采方式的变化，金属含量持续增加，表2.5为原油中金属和其他元素的含量。金属物质提高了原油的电导率，增加了脱盐难度，并易造成污染，其中有机钙问题最为严重。在某些原油中，钙可转化为碳酸钙形态。

表2.4 不同产地原油的金属含量

原油产地	金属含量，μg/g			
	Fe	Ni	V	Cu
East Texas	3.2	1.7	12	0.4
West Texas	5.1	4.8	7.9	0.4
Mirando	7.6	1.9	1.4	0.5
Jackson	4.4	1.8	0.9	0.1
Scurry County	3.4	1.0	0.8	0.2
Wilmington	28	46.0	41.0	0.6
Santa Maria	17	97.0	223.0	0.3
Kettleman	24	35.0	34.0	0.4
Ventura	31	33.0	49.0	1.1
Tibu-Petrolea	1.6	9.0	60.0	0.9
Kuwait	0.7	6.0	77.5	0.1
Mid-Continent	3.8	4.2	7.9	0.3
Kansas	5.8	5.8	20.8	0.4
Morocco		0.8	0.6	0.1
Redwater	3.4	10.6	4.5	0.1

表2.5 原油中的金属和其他元素含量范围

元素	含量范围，μg/g	元素	含量范围，μg/g
V	5.0～1500	Ce	0.001～0.6
Ni	3.0～120	Zr	0.001～0.4
Fe	0.04～120	Ti	0.001～0.4
Cu	0.2～12.0	Sn	0.1～0.3
Co	0.001～12	Pb	0.001～0.2
Si	0.1～5.0	Hg	0.03～0.1
Ca	1.0～2.5	B	0.001～0.1
Mg	1.0～2.5	Ga	0.001～0.1
Zn	0.5～1.0	Ba	0.001～0.1
Al	0.5～1.0	Sr	0.001～0.1

2.2 非常规原油性质

非常规原油包括超重原油、油砂、页岩油等。超重原油的 API 度为15°API 或更低，目前开采的极重原油为委内瑞拉原油，API 度约为 8°API。重质原油必须与稀释剂混合(如 LPG)降低黏度，才能增加管线内的流动性以便于运输。同时也需要提质取得更加轻质的混合油，典型混合油的 API 度值为 26~30°API。油砂的处理方式与超重原油类似，其性质对比如表 2.6 所示。多数油页岩为细颗粒沉积岩，有机质含量高，通过损毁性蒸馏也可提取出大量的页岩油和可燃气体。

表 2.6 重油和油砂的性质

性质	重油	油砂
API 度,°API	20~22	7~19
密度，kg/m^3	920~950	>1000
硫含量,%	3~4.5	>4
黏度，mPa·s	>30000	>100000(250℃)

“机会”(Opportunity)原油(国内有时称为“劣质原油”)通常具有很多不利的性质，如低 API 度、高黏度、高倾点、高氮含量、高重金属含量和高酸值等，如表 2.7 所示。这些性质往往相互影响，造成炼厂多层面的复杂问题。低 API 度原油中固体含量普遍较高，如加拿大和南美稀释沥青中固体含量高，造成脱盐工艺严重的运行问题：固体颗粒物沉淀至罐底成为污泥，增加废水处理的负荷。

表 2.7 “机会”原油性质

项目	性质	不良影响
密度	密度接近水，需要稀释剂，分离水和烃	水/油分离
硫	硫含量高，需要加氢处理。	腐蚀
氮	氮含量高，需要加氢去除，产生 NH_3	腐蚀
金属(V、Fe)	催化剂更换多	催化剂失活
金属(Na、Ca、As)	碱性金属，需要专门的保护床/催化剂去除	腐蚀/催化剂失活

续表

项目	性质	不良影响
沥青	可能造成污染，装置需经常维护	污染
环烷酸	高含量造成腐蚀	腐蚀污染
氯化物	通常与碱性金属相关	腐蚀
黏度	泵输送黏度过高，需要稀释剂	输送/加压成本高

页岩油的 API 度为 30～40°API，硫含量≤0.2%(某些页岩油中硫化氢和硫含量较高)，总酸值≤0.1mg KOH/g，沥青质含量≤0.1%，可滤出固体含量为 501～841μg/g，渣油产率≤10%。页岩油的烷烃含量高(熔点高于 93℃)，分子量较大的蜡沉积会污染输送管线、储罐和工艺装置；轻质烷烃与重质、沥青质原油混合则会导致沥青质不稳定，造成污泥沉积，减少储罐容量，也会稳定脱盐罐的乳化物。页岩油的硫含量低，与酸值高的中、高含硫量原油混合可降低环烷酸腐蚀的风险，但由于硫化氢腐蚀和毒性带来严重的健康和安全问题，因此通常采用胺对原油脱硫。胺脱硫后，胺会分配到油相，通过电脱盐后，与常压蒸馏中和塔顶的氯化氢(HCl)反应，沉积盐污泥在罐底达到 10%～15%。胺也会与盐水一起进入废水处理装置，造成高化学需氧量(COD)和硝化负荷；胺会提高电脱盐罐的 pH 值，使得老化油层更加稳定，影响电脱盐罐运行。

加拿大超重原油(CHO)，沥青质原料的密度大，通常金属(镍和钒)和其他成分(氮和硫)的含量偏高，油和固体不易分离，导致氨、硫化氢、金属含量高，影响脱盐、酸性水汽提、焦化、硫黄回收等工艺及废水处理效率。表 2.8 为典型艾伯塔沥青的性质。

表 2.8　艾伯塔沥青的主要性质

项目	冷湖沥青	阿萨巴斯卡沥青
API 度，°API	10	9
硫含量，0%	4.4	4.9
氮含量，%	0.4	0.5
金属，μg/g	220	280
黏度(40℃)，mPa·s	50	70
减压渣油(>525℃馏分)，%	52	52
H/C(>424℃馏分)	1.4	1.46
API 度(>424℃馏分)，°API	10.9	7.4

2.3 中国加工原油性质

近年来，中国加工原油的性质也发生了较大变化。2000 年，中国石化高含硫原油加工能力仅为 33.50×10^6t/a，2010 年已达 105×10^6t/a，增长了 3.14 倍。从 2000 年至 2010 年，中国石化实际加工高含硫原油由 15.85×10^6t 增加到 73.94×10^6t，增长了 4.66 倍，而且 2010 年实际加工含硫/高硫原油 126.40×10^6t，占原油加工总量的 59%，实际加工含酸/高酸原油 81.66×10^6t，占原油加工总量的 38%。

我国是石油进口大国，表 2.9 为我国前 10 位原油进口国的平均原油性质，密度、硫含量、黏度和酸值之间无相关性。

表 2.9 中国前 10 位原油进口国部分原油性质

原油	密度(15℃) kg/m³	硫含量,%	运动黏度 m²/s	酸值 mg KOH/g	API 度 °API
伊拉克 Basrash Light	874.5	2.92	7.03×10^{-6}(50.0℃)	0.11	30.2
俄罗斯 Rebco	864.7	1.80	4.92×10^{-6}(20.0℃)	0.39	32
沙特阿拉伯 Arabian Extra Light	827.8	0.81	2.12×10^{-4}(21.1℃)	<0.05	39.3
沙特阿拉伯 Arabian Light	855.8	1.96	2.82×10^{-4}(15.6℃)	<0.05	33.7
沙特阿拉伯 Arabian Medium	871.1	2.58	7.48×10^{-4}(15.6℃)	0.28	30.8
沙特阿拉伯 Arabian Heavy	888.0	2.99	1.01×10^{-3}(15.6℃)	0.2	27.7
阿曼 Oman Crude	863.4	1.33	1.08×10^{-5}(50.0℃)	0.50	32.3
科威特 Kec	875.4	2.89	5.76×10^{-4}(15.6℃)	0.18	30.0
阿联酋 Upper Zakum	854.2	1.89	4.37×10^{-6}(50.0℃)	0.05	34.0
委内瑞拉 Boscan	996.2	5.70	1.12×10^{-2}(37.8℃)	1.48	10.4
委内瑞拉 Merey	958.6	2.74	8.81×10^{-4}(30.0℃)	1.2	16.0
伊朗 Iranian Heavy	878.6	1.87	8.51×10^{-6}(40.0℃)	0.07	29.4
伊朗 Soroosh	941.2	3.58	1.57×10^{-4}(40.0℃)	0.30	18.7
伊朗 Sirri	857.5	1.81	1.79×10^{-5}(10.0℃)	0.06	33.4
伊朗 Bahregan	886.3	1.58	1.3×10^{-5}(40.0℃)	<0.05	
安哥拉 Dalia	914.5	0.51	2.69×10^{-5}(50.0℃)	1.50	23.1
安哥拉 Kuito	921.5	0.74	3.52×10^{-5}(50.0℃)	1.85	22.0
巴西 Polvo	933.8	1.13	8.34×10^{-5}(50.0℃)	0.452	19.9

表 2.10 为国内部分炼厂 2017 年原油物性数据，38 套常减压蒸馏装置的加工原油可按照密度、含硫量、酸值分为轻质/重质/超重、低硫/酸性(高硫)、低酸值/高酸值原油，其中加权平均值为按指标对应的加工量计算。按加权计算，API 度平均值为 32.20°API，略大于重质原油的标准(30°API)；硫含量大于 0.585%，略高于低硫原油的上限(0.5%)；酸值为 0.01mg KOH/g，远低于低酸值和高酸值的界限值(0.5mg KOH/g)。表中原油相应的 API 度、硫含量和酸值的算术平均值分别为 30.8°API、0.456%和 0.80mg KOH/g，说明进料为重质、低含硫、高酸值的装置数量较多，与采用轻/重、低/高硫和低/高酸值描述的原油性质和计算中值一致。

表 2.10　国内部分炼厂 2017 年加工的原油物性

序号	加工量 10^4t/a	原油密度 (20℃) kg/m^3	API 度 °API	硫含量,%	氮含量,%	酸值 mg KOH/g	原油性质		
							密度	硫含量	酸值
1	595.76	867.8	30.8	0.104	0.22	0.04	轻	低硫	低
2	180.04	865.5	31.2	0.098		0.09	轻	低硫	低
3	323.63	866.4	31.1	0.098		0.09	轻	低硫	低
4	379.02	857.3	32.8	0.080		0.03	轻	酸性	低
5	257.2	860.7	32.1	0.340	0.04	0.08	轻	低硫	低
6	640.02	850	34.2	0.600		0.10	轻	低硫	低
7	785.04	860.4	32.2	0.120		0.09	轻	低硫	低
8	603	852.9	33.6	0.700		0.11	轻	低硫	低
9	112.97	977.3	12.6	0.325	0.20	5.43	超重	酸性	高
10	86.53	938.7	18.7	1.752	0.36	1.85	重	酸性	高
11	126.36	840	36.1	0.140	0.07	0.10	轻	酸性	低
12	287.2	860.8	32.1	0.190	0.12	0.35	轻	低硫	低
13	375.1	860.8	32.1	0.190	0.12	0.35	轻	低硫	低
14	239	935	19.2	0.270	0.47	4.21	重	低硫	高
15	239	935	19.2	0.270	0.47	4.21	重	低硫	高
16	241.85	931.2	19.8	0.325	0.35	1.45	重	酸性	高

续表

序号	加工量 10^4t/a	原油密度 (20℃) kg/m^3	API度 °API	硫含量,%	氮含量,%	酸值 mg KOH/g	原油性质		
							密度	硫含量	酸值
17	308.98	867.8	30.8	0.117	0.15	0.04	轻	低硫	低
18	233.51	843.6	35.4	0.515	0.09	0.04	轻	低硫	低
19	339.84	861.7	31.9	0.106	0.18	0.05	轻	低硫	低
20	735.13	844.5	35.2	0.600		0.07	轻	低硫	低
21	901.88	845.6	35	2.670	0.12	0.10	轻	酸性	低
22	447.16	855.6	33.1	0.175	0.12	0.09	轻	低硫	低
23	390.1	869.2	30.5	0.337			轻	低硫	低
24	385.1	895.2	25.9	1.822		1.04	重	低硫	高
25	738.69	838.4	36.4	0.770	0.10	0.37	轻	低硫	低
26	150.18	845.6	35	0.360	0.15	0.21	轻	酸性	低
27	236.78	945	17.7	0.020	2.70	5.00	重	酸性	高
28	195.63	856	33	0.100		0.38	轻	低硫	低
29	196.08	845.6	35	0.056		0.45	轻	低硫	低
30	459.04	872.8	29.9	0.291		1.39	重	低硫	高
31	200.93	857.6	32.7	0.480		0.26	轻	低硫	低
32	431.77	837.3	36.6	0.127		0.06	轻	低硫	低
33	449.06	857.2	32.8	0.550		0.29	轻	低硫	低
34	470.1	841.5	35.8	0.100		0.10	轻	低硫	低
35	355.02	842.7	35.6	0.092	0.21	0.06	轻	低硫	低
36	375.18	838.9	36.3	0.087		0.14	轻	低硫	低
37	803.69	862.3	31.8	1.785		0.54	轻	低硫	低
38	762.09	844.6	35.2	0.578		0.51	轻	低硫	低
最小值	87	837.3	12.6	0.020	0.04	0.03			
最大值	902	977.3	36.6	2.670	2.70	5.43			

续表

序号	加工量 10^4t/a	原油密度(20℃) kg/m^3	API度 °API	硫含量,%	氮含量,%	酸值 mg KOH/g	原油性质		
							密度	硫含量	酸值
中值	365	859.0	32.5	0.270	0.15	0.14			
算术平均值	396	869.2	30.8	0.456	0.33	0.80			
加权平均值		861.2	32.2	0.585	0.11	0.01			

2.4　炼厂配置

石油炼制是将天然原油/原料转化为不同用途产品的过程：如交通工具的内燃机燃料，工业、商业和民用热、电生产用的燃料；石油化工和其他化工行业的原料；润滑油、石蜡和沥青等专用产品；热(蒸汽)或动力(电力)形态的能源副产品。为了生产这些产品，需在很多不同的炼油设施中进行原油处理与加工。炼厂的规模、配置和复杂程度受到产品的市场需求、原料品质、法规要求等影响。

产品的生产成本取决于选择的炼油装置及原油，因此，理论上通过选择合适的原油可降低成本。但是，实际炼厂的设计通常是多种因素的平衡，如原油来源、价格和组成的变化，以及产品组成和市场需求变化等。与原料性质和要生产的产品对应，工艺的组合和顺序的特异性非常强，某种工艺的部分产品可回流到相同的工艺、进入新的工艺，或者与其他产品混合形成最终的产品。

石油炼制总体上可分为两个阶段：第一个阶段是原油经脱盐和蒸馏获得不同的组分或“馏分”，轻质组分和石脑油进一步蒸馏，回收炼厂燃料使用的甲烷和乙烷、液化石油气(LPG——丙烷和丁烷)、汽油—混合组分和石化原料；第二个阶段由不同的“下游”工艺组成，包括裂化、重整等。这些工艺改变烃分子的结构，或者裂解为更小的分子，或者连接成为更大的分子，或者重整为更高品质的分子。这些工艺定义了不同的炼厂类型。取得的不同的产品量几乎完全取决于原油的组分。如果产品混合不再与市场需求匹配，可增加转化装置，恢复平衡。表2.11为现有炼厂配置类型。

表 2.11　现有炼厂配置方案

方案	装置工艺组成
1	加氢(基本方案)+异构化装置
2	基本方案+高真空(减压)装置+流化催化裂化装置+甲基叔丁基醚(MTBE)装置+烷基化+减黏裂化
3	基本方案+高真空(减压)装置+加氢裂化装置+异构化装置(+延迟焦化装置)
4	大型综合炼厂包括方案 2+加氢裂化+渣油加氢裂化装置+综合气化混合循环(Integrated Gasification Combined Cycle，IGCC)+石油化工原料生产+灵活裂化

炼油行业使用大约 25 种典型的炼油工艺(不包括产品处理)，如加氢型炼厂至少由 5 种工艺装置组成，一些大型和综合炼厂可涵盖 15 种或更多种工艺。

可量化上述四种配置的复杂性水平，行业内有不同计算方法：一种方法以“等效蒸馏规模”(EDC，原油蒸馏装置的 EDC 定义为 1)表示每一种工艺，计算 EDC 的总和；另一种方法将每一种转化装置的转化(馏分中的渣油)水平表示为“催化裂化当量”，并将炼厂的复杂性定义为所有催化裂化当量的总和。基于行业标准的 Nelson 复杂性指数(NCI)与 EDC 类似。表 2.12 为基于 NCI 复杂性指数的炼厂分类。

表 2.12　NCI 炼厂分类

炼厂分类	NCI 范围
1 类	NCI<4
2 类	4<NCI≤6
3 类	6<NCI≤8
4 类	8<NCI≤10
5 类	NCI>10
6 类	润滑油和沥青生产的专业炼厂

为了适应高硫、高酸和重质原油加工，满足油品质量升级和日益严格的环保要求，中国炼油企业加快了工艺装置结构调整。2000—2010 年，中国石化和中国石油两大集团公司炼油装置的结构发生了明显变化，如表 2.13 所示。以延迟焦化为主的重油加工能力增长了 2 倍多，加氢裂化处理能力增长近 3 倍，加氢处理能力增长近 2.5 倍，其中蜡油加氢处理能力增长 4 倍多，各种产品加氢精制能力增长 3 倍多，增长幅度较大的是汽油、煤油、柴油加氢精制。由于加氢裂化、加氢处理和加氢精制加工能力大幅增长，制氢能力也相应

增长2倍多；而且随着汽油升级和芳烃增长的需求，催化重整和MTBE加工生产能力也增长1.5倍左右。从表2.13还可以看出，减黏裂化和烷基化较2010年出现了负增长，催化裂化、溶剂脱沥青和润滑油加工与生产能力的增长速度低于原油加工能力的增长速度。

表2.13　2000—2010年中国石化和中国石油炼油企业工艺装置结构变化

装置名称	2000年		2010年		2010年较2000年能力增长,%
	加工能力 10^6t/a	与原油一次加工能力之比,%	加工能力 10^6t/a	与原油一次加工能力之比,%	
常减压蒸馏	253.51	100.0	403.05	100.0	59.0
催化裂化	90.45	35.7	114.61	28.4	26.6
延迟焦化	21.14	8.3	65.55	16.3	210.1
减黏裂化	7.72	3.0	3.97	1.0	-48.6
催化重整	15.58	6.2	38.20	9.5	145.2
加氢处理	11.47	4.5	45.56	11.3	297.2
蜡油加氢处理	4.90	1.9	26.00	6.5	432.2
重油加氢处理	5.20	2.1	8.60	2.1	65.4
加氢精制	37.71	14.9	151.79	37.7	302.5
汽油、煤油、柴油加氢精制	33.55	13.2	147.79	36.7	340.6
润滑油加工与生产	3.01	1.2	2.59	0.7	-13.8
石蜡（含地蜡）生产	1.16	0.5	1.41	0.3	21.6
烷基化	1.26	0.5	0.96	0.2	-23.5
MTBE	1.08	0.4	2.83	0.7	161.9
溶剂脱沥青	10.21	4.0	11.86	2.9	16.2
润滑油综合能力	3.40	1.4	4.87	1.2	43.1
制氢	0.64	0.3	2.02	0.5	227.7

笔者调研了25家炼油和石化企业总计431套工艺装置(不包括废气、废水、循环水、脱盐水处理装置，以及聚丙烯、制氢等非炼油装置，其中某些炼厂含有多套同类型装置，如甲炼厂有3套常减压蒸馏装置，2套催化裂化装置)，2017年商品原油总输入量(加工量)为15312.5×10^4t。原油脱盐的处理量

与商品原油输入量相同，之后的常减压蒸馏处理规模应略小于脱盐进料量(脱盐、脱水或排水后)，但除了个别企业给出了 10^3t 级的差值外，多数企业采用了相同的数据，导致二者的合计值小，相差只有 $1.6×10^4$t。基于调研企业的原油总输入规模，如表 2.14 所示，各种加氢装置的加工量总和最大为 $11408.4×10^4$t，占总输入量的 74.50%，包括原料与中间产品的多次加氢处理，如加氢裂化后的汽油、柴油、煤油、液化气再加氢脱硫等；其次为催化裂化，占 33.85%，连续重整占 16.65%，延迟焦化占 10.15%；再次为液化气脱硫，占 5.22%，汽油醚化占 3.15%，溶剂脱蜡占 2.3%，电化学精制占 1.56%，糠醛精制占 1.03%；其余均低于 1%。

表 2.14　调查的炼油装置数量与加工量

序号	装置名称	装置数量，套	加工量，10^4t/a	加工量占总加工量的比例,%
1	脱盐	40	15312.5	100
2	常减压蒸馏	40	15310.9	100
3	催化裂化	38	5183.2	33.85
4	加氢裂化	19	2357.6	15.40
5	渣油加氢脱硫	4	1119.0	7.31
6	延迟焦化	14	1554.5	10.15
7	连续重整	24	2141.5	13.99
8	半再生重整	7	353.4	2.31
9	减黏裂化	2	110.7	0.72
10	汽油加氢精制	32	2549.0	16.65
11	柴油加氢精制	39	4173.6	27.26
12	煤油加氢精制	16	644.1	4.21
13	汽柴油加氢精制	4	325.6	2.13
14	临氢降凝	1	5.2	0.03
15	烷基化(硫酸法)	4	45.4	0.30

续表

序号	装置名称	装置数量，套	加工量，10^4t/a	加工量占总加工量的比例,%
16	MTBE	22	116.2	0.76
17	液化气脱硫	31	798.8	5.22
18	汽油脱硫醇	1	44.0	0.29
19	电化学精制	3	238.4	1.56
20	汽油异构化	1	46.0	0.30
21	汽油醚化	13	482.3	3.15
22	糠醛精制	13	157.0	1.03
23	酚精制	1	15.7	0.10
24	NMP 溶剂精制	1	6.2	0.04
25	溶剂脱沥青	6	33.7	0.22
26	溶剂脱蜡	16	363.7	2.38
27	尿素脱蜡	1	11.1	0.07
28	分子筛脱蜡	3	25.2	0.16
29	润滑油加氢精制	4	68.3	0.45
30	润滑油加氢裂化	3	70.0	0.46
31	润滑油异构脱蜡	1	12.3	0.08
32	润滑油临氢降凝	1	3.7	0.02
33	润滑油白土精制	11	72.0	0.47
34	石蜡加氢	7	96.0	0.63
35	石蜡白土精制	6	52.6	0.34
36	氧化沥青	2	4.0	0.03
37	加氢装置合计	129	11408.4	

2.4.1 原油脱盐

原油和渣油中含有无机化合物，如溶解盐、砂、粉砂、锈和其他固体，特征为底部沉淀。原油含盐主要与原油乳化水中的溶解盐或悬浮盐晶体相关。这些杂质，特别是盐会导致原油预热换热器结垢和腐蚀，主要出现在原油蒸馏装置的塔顶系统；对下游转化工艺中使用的很多催化剂的活性具有破坏作用；钠盐还会促进炉管内壁结焦(如在加热炉中)。因此，在进入常减压蒸馏装置前，原油必须进行脱盐处理。脱盐的原理是采用高温和高压水冲洗原油或重质渣油，溶解、分离和去除盐及其他可溶于水的组分。

电脱盐的进料包括原油或重质渣油、再利用水和部分新鲜水，输出为脱盐原油和脱盐水。炼厂原油蒸馏装置塔顶的水相通常回用于电脱盐，作为冲洗水。行业的脱盐工艺要求是脱盐原油的含水量低于0.3%，底部沉积物小于0.015%。脱盐水中无机杂质的浓度很大程度上取决于电脱盐的设计和运行，以及原油的品质。

图2.3为典型电脱盐工艺流程图。混合前注入破乳剂和水，换热后的原油通过静态混合器和混合阀与破乳剂和水均匀混合。进入脱盐罐后，在高压电场、高温和破乳剂共同作用下，乳化的微小水滴聚结增大。增大到一定程度，水滴依靠重力沉降分离，从脱盐罐下部排出。

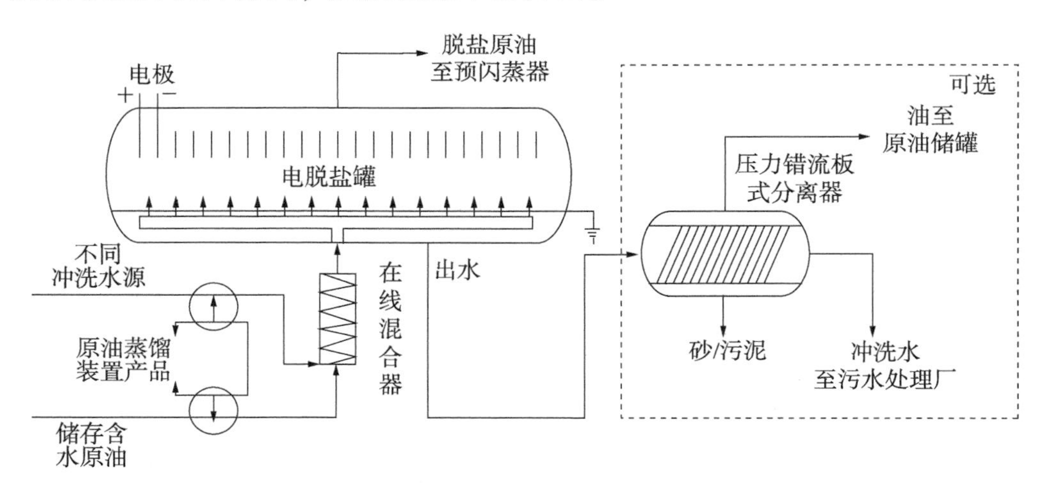

图2.3 典型电脱盐工艺流程图

多级脱盐以及组合使用交流和直流电场，可实现高效脱盐与节能。在多级电脱盐中，将二级电脱盐的排水回用于一级电脱盐的注水，可减少冲洗水用量；通过采用较低的水压，以较低的剪切力混合电脱盐冲洗水和原油，可避免电脱盐扰动。此外，提高电脱盐效率和减少新鲜水量的另一种环境效益在于节能减排。两级脱盐工艺可达到95%或更高的净化效率(原油中的盐和固体去除率达95%以上)，减缓后续装置的腐蚀、催化剂污染。因此，如果下游工艺的含盐量标准较严格，需要避免工艺故障和保障装置功能(如在催化裂化装置中进一步处理重质渣油时)，采用二级甚至三级脱盐工艺。电脱盐罐中界面液位的控制是其稳定运行的基础，应选择精度较高的传感器。

原油脱盐注水通常是其他炼油工艺未经处理或部分处理的排水，表2.15为主要的脱盐用水来源。电脱盐的典型运行条件和水耗与原油类型相关，表2.16为脱盐工艺的典型运行条件，其中常压渣油脱盐的注水量通常为10%(水/进料)。

表2.15 脱盐用水水源

水源	优点	缺点
新鲜水	几乎不需要预处理	(1)增加用水量； (2)增加废水产生量； (3)增加废水处理的投资和运行费用
减压蒸馏塔顶水与补充水	(1)减少进入汽提处理的酸性水量； (2)不需要蒸馏塔到汽提塔的水管线； (3)减少新鲜水用量	(1)由于原油塔中的氨浓度高，难以控制pH值； (2)电脱盐乳化严重，难以避免烃类排到污水处理厂； (3)如果不进行预处理，脱盐废水及其废水处理过程中易向大气排出H_2S
酸性水汽提出水	(1)汽提后的酸性水中所含酚进入原油，减少了废水中酚的含量； (2)酚含量低，污水处理的投资和运行费用低； (3)更容易控制电脱盐罐pH值	(1)使用所有酸性水，导致酸性水汽提设备负荷大； (2)增加常压和常压蒸馏到酸性水汽提的管线

表2.16 脱盐工艺的典型运行条件

原油密度(15℃)，kg/m^3	水洗量,%	温度,℃
<825	3～4	115～125
825～875	4～7	125～140
>875	7～10	140～150

石油炼制工艺废水中可作为电脱盐冲洗水进行再利用，包括：原油减压蒸馏装置塔顶罐酸性水，通常为减压塔进料的1%~2%；轻质和重质柴油干燥器和蒸馏塔顶的蒸汽凝结水(未汽提)，大约为进料的3.5%；汽提酸性水和其他不含固体的工艺水；冲洗或急冷水污染重，作为电脱盐冲洗水再利用之前需要分离油和固体。如果汽提酸性水用作电脱盐冲洗水，其中的氨、硫化物和酚一定程度上会由原油重新吸收。此外，如果废水导致电脱盐中油/水相分离变差，使得水相携带过多的油，则需要避免可形成乳化物的废水回收利用。冲洗水的总溶解固体(TDS)高，会降低原油中盐转移到水相的驱动力，进而影响脱盐效果。

原油脱盐工艺形成含油脱盐污泥和高温含盐废水，通常进入炼油废水处理设施。废水量大(30~100L/t)，且含有多种高浓度污染物，如表2.17所示。

表2.17　脱盐工艺产生的废水组成

污染物	典型浓度，mg/L
悬浮固体	50~100
油/油乳化物	高
溶解烃	50~300
酚	5~30
苯	30~100
BOD	高
COD	500~2000
氨	50~100
氮化合物(N-Kj)	15~20
硫化物(H_2S)	10

注：温度115~150℃。

为了避免原油在固体上附着产生更多的乳化物和污泥，减少进入原油蒸馏装置的固体量，脱盐装置应最大化地去除固体。脱盐工艺的优化技术包括：采用低剪切混合装置混合电脱盐冲洗水和原油；采用低压水，避免扰动；采用刮泥替代水喷射，减少去除沉淀固体时的扰动；水相(悬浊液)可在压力板式分离器中分离，也可采用水力旋流器除油。

反冲洗是序批运行的污泥冲洗，需要搅动电脱盐罐中的水相，去除沉积在罐底的固体。这种清洗可提高电脱盐效率，稳定长周期运行效果。当原油的底部沉积含量为0.015%时，在10×10^{6}t/a的炼厂，理论上可收集污泥量1500t/a。

在笔者调研的38套装置中，37套采用二级电脱盐工艺，只有1套采用一级电脱盐工艺。尽管原油物性、操作条件有所差别，但38套装置中的绝大多数达到了99%以上的脱盐水平。根据原油和脱盐后原油的含水量和含盐量、注水率和排水的含油量、破乳剂投加量，计算出装置的输入水量(原油含水+注水)、脱出水量(排出水量)、盐量、油量、破乳剂投加量。不同装置的注入水源主要是装置之间的回用废水，如汽提后的酸性水，因此，排水水量和所含污染物是输入原油和回用水叠加的结果，并不完全代表脱盐过程中的污染产生量。另外，电脱盐的排污分为污油、污泥(反冲洗)、废水三部分，在最终处置之前，污水和污油都会经过充分的油水分离、固液分离，分离出的废水进入炼厂废水系统。实际上，从物料平衡的角度来看，如果不考虑蒸发、渗漏等过程损失，可以认为原油中所有水分都会进入废水系统。脱油前的原油含水量最大(2%)，原油平均含盐量为25.8mg/L，按所有商品原油的盐进入水相计算的含盐量为1290mg/L，按最大162.6mg/L的含盐量计算为8130mg/L，基本处于上游采出水的常见范围内。有机和无机破乳剂的非水溶成分或反应产物，通常会进入电脱盐的油相或泥相，预计对废水的水质影响不大，但需要根据特定的药剂使用情况、分析数据进行验证。电脱盐出水含油量的最小值、算术平均值和最大值分别为22.10mg/L、100.3mg/L、450.0mg/L(不包括污泥冲洗和排泥)，相应的商业破乳剂的投加量为10~40μg/g(按原油计)。典型电脱盐废水的水质分析见本书第3章。

2.4.2 蒸馏装置

蒸馏工艺包括常压蒸馏(CDU)和减压蒸馏(VDU)，在原油脱盐后进行，是炼厂第一个基础分离工艺。常压蒸馏装置是炼厂最为重要的加工装置。加热原油提高温度，在常压(或略高一些)下蒸馏，根据沸点差异分离不同的馏分。CDU底部的重质馏分不会在塔中蒸发，之后可由减压蒸馏进一步分离。减压蒸馏在非常低的压力下进行石油分馏，增加挥发和分离，同时避免热裂解。高真空装置(HVU)通常是升级常压渣油采用的第一个装置，生产裂化、焦化、沥青和基础油装置的进料。原油中的污染物(非水相)主要存留在减压渣油中。常压和减压蒸馏装置如图2.4所示。

蒸馏装置的产品从轻到重为：C_1—C_{12}石脑油和轻质组分，沸点<180℃；C_8—C_{17}煤油沸点范围180~240℃；C_8—C_{25}轻柴油沸点范围240~300℃；C_{20}—

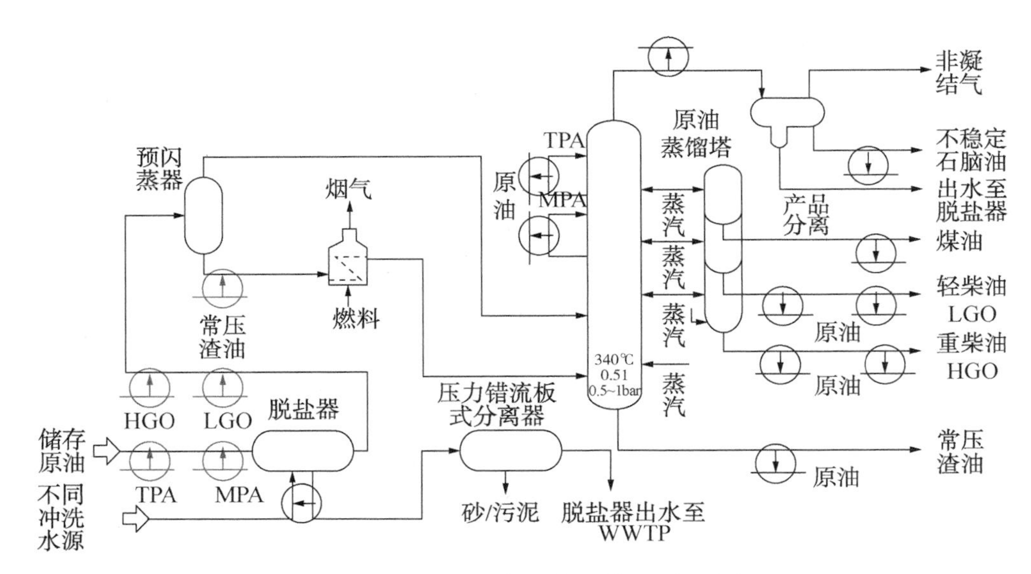

图 2.4　常压和减压蒸馏装置示意图

C_{25}重柴油，沸点范围 300～360℃；>C_{22}常压渣油，沸点>360℃。塔顶为轻质馏分、非冷凝炼厂燃料气(主要是甲烷和乙烷)。通常这种气体含硫化氢和氨，混合气体称为“含硫气”或“酸性气”。

HVU 的主要进料是原油蒸馏装置的塔底油，称为常压渣油。另外，适用的催化裂化装置的排出物料通常进入 HVU 进一步处理。HVU 的产品为轻质减压柴油、重质减压柴油、减压渣油。轻质减压柴油通常引入柴油加氢处理，重质减压柴油通常进入流化催化裂化或加氢裂化装置。减压渣油可能有很多去处，如减黏裂化、灵活裂化或延迟焦化、渣油加氢、渣油气化、沥青吹氧，或者作为重质燃料油。

常压蒸馏产生的废水约为 0.08m^3/t 加工原油，从塔顶冷凝器、分馏塔排出，pH 值高，含油、H_2S、悬浮固体、氯化物、硫醇、酚，以及塔顶腐蚀防护经常使用的氨和氢氧化钠，也可能受到泄漏和渗漏的污染。其中，塔顶回流罐(柴油干燥器冷凝器)酸性水包括 1.5%的蒸汽进料，含 100～200mg/L 的 H_2S 和 10～300mg/L NH_3，通常进入酸性水汽提装置。

减压塔产生的废水(酸性水)含 H_2S、NH_3和溶解烃。如果使用蒸汽喷射器和压力凝结，还会产生大量含 H_2S、NH_3的废水。在很多炼厂，真空泵已经很大程度上替代常压冷凝器，消除含油废水。采用真空泵替代蒸汽喷射器会增加产生真空的电耗，但会减少用热、冷却水消耗、冷却泵的电耗和用于调整冷却水的药剂消耗。采用真空泵替代蒸汽喷射器后，可将酸性水流量从 10m^3/h 减少到 2m^3/h。塔顶回流罐产生的废水可作为电脱盐冲洗水再利用。

在调研的 38 套常减压蒸馏装置中，初馏塔普遍投加缓蚀剂（100mg/L），部分装置投加液氨（量级与缓蚀剂相同）；塔顶冷却塔的水源为含硫污水、脱硫净化水、汽提净化水、回流罐切水、新鲜水、除盐水等，单位加工量的废水量普遍小于 0.1m^3/t，pH 值为 5.8～10.2，废水含油量相差很大，从最小值 1.2mg/L 到最大值 443.5mg/L，平均值为 59.22mg/L。

2.4.3　催化裂化

催化裂化是最广泛使用的热转化工艺，将重质烃提质为价值更高的轻质烃。工艺温度为 480～530℃，压力为 70～200kPa，通过热和催化剂，将大分子烃裂解为更小、更轻的分子。与加氢裂化工艺不同，催化裂化工艺不使用氢，因而仅能实现有限的脱硫。与其他重油催化转化工艺相比，流化催化裂化工艺（FCC）更有优势，能够适应更高的金属、硫和沥青含量的原料。流化催化裂化可设计处理减压蒸馏装置重质减压石脑油（HVGO），或称为常压渣油的常压装置的塔底油。裂化的烃蒸汽接着进入分馏塔，分离和收集所需的不同馏分。液体和气体进入分离装置进一步分离，酸性水进入酸性水汽提净化装置。重质石油组分裂解产生酚、氰化物。图 2.5 为流化催化裂化流程示意图。

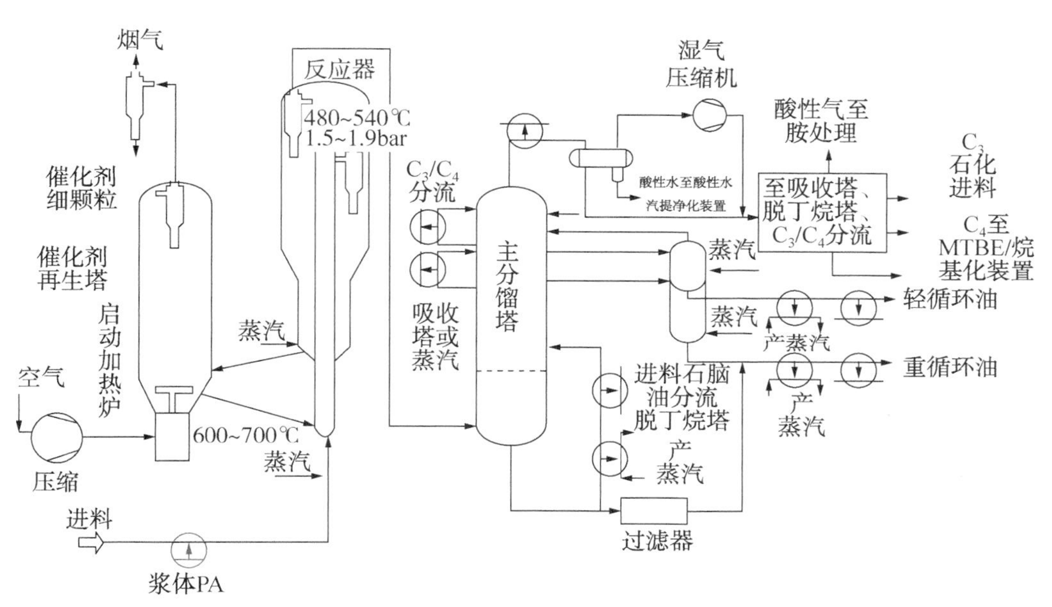

图 2.5　流化催化裂化流程示意图

通常，催化裂化工艺产生的废水量为 60～90L/t 原料，废水中含油、COD、悬浮固体、硫化物（H_2S）、酚、氰化物和氨。催化裂化装置运行中采用旋风分离器回收催化剂细颗粒，再进入流化催化装置再生。表 2.18 为典型催化裂化装置产生的废水情况。

表 2.18　典型催化裂化装置产生的废水情况

废水来源	项目	值
分馏塔顶回流罐出水	占进料的百分比,%	7~10
	流量，m^3/h	20~40
	H_2S 含量，mg/L	10~200
	HCN 含量，mg/L	>1
	COD，mg/L	500~2000
	N-Kj，mg/L	15~50
	酚含量，mg/L	5~30
	游离油，mg/L	50~100
碱洗烃	流量，m^3/h	128

笔者调研了 47 套催化裂化装置，废水含油量相差很大，从 0.8mg/L 到 78.85mg/L。排出的油量普遍为加工量的 10^{-6}~10^{-5}。

2.4.4　减黏裂化

减黏裂化或热裂化是最早的重油组分升级转化工艺之一。目前主要用于加工减压渣油，转化为柴油、沥青、馏分油和焦油。采用热和压力，将大的烃分子裂解为更小、更轻的分子。进料加热到 500℃以上，之后进入反应室，压力保持在 9.65bar 左右，10%~15%的进料裂解为轻质馏分。反应后，工艺流与冷却的循环流混合，停止裂化反应。产品进入闪蒸室，压力降低，轻质的产品蒸发和抽出，黏度显著降低。分馏塔顶气体部分冷凝，在塔顶罐中分为三相：烃气体物料、烃液体物料和酸性水。酸性水进入酸性水汽提净化装置。

减黏裂化的酸性水排水流量约为 56L/t 进料。表 2.19 为碱黏裂化产生废水的典型组成。笔者所调研的 2 套减黏裂化装置的废水含油量分别为 28.2mg/L 和 175mg/L。

表 2.19　碱黏裂化产生废水的典型组成

物质或参数	浓度，mg/L
游离油	50~100
COD	500~2000

续表

物质或参数	浓度，mg/L
H_2S	10~200
NH_3(N-Kj)	15~50
酚	5~30
HCN	10~300

2.4.5　耗氢工艺

耗氢工艺包括加氢裂化和加氢处理/精制、烷烃和烯烃的异构化等，用于去除可能使工艺催化剂失活的杂质，如硫、氮、氧和卤素、微量的金属杂质；也可以将烯烃和二烯烃转化为烷烃，提高馏分的品质。也用于处理原油蒸馏装置的渣油，将重质的分子裂解为轻质的产品。图2.6为加氢脱硫装置工艺流程简图。

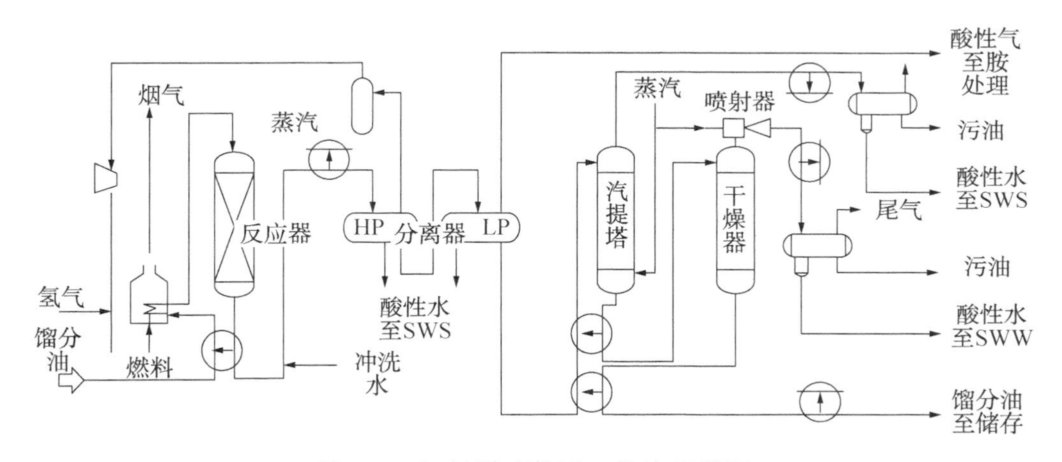

图2.6　加氢脱硫装置工艺流程简图

耗氢工艺使用大量的氢，在高压和高温下，进料和杂质均与氢反应。加氢可分为多种反应类别：加氢脱硫、加氢脱氮、烯烃烷烃化、芳烃烷烃化等。通常，专门用于脱硫的加氢装置称为加氢脱硫装置(HDS)。柴油通常进行深度脱硫(加氢精制)，以达到产品流的标准。加氢/氢化也可去除进料中低浓度的金属，包括原油中原有的镍、钒和硅。此外，加氢裂化最为多能，可将常压柴油直至渣油(脱沥青)馏分转化为分子量低于进料的产品。

加氢处理产生的废水为30~35L/t进料。废水中含H_2S、NH_3、酚、烃、悬浮固体等，pH值高，应进行酸性水汽提处理。此外，在馏分油加氢工艺中，装置的冷却系统易形成固体沉积，如$(NH_4)_2SO_4$和NH_4Cl，必须用水冲洗去除。加氢裂化产生的废水为 50~110L/t 进料，其中悬浮固体、H_2S、NH_3 含量高。加氢裂化的第一级 HP(高压)分离器、LP(低压)分离器和塔顶积累的酸性水应进行酸性水汽提处理。加氢转化工艺废水可能含 Ni、V 等金属。如果装置进料含裂解产物，其工艺废水还可能含酚、氰化物。

笔者调研了 19 套加氢裂化装置，其每升污水含油量为几毫克至几十毫克，按加工量计算的排油量为 1~3t/10^6t 进料。其中，4 套渣油加氢脱硫装置中 2 组污水含油量分别为 38.4mg/L 和 15.2mg/L；30 套汽油加氢脱硫装置的废水含油量为 1.6~86mg/L；37 套柴油加氢裂化装置废水含油量为 0.1~20.6mg/L；16 套煤油加氢精制废水含油量为 16~96.3mg/L；1 套临氢降凝装置的污水含油量为 24.1mg/L。

2.4.6 催化重整

从加氢装置中流出的重质石脑油是品质很低的汽油混合原料，催化重整的目的是提高这些物料的辛烷值，使其可以作为汽油混合原料。催化重整的主要反应包括石脑油脱氢为芳烃、烷烃脱氢环化为芳烃、异构化和加氢裂化。通常，催化重整工艺的进料需要先进行脱硫、脱氮并去除金属污染物。催化重整工艺通常可分为连续、循环或半再生几种方式。

在产生废水的重整装置中(水或碱气洗)，废水量为 1~3L/t 进料。装置外排废水包括重整装置未处理的废水和废碱液。废水含高浓度的油、悬浮固体、COD 和极高浓度的 H_2S(硫化物)、氯化物、氨和硫醇。

在催化石脑油重整装置中，催化剂再生过程会形成少量的二噁英和呋喃。目前采用的技术不大可能消除二噁英和呋喃生成的条件，但是，可将催化重整的再生烟气引入加热炉燃烧室，破坏这些化合物；或者通过过滤系统，从再生中和流中去除此类物质。PCDD/PCDF 浓度为 0.1pg I-TEQ_{DF}/L 到 57.2ng I-TEQ_{DF}/L，大部分可在炼厂的废水处理系统通过污泥捕集去除。

2.4.7 焦化装置

焦化是一种“苛刻”的裂化过程(延迟焦化温度为 440~450℃、压力为 1.5~7.0bar)，主要用于将低价值渣油转化为运输燃料，如汽油和柴油。作为炼油工艺的组成部分，焦化过程也可生产石油焦，实质为具有不同杂质含量的固体炭。当进料杂质碳数大、含量高，不能采用催化转化工艺处理时，主要采用焦化工艺。图 2.7 为延迟焦化装置工艺流程简图。延迟焦化的进料包括常压渣油、减压渣油、油砂和煤焦油，焦化分馏的产品为炼厂燃料气、LPG、石脑油、轻质和重质柴油。焦化炉的热蒸汽含裂化的轻质烃产品、硫化氢、氨等，回流到分馏塔，可经酸性气处理系统处理，或作为中间产品抽出。灵活焦化工艺通常可将减压渣油的84%~88%转化为气体和液体产品，所有金属浓缩到石油焦中。

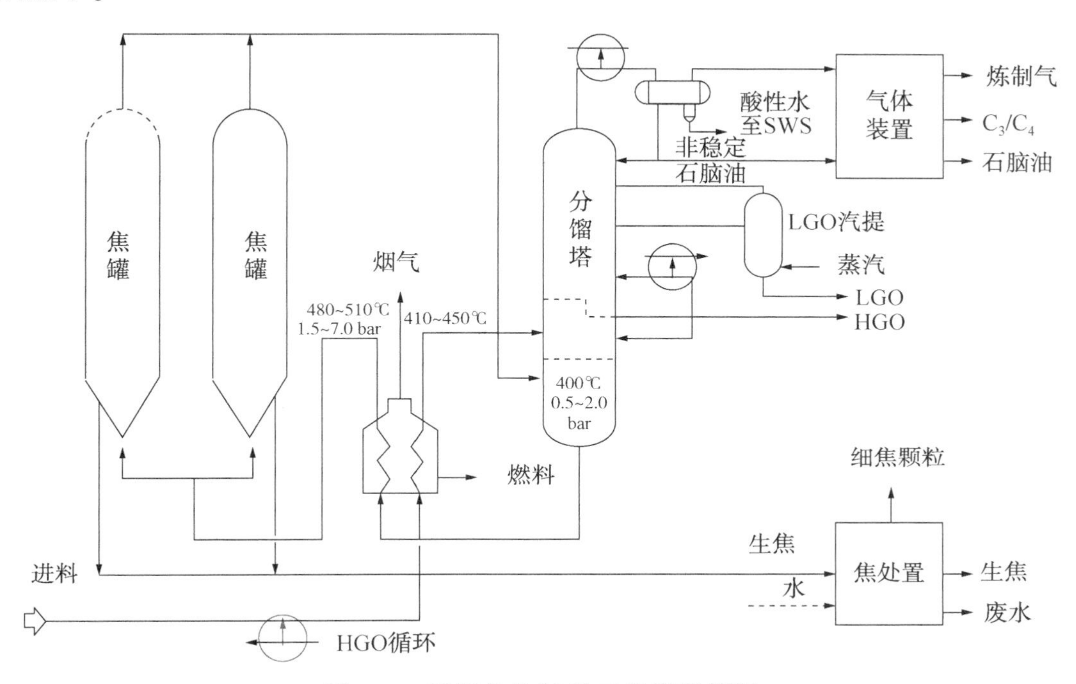

图2.7 延迟焦化装置工艺流程简图

焦化工艺产生的硫化氢和硫醇等可通过回流凝结器中的酸性水排出。烃类物质可经回流罐、急冷塔排放，也可在储存和处置运行中随废物和废水排出。除焦装置与焦处置系统的排水和酸性水等工艺废水量约为140L/t进料，含H_2S、NH_3、悬浮固体(含重金属的细颗粒焦)、烃、硫化物、氰化物和酚等。

切焦和冷却工艺排放蒸汽(部分在主分馏塔中回收)，能耗显著，用水量大且产生严重的水污染。补充水量取决于蒸发损失量、随焦产品排出的损失量，以及排入其他工艺或废水处理厂的水量，对于10^6t/a的延迟焦化装置来说，补充冷却水量为10~20m^3/h。切焦水若回用至脱盐工艺，会增加注水的污染负荷，因而尽量隔离焦化水，单独处理。切焦/冷却用水基本为连续循环，也有部分排入炼厂废水处理系统，通过沉淀和真空过滤可处理并回用，形成一种“水的闭路”。而且，各种废水可用于急冷和切焦水回路的补充水。原则上，从任何冷凝器、含油焦排水收集的水应再利用于焦化炉急冷。

笔者调研了14套延迟焦化装置，废水量差异大，主要是由于新鲜水用量存在2~3个数量级的差异，相应的污水含油量最低为2.1mg/L，最高为

726mg/L。

2.4.8 沥青生产

沥青是特定原油蒸馏去除蜡质馏分后的残余物。通过调整蒸馏条件或“鼓风”，可获得所需的沥青品质。在“鼓风”工艺中，将空气吹入热沥青，引发脱氢和聚合反应，形成高黏度、高软化点、穿透深度大的产品。可采用氧化容器中的停留时间、空气流量和液体温度确定吹制沥青的性质。图 2.8 为沥青吹制装置工艺流程简图。

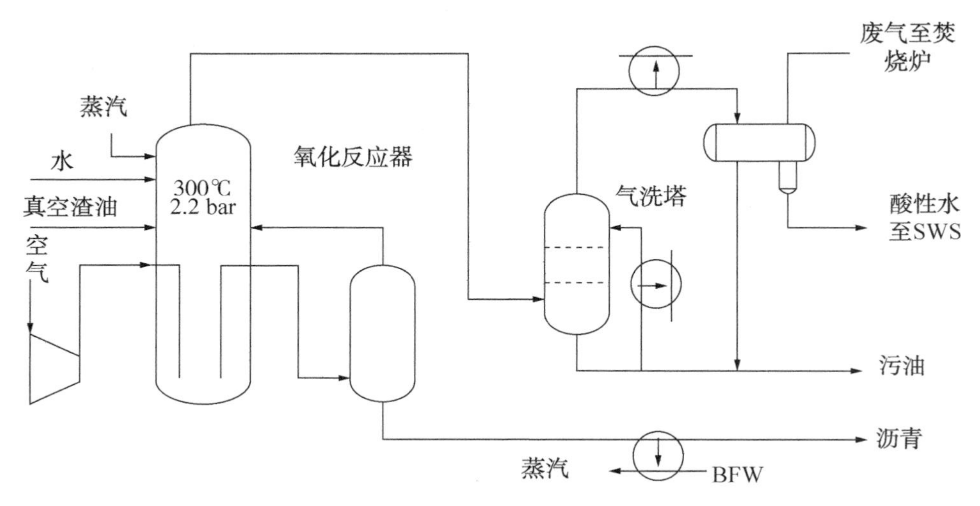

图 2.8 沥青吹制装置工艺流程简图

氧化塔顶氧化产生酸性废水，流量可高达 $5m^3/t$ 进料，含 H_2S、空气氧化产物(酮、醛类、脂肪酸)和颗粒物。通常塔顶凝结液收集至罐中，先进行酸性水汽提，再排入废水处理设施。酸性水汽提处理可减少酸性水中的 H_2S、油、芳烃、挥发性 PAH 和空气氧化产物(酮、醛、脂肪酸)，降低炼厂废水处理系统的负荷，但会增加颗粒物负荷。因此，在一些特定的流程中，氧化器的废水不适于酸性水汽提(SWS)，可直接进入废水处理厂。

2.4.9 汽油醚化

汽车燃料中经常会加入一些化学品(主要是醇类和醚)，或者用以提高性能，或者为了满足环境保护要求。自 20 世纪 70 年代以来，就在汽油中加入醇类(甲醇和乙醇)，提高辛烷值，减少一氧化碳的产生和挥发性有机物的排放。作为添加剂使用的最常用的醚是甲基叔丁醚(MTBE)、乙基叔丁醚(ETBE)和三戊基甲醚(TAME)。一些炼厂可自行生产这些醚原料。

MTBE和TAME生产废水中含甲醇、甲酸和醚，主要来自泄漏和甲醇回收过程中的废水排放。废水量为1~2m^3/t，COD为50~200mg/L，N-Kj为5~20mg/L。这些有机组分或其降解产物具有微生物毒性。可采用储罐或有计划地生产控制，避免这些组分以高负荷进入废水处理厂生物反应器。

笔者调研了21套MTBE装置，其耗水(新鲜水)和相应废水排放水平很低，从0.4kg/t到147.2kg/t产品，最大年排放规模为756.6t。污水含油量为1.6~76mg/L，最大年排油量为几百千克。

2.4.10 烷基化

烷基化的目标产品是高品质机油。烷基化通常是指强酸、低温条件下促进烯烃与异丁烷的反应，形成辛烷值高、分子量大的异构石蜡。过去主要采用两种工艺，以氢氟酸(HF)或硫酸(H_2SO_4)作为催化剂。酸浓度降低时，必须排出部分酸，用新的酸替代。HF装置易发生安全事故，自1990年以来，新的装置主要选用硫酸，也可采用添加剂降低HF挥发性。此外，固体酸催化剂替代技术已经改进。

烷基化正常运行时不产生废水，若中和系统运行异常，可产生含悬浮固体、溶解固体、COD、H_2S的废酸。表2.20列出了不同烷基化工艺产生的废水。

表2.20 不同烷基化工艺产生的废水

项目	硫酸工艺	氢氟酸工艺	固体酸工艺
废水	如果中和系统运行异常，烷基化工艺可产生废水，低pH值，含悬浮固体、溶解固体、COD、H_2S		没有液体排放
烃	—		分离器排水(包括缓冲罐、收集罐、干燥器)、泄漏，沉淀池或工艺关断池，废水含悬浮物、烃
酸	硫酸		HF净化器出水含氟1000~10000mg/L，石灰处理后为10~40mg/L

HF烷基化出水可能导致炼厂废水酸度增加，中和处理系统采用严格的控制标准，如在线pH值监测。可采用石灰、$AlCl_3$或$CaCl_2$处理含HF酸的废水，或直接在KOH中和系统中处理，产生的CaF_2或AlF_3(不溶解)在沉淀池分离，沉淀物作为副产品(如氟化钙)，上清液排入废水处理系统。KOH可通过再生

实现循环利用。中和处理后，排入废水处理厂的上清液仍含氟 10~40mg/L 及部分烃类物质。

通过溶剂(如氢氧化钠溶液)替代非溶解中和剂(如石灰)，可减少污泥产量，但是会提高废水中氟化物浓度，也无法产出氟化钙等可销售的副产品。

硫酸工艺中焦油含硫和各种硫酸，也产生废碱和碱性废水，后者必须进入废水处理厂或进行必要的再生。根据废水处理厂的 BOD 和 COD 规定，废水可能需要氮气汽提，去除溶解烃。

2.4.11 异构化

异构化用于改变分子的结构，但不增加或去除原来分子的任何部分。通常是将低分子烷烃转化为辛烷值高得多的异构烷烃。异构化装置可能产生的废水包括回流罐底排水和泄漏的烃。当采用氯化铝异构化催化剂工艺时，气洗系统中废氢氧化钠的排出导致废水量增加。这种工艺排放废水含氯盐、碱、微量 H_2S 和 NH_3，pH 值高。此外，进料干燥器产生盐水(干燥剂为无水 $CaCl_2$)，含溶解的 $CaCl_2$ 和烃，废水流量与含水量相关，通常排入废水处理厂。

笔者调研的 1 套润滑油异构化装置，耗水量为 100kg/t，污水含油 98.91mg/L。

2.4.12 润滑油基础油生产

润滑油基础油是一种专业产品。溶剂基工艺通过萃取去除不同的杂质，加氢转化(HC)和催化脱石蜡(CDW)技术将杂质直接转化为最终产品。溶剂脱沥青与脱蜡均在溶剂回收阶段产生含溶剂废水，通常需排入废水处理厂。同时，在溶剂回收运行过程中往往出现烃、硫化物和有机化合物的泄漏和渗漏，包括工艺水中的无机化合物，都会排入废水，废水中甲苯含量为 1~3mg/L。

笔者调研了 7 套糠醛精制装置，新鲜水耗量为 0.10~64kg/t，污水含油 3.00~31.3mg/L；2 套溶剂脱沥青的新鲜水耗量为 2.2~4.5kg/t，污水含油量为 30~178mg/L；6 套润滑油白土精制装置显著降低了原料的酸值，原料到产品的酸值降低一个数量级，从 0.01mg KOH/g 降至 0.001mg KOH/g，所排污水含油 20.5~35.30mg/L，最大废水量为 1850t/a。

2.4.13 产品处理

为达到特定产品标准，炼厂通常采用两类处理工艺：第一类工艺，主要为萃取或去除技术，通常采用分子筛去除二氧化碳、水、硫化氢或硫醇，或胺洗去除硫化氢，以及碱洗去除酸或硫醇；第二类采用化学法去除某些化学物质，如催化脱蜡工艺，也涉及化学去除或改变石油产品中所含硫、氮或氧化合物。“硫醇氧化”系统可降低烃物料的硫醇含量(有机硫化物)，改进产品气味和降低腐蚀性。低温下的反应为“$RSH+NaOH \longrightarrow NaSR+H_2O$”(萃取)或者“$NaSR+1/4O_2+1/2H_2O \longrightarrow NaOH+1/2RSSR$”(氧化)。图2.9为硫醇氧化萃取和脱硫梯级碱系统的工艺流程简图。

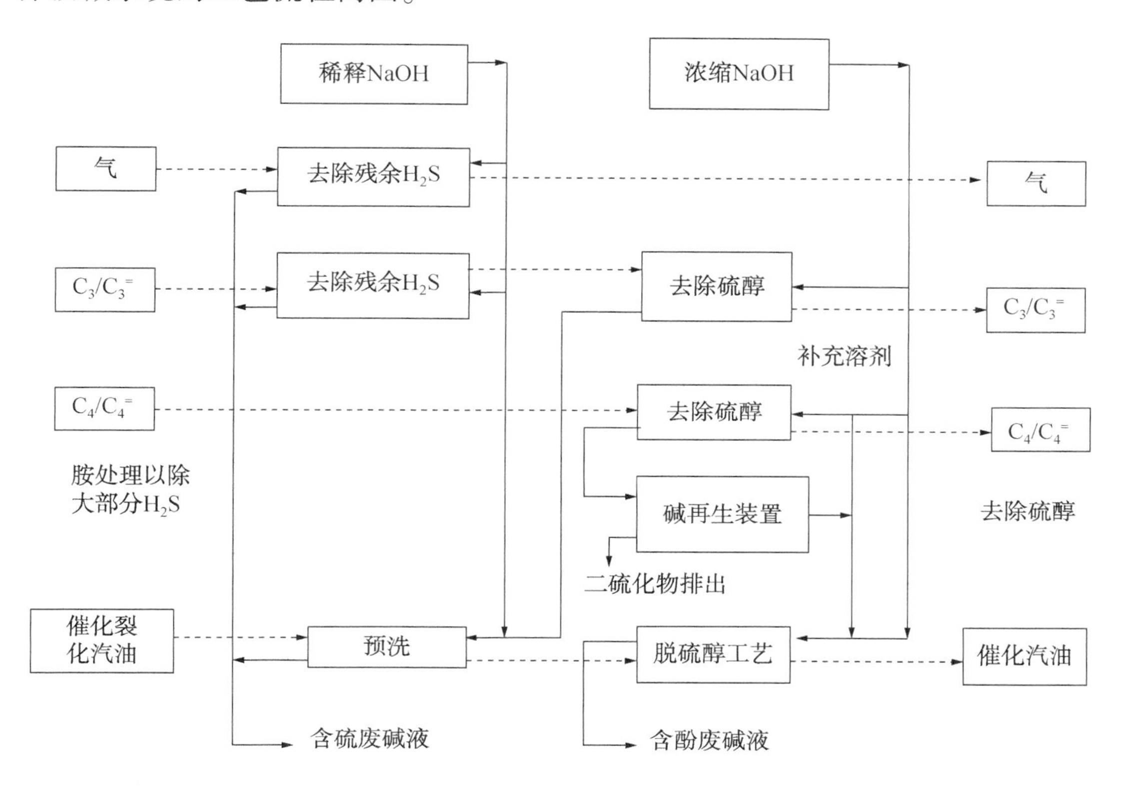

图2.9 梯级碱系统的工艺流程简图(硫醇氧化萃取和脱硫)

H_2S、CO_2和硫醇等酸性组分可采用15%NaOH碱溶液或胺(如单乙醇胺或二乙醇胺)脱硫去除。

2.4.14 气体分离

通常在高压运行的常规分离装置中处理低沸点烃，处理不同工艺的不同气体流(如催化重整、催化裂化、蒸馏装置)。根据产品的用途，一些炼厂还去除LPG、塔顶物和石脑油中的汞。可能产生的水排放物包括烃、H_2S、NH_3和泄漏的胺。图2.10为气体装置部分工艺流程简图。

LPG含H_2S、CO_2、CO、COS(羰基硫)和CS_2杂质，通常采用烷醇胺去除，称为LPG脱硫。汽提再生胺后，含H_2S的酸性气进入硫黄回收装置。炼厂胺

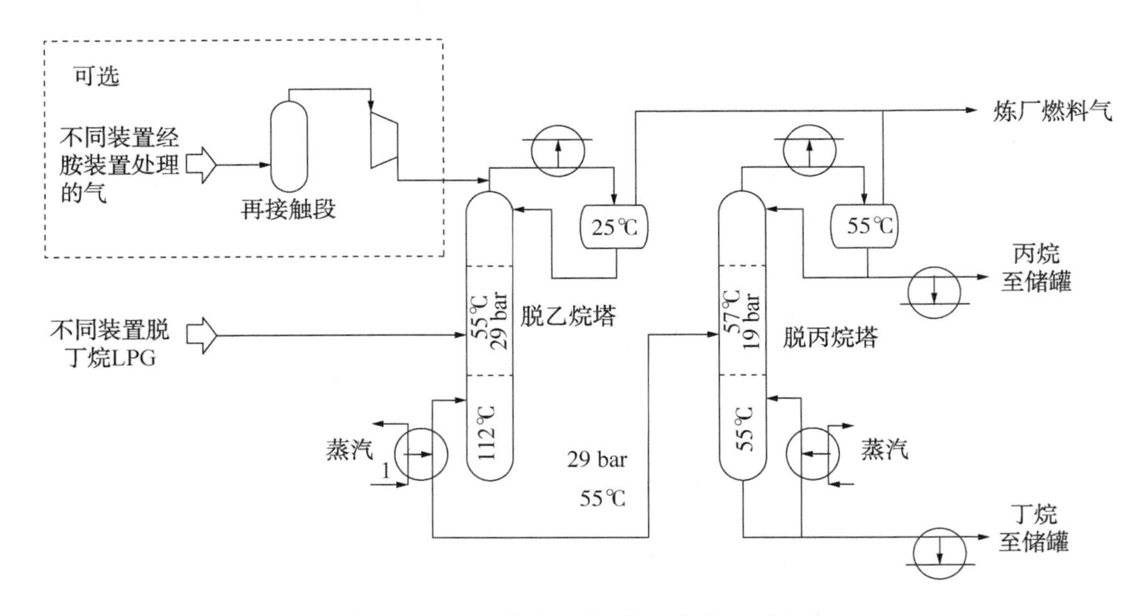

图 2. 10　气体装置部分工艺流程简图

系统的主要溶剂是单乙醇胺(MEA)、二乙醇胺(DEA)、二甘醇胺(DGA)、二-异丙醇胺(DIPA)、甲基二乙醇胺(MDEA)和不同的氨与专用添加剂。Claus/尾气处理污泥过滤器排出的胺可存储于污水池中，回收利用。用 MDEA 替代 MEA，减少热稳定性盐的形成，降低胺污泥量和尾气中废胺溶液量。胺会提高废水的 pH 值，释放过量的氨，远超生物所需水平。图 2. 11 为胺处理装置的工艺流程简图。

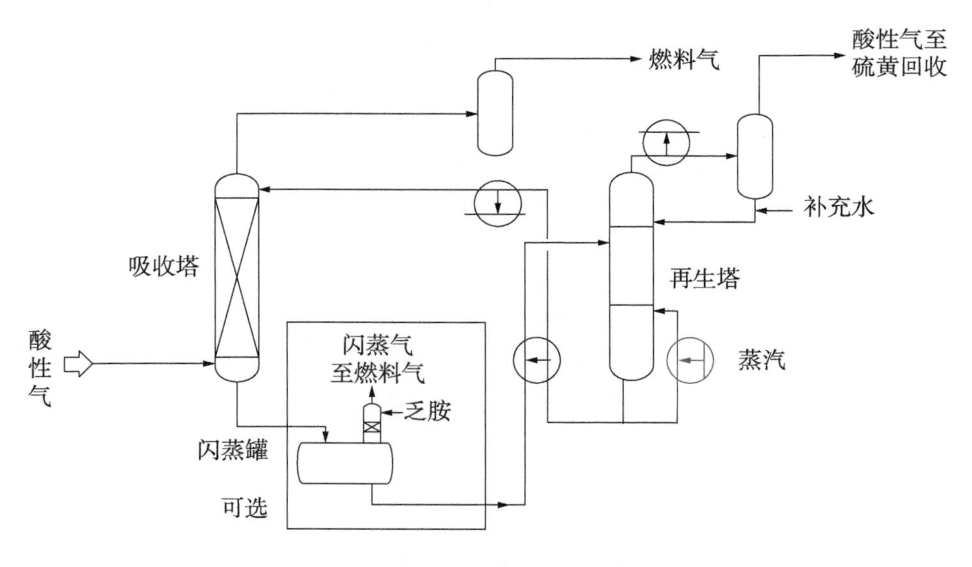

图 2. 11　胺处理装置的工艺流程简图

在主要的处理流程中，酸性气去除装置(AGRU)采用混合溶剂去除硫醇，或者进入后端的脱水/脱硫醇分子筛吸收装置进行处理。图 2.12 为酸性气去除工艺简图。硫化氢(H_2S)、二氧化碳(CO_2)和部分羰基硫化物(COS)在 AGRU 中去除。RSH 和水在分子筛中去除，COS 和其他有机硫在其他下游装置中去除。分子筛再生气含 RSH，采用混合溶剂系统去除。

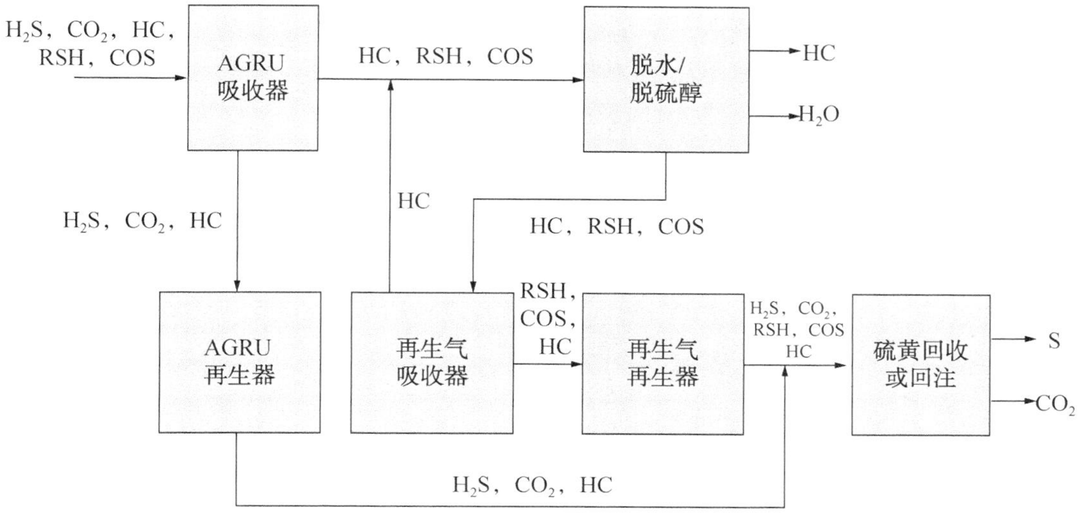

图 2.12　酸性气去除工艺

2.4.15　储存/混合

炼厂采用储罐或洞库储存原油、原料和中间工艺进料。最终的石油产品在运出厂址之前也储存在储罐中。因此，储罐需适应工艺装置运行工况，承接连续炼油工艺与非连续工艺。

储罐及管道的法兰和阀门出现渗漏时可能污染雨水。而罐底废水(主要是水和油乳化物)需定期排出，避免积累。罐底水受到罐产品的污染，其油含量可高达 5g/L。如果切水比例过高，水挟带油较多，导致水中含油量出现异常高值。罐底水中固含量高，往往形成沉淀污泥，表 2.21 为储罐附近不同污水系统中沉淀泥的组成。

表 2.21　储罐附近不同污水系统中沉淀泥的组成

组成	罐区污水(2 个不同的源)		汽油罐区污水管道	馏分油罐区污水管道
	1	2		
固体,%	92.7	91.2	81	97.0

续表

组成	罐区污水(2个不同的源)		汽油罐区污水管道	馏分油罐区污水管道
	1	2		
油,%	7.3	8.8	19	3.0
碳,%	26.9	27.1	44.9	58
氢,%	10.2	15.1	7.8	7.3
氮,%	1.2	<0.6①	0.4	0.6
硫, mg/kg	64441	70034	58222	13514
铁, mg/kg	25000.0	174024.0	62222.0	105326.0
镁, mg/kg	9317.0	2695.0	4430.0	1331.0
硫化物, mg/kg	8327.0	3624.8	4325.9	4238.9
铝, mg/kg	4193.0	3969.0	8148.0	3180.0
硝酸盐, mg/kg	2290.4	10.8	91.9	8.9
钠, mg/kg	1180.0	772.0	770.0	445.0
硫酸盐, mg/kg	1037.3	165.5	19.3	39.7
二甲苯, mg/kg	746.9	<4.2①	1121.5	4.0
甲苯, mg/kg	478.3	<4.2①	794.1	4.0
乙苯, mg/kg	158.4	<4.2①	106.8	4.0
萘, mg/kg	130.4	27.6	—	25.8
苯, mg/kg	80.7	<4.2①	35.6	4.0
酚, mg/kg	71.4	129.5	—	69.6
镍, mg/kg	68.3	106.1	500.7	190.8
铅, mg/kg	55.9	492.4	308.1	234.5
铬, mg/kg	35.4	70.5	154.1	81.5
芘, mg/kg	30.0	<105.0①	—	39.0
钴, mg/kg	29	2.0	0.3	0.3
钒, mg/kg	27.0	72.0	49.0	25.0
锑, mg/kg	19.0	42.0	15.0	20.0
酚, mg/kg	18.6	<105.1①	—	39.3
氟, mg/kg	15.5	<105.1①	—	39.3
苯并[a]芘, mg/kg	<7.8②	<105.1①	—	39.3
硒, mg/kg	7.0	<4.0①	4.3	5.0
砷, mg/kg	5.0	16.1	14.5	15.9

续表

组成	罐区污水(2 个不同的源)		汽油罐区污水管道	馏分油罐区污水管道
	1	2		
汞，mg/kg	4.0	1.6	9.5	0.2
氰化物，mg/kg	0.6	1.0	0.5	0.7
钙，mg/kg	<0.3[①]	39261.0	13185.0	11725.0

①低于检测限。

②计算值低于检测限。

注：数字为无水基，由于重复计算，数据总和并非 100%。

原油开采时含少量的固体、盐和水，通常称为底物和水，会腐蚀和污染下游设备，造成原油分馏单元中加工装置催化剂中毒。原油及产品在炼厂储存时，储罐底部会随着时间延长积累固体和水，尤其是原油储罐及中重质产品储罐(如渣油燃料油)。一些炼厂采用罐混合器，搅拌整个原油储罐底部，保持底物和水与原油一起悬浮转移到电脱盐，实际上最终需要处置的废物量并不减少。还有一些炼厂已经采用过滤或离心方法回收罐底水中的油，再回用至原油储罐或其他适用的工艺单元。

2.4.16　硫黄回收

胺处理装置和含硫水汽提塔排出富含 H_2S 气体，需在硫回收装置(SRU)中去除大量硫，最常用的是克劳斯工艺，之后进入尾气处理装置(TGTU)去除残余的 H_2S。进入 SRU 的组分可能还含有 NH_3 和 CO_2，以及浓度较低的不同烃。硫黄回收装置排出的废液主要是酸性气汽提塔的罐排液，水量约为 0.02m^3/h，通常 H_2S、酚、NH_3 平均浓度分别为 50mg/L、100mg/L 和<2000mg/L。

笔者调研了 32 套硫黄回收装置，规模从 0.04×10^4t/a 到 13.23×10^4t/a，最大废水量为 195.7t/a。

2.4.17　异常操作

现代炼厂设计包括全自动“故障—安全启动和关断系统”，实现最大限度的安全联锁，减少风险和污染排放。整个炼厂或部分装置的启动和关断可能导致大量的废气排放，主要为 VOC、SO_2 和 CO_2 颗粒物。废水排放及其处理设施可能短时间超负荷。

排放的液体通常是水和烃的混合物，含硫化物、氨和其他污染物，需排入废水处理系统。一个密封罐排污 1~2m^3/h 的废水，应急时可高达 10 倍，如减黏裂化启动后，其水封水质分析的 COD 为 500～10000mg/L，H_2S 为 10～1000mg/L，NH_3为 10～1000mg/L。

炼厂定期清洗换热器管束，去除积累的垢、污泥和含油废物。产生的污泥（油、金属、悬浮固体）可能含铅或铬。由于不再使用铬作为冷却水添加剂，换热器管束清洗所产生的废物不再是主要危险废物。在换热器清洗过程中，还产生含油废水，也可能排放 VOC。

换热器中的固体是多数炼厂一个重要的废物来源，采用高速水力喷射去除固体会增加污泥量，应在指定区域清洗管束，冲洗排水口周围设置混凝土溢流堰，截留固体。

第3章　石油炼制污染源汇解析

如前所述，商品原油是一种成分复杂的天然矿物，经过不同的炼油工艺，转化为种类相对固定的炼油产品。在加工过程中，原油中的水污染物分离(电脱盐脱水、蒸馏)出来，也会通过热、化学转化(热裂解、加氢等)形成新的水污染物，根据不同需求加入的化学药剂(辅助原料)也可能进入废水中。第2章给出了一些工艺装置的废水负荷、主要污染物，如NH_3、H_2S、酚、油等，但没有明确相应的来源或转化过程，以及在不同水、气、固和乳化介质中的迁移转化途径。本章详细分析水污染物来源和形成过程、相关物理化学性质(油水分配系数、水溶解度、离解、挥发性等)、生物和化学降解特征，从而为从污染物源头削减/处理、隔离与控制提供更可靠的依据。原油乳化是导致石油烃进入废水的主要过程，受多种因素影响，将在单独一节中进行分析。

3.1　商品原油

3.1.1　采出水

商品原油含水0.1%~2.0%(体积分数)，主要通过原油脱盐、脱水和原油储罐中长时间沉降分离出来，其中水溶解污染物的组成、含量与上游采出水相似，与油藏或原油性质密切相关。但是，在脱盐过程中经过冲洗水稀释，也会输入不同来源的污染物，因此，原油脱盐废水与原油所含水的水质可能存在较大差异。表3.1为油田采出水的主要组分，表3.2为采出水污染物的最大浓度、分子量、溶解度和辛醇水分配系数。

表3.1　油田采出水组分

物性			重金属含量		
项目	最小值	最大值	重金属	最小值	最大值
密度，kg/m^3	1014	1140	钙，mg/L	13	25800
电导率，mS/cm	4200	58600	钠，mg/L	132	97000

续表

物性			重金属含量		
项目	最小值	最大值	重金属	最小值	最大值
表面张力，mN/m	43	78	钾，mg/L	24	4300
pH 值	4. 3	10	镁，mg/L	8	6000
TOC，mg/L	0	1500	铁，mg/L	<0. 1	100
TSS，mg/L	1. 2	1000	铝，mg/L	310	410
总油(IR)，mg/L	2	565	硼，mg/L	5	95
挥发物(BTX)，mg/L	0. 39	35	钡，mg/L	1. 3	650
碱，mg/L	—	<140	镉，mg/L	<0. 005	0. 2
氯化物，mg/L	80	200000	铜，mg/L	<0. 02	1. 5
碳酸氢盐，mg/L	77	3990	铬，mg/L	0. 02	1. 1
硫酸盐，mg/L	<2	1650	锂，mg/L	3	50
氨氮，mg/L	10	300	锰，mg/L	<0. 004	175
硫化物，mg/L	—	10	铅，mg/L	0. 002	8. 8
总极性物质，mg/L	9. 7	600	锶，mg/L	0. 02	1000
高分子量有机酸，mg/L	<1	63	钛，mg/L	<0. 01	0. 7
酚，mg/L	0. 009	23	锌，mg/L	0. 01	35
挥发性脂肪酸，mg/L	2	4900	砷，mg/L	<0. 005	0. 3
			汞，mg/L	<0. 005	0. 3
			银，mg/L	<0. 001	0. 15

表 3. 2　采出水有机污染物的最大浓度、分子量、溶解度和辛醇水分配系数

化合物	最大浓度，mg/L	分子量	溶解度，mg/L	辛醇水分配系数
苯	10	78	1800	2. 1
甲苯	10	92	500	2. 7
乙苯	10	106	200	3. 2
二甲苯	10	106	180	3. 2
萘	1	128	30	3. 3
菲	100	178	1	4. 5

续表

化合物	最大浓度，mg/L	分子量	溶解度，mg/L	辛醇水分配系数
酚	10	948	300	1.5
甲酸	600	46	混相	−0.54
乙酸	700	60	混相	−0.17
丙酸	50	74	370000	0.33
丁酸	10	88	100000	0.79
戊酸	10		102~10000	1.4
己酸	10	116	5000	1.9
庚酸	10	130	1000	2.4
辛酸	10	144	<1000	3.1
壬酸	10	158	<1000	3.4

3.1.2　金属离子

原油采出水中盐浓度(含盐量)可能从几千分之一到饱和盐水(约30%)变化，而海水的含盐量为3.2%~3.6%。大多数采出水的含盐量大于海水，密度比海水高。表3.3为海水和采出水中主要金属离子的浓度对比。按所含离子相对丰度的高低顺序，高含盐采出水中最丰富的无机离子是钠、氯、钙、镁、钾、溴、碳酸氢根和碘。硫酸盐和硫化物的浓度通常较低，浓度高时会出现硫酸钡和硫化物沉淀。采出水中含氨约11mg/L，硝酸盐和磷酸盐浓度低(NO_3^-约0.02mg/L，P约0.35mg/L)。

表3.3　海水和采出水中几种金属的浓度范围　　单位：μg/L

金属	水样来源				
	海水	墨西哥湾油田采出水	北海油田采出水	Scotian Shelfc油田采出水	Grand Banksd油田采出水
砷	1~3	0.5~31	0.96~1.0	90	<10
钡	3~34	81000~342000	107000~28000	13500	301~354
镉	0.001~0.1	<0.05~1.0	0.45~1.0	<10	<0.02~0.04
铬	0.1~0.55	<0.1~1.4	5~34	<1~10	<1
铜	0.03~0.35	<0.2	12~60	137	<5

续表

金属	水样来源				
	海水	墨西哥湾油田采出水	北海油田采出水	Scotian Shelfc油田采出水	Grand Banksd油田采出水
铁	0.008~2.0	10000~37000	4200~11300	12000~28000	1910~3440
铅	0.001~0.1	<0.1~28	0.4~10.2	<0.1~45	0.09~0.62
锰	0.03~1.0	1000~7000	NA①	1300~2300	81~565
汞	0.00007~0.006	<0.01~0.2	0.017~2.74	<10	NA
钼	8~13	0.3~2.2	NA	NA	<1
镍	0.1~1.0	<1.0~7.0	22~176	<0.1~420	1.7~18
钒	1.9	<1.2	NA	NA	<0.1~0.6
锌	0.006~0.12	10~3600	10~340	10~26000	<1~27

① 没有分析。

3.1.3 石油烃

表3.4为总石油烃(TPH)馏分的代表性物理性质，石油烃在水中的溶解度随分子量增加而降低，如表3.5所示，芳烃比相同分子量的饱和烃更易溶于水。采出水经适当处理后，所含石油烃大部分为低分子量的芳烃，还有少量的饱和烃与分散油(液滴尺度为1~10μm)，其中分散油液滴主要含高分子量、低溶解性的饱和烃和芳烃。采出水中最丰富的烃是单环芳烃，如苯、甲苯、乙苯和二甲苯(BTEX)。苯通常最为丰富，其他有机物的浓度则随着烷基化的增加而降低。表3.6为4个海上平台和3个生产设施采出水中BTEX和选择的C_3-苯和C_4-苯浓度。

表3.4 总石油烃(TPH)馏分的代表性物理性质

组分		沸点,℃	水溶解度，mg/L	蒸气压，atm	lg KOC(油水分配系数)
脂肪烃	EC5—EC6	51	36	0.35	2.9
	EC>6—EC8	96	5.4	0.063	3.6
	EC>8—EC10	150	0.43	0.0063	4.5
	EC>10—EC12	200	0.034	0.00063	5.4
	EC>12—EC16	260	0.00076	0.000048	6.7
	EC>16—EC35	320	0.0000025	0.0000011	8.8

续表

组分		沸点，℃	水溶解度，mg/L	蒸气压，atm	lg KOC（油水分配系数）
芳烃	EC5—EC7	80	220	0. 11	3. 0
	EC>7—EC8	110	130	0. 035	3. 1
	EC>8—EC10	150	65	0. 0063	3. 2
	EC>10—EC12	200	25	0. 00063	3. 4
	EC>12—EC16	260	5. 8	0. 000048	3. 7
	EC>16—EC21	320	0. 65	0. 0000011	4. 2
	EC>21—EC35	340	0. 066	0. 00000000044	5. 1

注：EC—等碳数量。

表 3.5　石油烃在水中溶解度

烃类别	化合物	浓度，μg/g
正构烷烃	戊烷	39. 5±0. 6
	己烷	9. 47±0. 20
	庚烷	2. 24±0. 04
	正辛烷	0. 431±0. 012
	正壬烷	0. 122±0. 007
异构烷烃	1，2-二甲基丁烷	19. 1±0. 2
	2，2-二甲基丁烷	13. 0±0. 2
	2，4-二甲基戊烷	4. 41±0. 05
	2，3-二甲基成烷	5. 25±0. 02
	2，2，4-三甲基戊烷	1. 14±0. 02
	异丁烷	48. 0±1. 0
	2-甲基己烷	2. 54±0. 02
双环脂肪烃	双环[4，4，0]癸烷	0. 889±0. 031
石脑油芳烃	茚满	88. 9±2. 7

续表

烃类别	化合物	浓度，μg/g
环烷烃	环戊烷	160.0±2.0
	甲基环戊烷	41.8±1.0
	正丙基环戊烷	2.04±0.10
	1，1，3-三甲基环戊烷	3.73±0.17
	环己烷	66.5±0.8
	甲基环己烷	16.0±0.2
	反-1，4-二甲基环己烷	3.84±0.17
	1，1，3-三甲基环己烷	1.77±0.05
芳烃	苯	1740±17
	甲苯	554±15
	间二甲苯	134±2
	邻二甲苯	167±4
	对二甲苯	157±1
	1，2，4-三甲基苯	51.9±1.2
	乙苯	131.4±1.4
	异丙基苯	48.3±1.2
	异丁基苯	10.1±0.4
硫和氮化合物	噻吩	3015±34
	2-乙基噻吩	292±7
	2，7-二甲基喹啉	1795±127
	吲哚	3558±171

表 3.6　4 个海上平台和 3 个生产设施采出水中 BTEX 和选择的 C_3-苯和 C_4-苯浓度

化合物	7 种墨西哥湾采出水，mg/L	3 种印度尼西亚采出水，mg/L
苯	0.44~2.80	0.084~2.30
甲苯	0.34~1.70	0.089~0.80
乙苯	0.026~0.11	0.026~0.056
二甲苯(3 种同分异构体)	0.16~0.72	0.013~0.48
总 BTEX	0.96~5.33	0.33~3.64
丙基苯(2 种同分异构体)	NA	ND~0.01

续表

化合物	7种墨西哥湾采出水，mg/L	3种印度尼西亚采出水，mg/L
甲基苯(3种同分异构体)	NA	0.031~0.051
三甲基苯(3种同分异构体)	NA	0.056~0.10
总C_3-苯	0.012~0.30	0.066~0.16
甲基丙基苯(5种同分异构体)	NA	ND~0.006
二乙基苯(3种同分异构体)	NA	ND
二乙基苯(6种同分异构体)	NA	ND~0.033
总C_4-苯	ND~0.12	ND~0.068

注：NA—没有分析；ND—未检出。

多环芳烃(PAH)通常为亲脂化合物。采出水中PAH浓度通常为0.040~3mg/L，主要是易溶于水的同系物2环和3环PAH，如萘、菲及其烷基同系物。分子量较高的4环PAH到6环PAH水溶性低，与分散油滴更相关，在适当处理后的采出水中很少检出。美国环境署列出了16种PAH，其中萘、苊烯、苊、芴、菲(环数2~3个)在水中的溶解度较高，分别为31mg/L、16mg/L、3.8mg/L、1.9mg/L、1.1mg/L，其余11种(环数4~6个)的溶解度较低，为0.13~0.00019mg/L。美国加利福尼亚州调查了36个采出水源，含量较高的BTX和酮高值可分别达到几微克每升和十几微克每升，其他均在0.1mg/L以下。表3.7为采出水中不同多环芳烃(PAH)或烷基同系物的浓度。

表3.7　采出水中不同多环芳烃(PAH)或烷基同系物的浓度

单位：μg/L

化合物	采出水样			
	墨西哥湾	北海	Scotian Shelfb	Grand Banksc
萘	5.3~90.2	237~394	1512	131
C_1-萘	4.2~73.2	123~354	499	186
C_2-萘	4.4~88.2	26.1~260	92	163
C_3-萘	2.8~82.6	19.3~81.3	17	97.2
C_4-萘	1.0~52.4	1.1~75.7	3.0	54.1
苊烯	ND~1.1	ND	1.3	2.3
苊	ND~0.10	0.37~4.1	ND	ND
联苯	0.36~10.6	12.1~51.7	ND	ND
芴	0.06~2.8	2.6~21.7	13	16.5

续表

化合物	采出水样			
	墨西哥湾	北海	Scotian Shelfb	Grand Banksc
C_1-芴	0.09~8.7	1.1~27.3	3	23.7
C_2-芴	0.20~15.5	0.54~33.2	0.35	4.8
C_3-芴	0.27~17.6	0.30~25.5	ND	ND
蒽	ND~0.45	ND	0.26	ND
菲	0.11~8.8	1.3~32.0	4.0	29.3
C_1-菲	0.24~25.1	0.86~51.9	1.30	45.0
C_2-菲	0.25~31.2	0.41~51.8	0.55	37.1
C_3-菲	ND~22.5	0.20~34.3	0.37	24.4
C_4-菲	ND~11.3	0.50~27.2	ND	13.2
荧蒽	ND~0.12	0.01~1.1	0.39	0.51
芘	0.01~0.29	0.03~1.9	0.36	0.94
C_1-荧蒽/芘	ND~2.4	0.07~10.3	0.43	5.8
C_2-荧蒽/芘	ND~4.4	0.21~11.6	ND	9.1
苯并[*a*]蒽	ND~0.20	0.01~0.74	0.32	0.60
䓛	ND~0.85	0.02~2.4	ND	3.6
C_1-䓛	ND~2.4	0.06~4.4	ND	6.3
C_2-䓛	ND~3.5	1.3~5.9	ND	18.8
C_3-䓛	ND~3.3	0.68~3.5	ND	6.7
C_4-䓛	ND~2.6	ND	ND	4.2
苯并[*b*]荧蒽	ND~0.03	0.01~0.54	ND	0.61
苯并[*k*]荧蒽	ND~0.07	0.006~0.15	ND	ND
苯并[*e*]芘	ND~0.10	0.01~0.82	ND	0.83
苯并[*a*]芘	ND~0.09	0.01~0.41	ND	0.38
二萘嵌苯	0.04~2.0	0.005~0.11	ND	ND
茚并(1, 2, 3-cd)䓛	ND~0.01	0.022~0.23	ND	ND
二苄基[*a*, *h*]蒽	ND~0.02	0.012~0.10	ND	0.21
苯并[*ghi*]二萘嵌苯	ND~0.03	0.01~0.28	ND	0.17
总 PAH	40~600	419~1559	2148	845

3.1.4　酚类

酚是一种芳族化合物，含有1个或多个羟基，附着在芳环上，表现出弱酸性。表3.8为酚的主要物理性质。在低于68.4℃时，酚只部分与水混相，形成共沸混合物。易于用强碱溶液冲洗，以钠盐的形式回收。在碱性条件下，酚酸盐以离子形态存在，完全溶解于水，不会挥发。经过蒸发会沉淀为钠盐，在室温下为固体。只有先用强酸将pH值调节到7，才可从溶液中分离出非离子形态的酚。多于5个碳原子支链的烷基酚主要与油滴相关。天然原油中没有C_8酚和C_9酚，酚几乎完全进入水溶液。

表3.8　酚的物理性质

名称	分子量	熔点，℃	沸点，℃	pK_a（25℃）
酚	94.1	40.9	181.8	10.00
邻甲酚	108.1	31.0	191.0	10.32
间甲酚	108.1	12.2	202.2	10.09
对甲酚	108.1	34.7	201.9	10.27
2，3-二甲基苯酚	122.2	72.6	216.9	10.54
2，4-二甲基苯酚	122.2	24.5	210.9	10.60
2，5-二甲基苯酚	122.2	74.9	211.1	10.41
2，6-二甲基苯酚	122.2	45.6	201.0	10.63
3，4-二甲基苯酚	122.2	65.1	227.0	10.36
3，5-二甲基苯酚	122.2	63.3	221.7	10.19
间苯二酚	110.1	109.8	276.5	—
双酚A	228.3	157.3	—	—

表3.9对比了北海Statfjord B和Gullfaks C采出水和原油的化学组成。采出水中的总酚浓度通常低于20mg/L，研究发现所取水样的总酚浓度范围分别是2.1~4.5mg/L和0.36~16.8mg/L。酚、甲基酚和二甲基酚是含量较高的酚类有机物。烷基酚的丰度通常随着烷基碳的数量增加而降低。6个挪威平台采出水中4-正-壬基酚（毒性最强）浓度为0.001~0.012mg/L，5个其他样品没检测出壬基酚，C_6-烷基酚到C_9-烷基酚的浓度与采出水中分散油滴的浓度高度相关。

表 3.9　北海 Statfjord B 和 Gullfaks C 中采出水和原油的化学组成

化合物	Statfjord B 采出水 μg/L	Gullfaks C 采出水 μg/L	Statfjord B 原油 mg/kg	Gullfaks C 原油 mg/kg
BTEX	8900	8350	25911	16249
萘	1032	1022	13355	14022
2~3 环 PAH	150	112	3414	3179
4~6 环 PAH	2.16	1.81	56.9	62.4
C_0—C_3酚（不同组分）	3252	3623	37.0	48.2
C_4—C_5 C_0—C_3酚（不同组分）	8.63	6.99	42.2	50.5
C_6—C_9 C_0—C_3酚（不同组分）	1.45	2.03	44.6	64.7
C_0—C_3 酚（总离子方式）	3520	4048	ND	ND
C_4—C_5酚（总离子方式）	132	170	ND	ND

3.1.5　有机酸类

在采出水的有机组分中，羧酸(如甲酸、乙酸、丙酸、丁酸、戊酸、环烷酸)的浓度最高。表 3.10 为 4 个生产设施采出水中低分子量有机酸的浓度。羧酸(脂肪酸)阴离子的油—水分配系数约为 17，在高 pH 值时，羧酸会以离子形态存在(带负电荷的盐 $R—COO^-+H^+$)，溶解于水中；在低 pH 值酸性环境，羧酸以分子形式存在，由于在水中的溶解度降低，主要分布至油相中。阴离子在水中的分配浓度高出油相中的 10^{17}倍。在非酸性 pH 值时，非水溶性的乳化羧酸聚集体小于 1μm，在一定形式上表现为溶液。采出水中的大部分 TOC 源于低分子量羧酸，丰度通常随着分子量增加而降低，甲酸或乙酸最为丰富。在 3 个北海采出水样品中，C_1—C_5的总有机酸浓度为 43~817mg/L，C_8—C_{17}的总有机酸浓度为 0.04~0.5mg/L。北海、墨西哥湾和加州平台的几个采出水样品中低分子量有机酸含量为 60~7100mg/L。

表3.10　4个生产设施采出水中低分子量有机酸的浓度 单位：mg/L

有机酸	分子式	美国海上水样	挪威北海水样
甲酸	CHOOH	ND~68	26~584
乙酸	CH_3COOH	8~5735	未检测
丙酸	CH_3CH_2COOH	ND~4400	36~98
丁酸	$CH_3(CH_2)_2COOH$	ND~44	ND~46
戊酸	$CH_3(CH_2)_3COOH$	ND~24	ND~33
己酸	$CH_3(CH_2)_4COOH$		ND
草酸	COOHCOOH	ND~495	未检测
丙二酸	$CH_2(COOH)_2$	ND~1540	未检测
检测出的总有机酸	—	98~7160	62~761

原油中的环烷酸(NA)微溶于水，当原油中环烷酸含量高时，也会相应地出现在采出水中。在沥青质(重质油、稠油)油田采出水中环烷酸浓度高，碳数为8~30个，总浓度为24~68mg/L。

环烷酸质子离解常数在10^{-6}~10^{-5}之间(pK_a值5~6)。与高级脂肪酸相比，环烷酸是强酸，但与低分子量羧酸相比(如乙酸)，环烷酸为弱酸。由于pK_a值高，环烷酸可溶于有机溶剂和油。环烷酸沸点为250~350℃。在常温下，环烷酸稳定。由于环烷酸混合物中存在酚和硫杂质，具有强烈的气味。环烷酸物理外观或为透明液体，或为棕色黏稠液体，具有表面活性剂的性质使其可进入生物的细胞壁，造成膜破坏。表3.11为环烷酸的化学和物理性质。

表3.11　环烷酸的化学和物理性质

参数	性质描述
颜色	新蒸馏出的环烷酸为无色，但是储存的精制环烷酸会变色， 从深红到亮黄或浅黄、深琥珀、淡黄和黑色
气味	新蒸馏出的环烷酸无味，但是储存会导致酚或硫杂质造成的气味
状态	黏稠液体
黏度(40℃)	40~100mPa·s(取决于原油的等级)
溶解度	室温下完全溶解于植物油和矿物油和所有有机溶剂。 碱性和中性pH值下水中溶解度<50mg/L
分子量	通常在140~450

续表

参数	性质描述
沸点	250~350℃
离解常数 pK_a	5~6
折光率	1.5
$\lg K_{ow}$（辛醇水分配系数）	4(pH=1)、2.4(pH=7)、2(pH=10)
密度	$0.97 \sim 0.99 g/cm^3$
相对密度(20℃)	0.95~0.98
酚化合物含量	0.05%~15%
非皂化物含量	1%~20%

环烷酸在碱性条件下水溶性强，也易于在水中乳化。环烷酸是复杂的混合物，组分多样，通常包括环烷基和芳基，具有不同长度的脂肪直链，有一个或多个羧基。环烷酸通用的化学分子式描述为 $C_nH_{2n+Z}O_2$，是石油资源的天然组分，源于石油烃的生物降解。由于经过地质时间的"培养"，留在天然原油中的是难处理的环烷酸。原油中总环烷酸浓度与酸值(TAN)有正相关关系，大体为30~100TAN。在原油处理过程中压力降低，导致二氧化碳从地层水中释放出来，水的pH值上升，离解酸的浓度增加，有利于形成环烷酸钙。环烷酸钙不溶于水，也不溶于油，密度比水小，比油大，因此在分离器中可能使得油/水界面层上积累大量的颗粒物。

在油砂采出水中，$n=14 \sim 18$ 的常规环烷酸对总环烷酸贡献约占80%，主要分布在 $|Z|=6$(32%)、$|Z|=4$(26%)和 $|Z|=12$(19%)。另外，$|Z|=6$(三环)和 $n=15$ 的常规环烷酸在OSPW中的浓度最高。对于O-环烷酸和 O_2-环烷酸，$|Z|$ 数量主要分布在10左右，$n=13 \sim 17$，$|Z|=6$ 和 $n=14$ 的浓度最高。总的来说，O-环烷酸分布表明这些酸主要分布在 $|Z|=6$(35%)、$|Z|=8$(25%)和 $|Z|=4$(18%)，而大部分 O_2-环烷酸分布在 $|Z|=6$(37%)、$|Z|=8$(27%)和 $|Z|=10$(13%)。在石脑油中，可发现各种羧酸，分子式为 $C_nH_{2(n-Z)}O_2$ 或等同的 $HC_nH_{2(n-Z)}COOH$。在烃氧化为酸后，去除了一个烃对（或加上了一个"双键等价物"），形成一种"环烷"，也称为"环烷酸"。在一定的碳数(n)内，在系统的pH值下，这种酸的阴离子或共轭碱以阴离子盐的形式分布在采出水中。但是，在更为酸性的pH值下，沉淀为酸，可进入油和脂的萃取溶剂中。由于环烷酸带有疏水基，具有表面活性剂

的作用，当开采油砂使用大量的碱性热水时，尾矿水中检测到环烷酸浓度高达110mg/L。

3.1.6　表面活性剂

在石油生产过程中，通常使用各种处理剂，包括驱油剂、阻垢剂、缓释剂、杀菌剂、破乳剂、消泡剂和水处理药剂等。表3.12为油田生产使用的主要化学药剂，其作用如表3.13原油生产和输送中使用的药剂种类所示。在北海油田采出水中，确定或分析出各种极性和带电荷分子的商业配方，如直链烷基苯磺酸盐、烷基二甲基苯铵盐化合物、2-烷基-1-氨基乙烷-2-咪唑啉等。缓蚀剂、阻垢剂、杀菌剂溶解于水，其他药剂水溶解性低，不会进入水相。表3.14为石油行业表面活性剂的应用实例。

表3.12　油田生产使用的主要化学药剂

药剂	典型值，mg/L	范围，mg/L
缓蚀剂①	4	2~10
阻垢剂②	10	4~30
破乳剂③	1	1~2
聚电介质④	2	0~10

①通常含有氨基/咪唑啉化合物；

②通常含有磷酸盐酯/磷酸盐化合物；

③通常含有草酸树脂/聚乙二醇酯/烷基芳基磺酸盐；

④例如，聚胺化合物。

表3.13　原油生产和输送中使用的药剂种类

名称	描述
阻垢剂	防止岩层构造、井筒和地面处理设施出现矿物垢沉积
缓蚀剂	保护井筒和地面设施
除氧剂	缓解腐蚀问题
杀菌剂	控制细菌生长，为水溶性，进入水相
消泡剂	消除原油分离器中的气泡
破乳剂	采出液中含天然表面活性剂和其他化学药剂，如缓蚀剂会造成乳化，破乳剂用于破乳

续表

名称	描述
降阻剂	原油管线加入高分子量聚合物，强化流动和降低压降
脱硫剂	加入生产设施、管线或油轮，将 H_2S 转化为稳定形态
硫醇消除剂	低分子量（C_1—C_3）硫醇具有难闻的气味和毒性，需要氧化或转化为低挥发性组分
脱蜡剂	原油中长链烷烃或石蜡会在温度、压力和其他条件变化时沉积。采用分散剂去除形成的沉积或抑制石蜡晶体的生长
沥青控制剂	温度、压力或原油组分变化时，沥青会脱稳和沉淀，加入化学药剂控制沉淀

表 3.14　石油行业表面活性剂的应用实例

气/液系统	油砂浮选工艺浆体
采油井和井口泡沫	油砂浮选工艺泡沫
油浮选工艺泡沫	井口乳化
蒸馏和分馏塔泡沫	重油管线乳化
燃料油和航空燃料泡沫	燃料油乳化
泡沫钻井液	沥青乳化
泡沫压裂液	原油泄漏乳化
泡沫酸化液	油轮压舱水乳化
封闭和倒流泡沫液	液/固系统
气—流动控制泡沫液	储层润湿调整剂
液/液系统	油藏颗粒稳定剂
乳化钻井液	罐/容器污泥分散剂
原位乳化强化采油	钻井液分散剂

由于一些活性组分在工艺中消耗，难以确定这些化学药剂的最终去处。目前，也难以获取海上开发和钻井化学药剂中各种表面活性剂的使用量数据，1993 年北海状态报告中估计 1991 年排入北海的表面活性剂/洗涤剂量为 376t，估计处理后采出水排放浓度为 2.35mg/L。表面活性剂由含疏水和亲水官能团的有机物组成，位于有机相和水相界面，有时会聚结在一起形成胶束。离子洗涤剂包括脱氧胆酸钠和十二烷基硫酸钠。在 1965 年之前，烷基苯磺酸盐是最常用的商业表面活性剂，难以生物降解，目前已由可生物降解的直链烷基磺酸

盐(LAS)替代。

油田药剂的使用也会带来其他生产问题。很多重质原油油田为了提高产量，使用酸性或氨基性质药剂，这些药剂最终进入炼厂装置，通常表现为原油装置塔顶出现异常的 pH 值、氯化物、铁含量等。Orinoco 地区的重质原油生产为提质还使用乳化剂，如开采高酸值原油时使用氢氧化钙。此外，原油生产过程中为缓解 H_2S 问题，也会投加胺进行脱硫，导致原油中胺浓度升高。在电脱盐中，原油中的部分胺分配到水相，与盐水一起排入废水处理系统，造成高 COD 和硝化负荷。同时，胺会提高 pH 值，使得老化油层更加稳定，影响电脱盐运行。

3.1.7　聚合物

三次采油，也称为强化采油(EOR)，其中聚合物驱 EOR 提高水相黏度，降低水/油迁移比。采出液是混相溶液，为表面活性剂、助表面活性剂、电解质、烃和水的混合物。表面活性剂具有表面活性；助表面活性剂用于稳定，如乙醇；电解质用于控制黏度和界面张力，如氯化钠或硫酸铵。在碱—表面活性剂—聚合物驱(ASP)体系中，碱用于减弱表面吸附，表面活性剂用于降低界面张力和稳定乳化物，聚合物可增加黏度并改进迁移控制效果和波及效率。简单的 EOR 中聚合物严格亲水，经储藏、相分离和进一步的采出水处理(PWT)后，聚合物依然溶解在水相。

总的来说，商品原油经过充分的脱盐和脱水后，水溶解组分(无机盐离子、有机酸、溶解烃等)绝大部分会进入脱盐废水。由于亲水、亲油(或油、水润湿)性质和操作条件的差异，无机固体(重金属、储藏固体、腐蚀和结垢产物)会更多地分配至脱盐污泥和原油，表面活性剂类药剂依然会在油、水两相之间分配；其他有机药剂、有机金属化合物、重金属、有机氮、有机硫会保留在油相，进入后续的蒸馏装置。虽然难以明确油田药剂的具体化学组成和数量，但是可以肯定的是，商品原油中的含量为 10^{-6}级，预计对废水的水质影响很小。

3.2　迁移转化

3.2.1　生产过程分析

本书第 2 章介绍了原料/原油加工过程中的物质转化，以及可能进入废水中的主要污染物。总的来说，脱盐、蒸馏是一种物理分馏/分离过程。脱盐工艺去除绝大部分水和水溶解盐、溶解性有机物，非溶解盐(垢、锈)进入脱盐排泥，脱盐废水的物质组成应与原油来源的油田采出水(输入)相似(也包括原油罐底水)，但受到冲洗水来源(如汽提净化水)影响。除了受混合、设计效率和冲洗、排泥的“挟带”影响，电脱盐的去除和分离效果主要取决于有机物和盐的水溶解度、油/水分配系数。

炼油过程中的固体分为两类：固体颗粒大于20μm，可在电脱盐罐和沉降罐中沉淀出来；小于20μm为可滤出固体，会造成石油炼制过程催化剂中毒、污染、侵蚀等。另外，汽提酸性水用作电脱盐冲洗水，氨、硫化物和酚一定程度上会由原油重新吸收。

蒸馏过程中，原油的杂质主要存留在减压渣油中，包括电脱盐出流中的残余盐、非烃有机物、金属等。原油中的绝大部分有机硫、有机氮在加氢、裂化、焦化等工艺中转化为无机氮(氨氮)和无机硫(H_2S)，除了进入LPG、塔顶物和石脑油中的汞，非溶解金属主要进入焦化产品石油焦中。整个炼油过程的非石油材料有限，如产品处理使用碱去除硫醇(深度脱硫)和酚，酸性气体使用胺脱硫，烷基化、聚合和醚化分别使用矿物酸和醚，脱沥青、脱氯使用有机溶剂，催化重整废催化剂再生会产生非常少量的二噁英等，经过装置的氧化、过滤处理，进入废水系统的量非常少。

3.2.2 有机酸的迁移与转化

表3.15为不同热反应温度下冷凝液产率和酸值。原油中的环烷酸大约从200℃开始馏出，在300~370℃全部馏出，后一个温度范围超过常规的常压蒸馏温度。因此，原油中的大部分环烷酸会进入后续炼油装置，在蒸馏过程中与烃一起馏出，之后冷凝、浓缩形成高浓度环烷酸。环烷酸在炼油温度下腐蚀性强，碳钢在180~220℃下开始腐蚀，280~385℃时(对应蒸馏塔运行温度250~300℃)腐蚀性最强，高于400℃时环烷酸通过脱羧分解。酸性原油的热稳定性差，羧酸热转化为烃和CO_2时能耗高。高酸值(TAN=4.86mg KOH/g)LH原油在300~500℃下与原油反应，环烷酸脱羧，产生CO_2，导致酸值急剧下降。羧酸也裂解为更小尺度的酸(冷凝液中的乙酸、丙酸、异丁酸、丁酸、戊酸、己酸等，沸点117.9~205.4℃，含量0.3~8.2μg/g产品)，腐蚀性更强。藿烷酸和secohopanoic酸馏点高于500℃。

表 3.15　不同热反应温度下的冷凝液产率和酸值

反应温度,℃	300	350	400	450	500
冷凝液回收率,%(质量分数)	5.23	12.75	41.08	74.45	70.03
残余量,%(质量分数)	88.33	80.65	50.30	16.51	15.02
冷凝液酸值, mg KOH/g	1.26	1.42	0.73	0.69	0.43

加氢氢解导致 C—X 化学键断开，其中 C 为碳原子，X 为硫、氮或氧原子，氢解反应的净结果是形成 C—H 和 H—X 化学键，例如乙硫醇的氢解反应为 $C_2H_5SH+H_2 \longrightarrow C_2H_6+H_2S$，吡啶的氢解反应为 $C_5H_5N+5H_2 \longrightarrow C_5H_{12}+NH_3$。加氢过程可将非碱性氮转化为强碱性氮(环胺的衍生物)，之后转化为氨。加氢是非选择性脱氮过程，脱金属(HDM)、脱硫(HDS)、脱氧(HDO)、脱芳烃(HDA)和烯烃饱和及脱氮(HDN)平行进行。反应温度 350℃下，足以进行热裂解，可转化含氮化合物。在加氢过程中出现以下反应：通过含硫化合物加氢形成烃和硫化氢，实现进料脱硫；氮化合物加氢形成氨和烃，实现脱氮；在过量氢的工艺中，大的烃分子加氢裂解为更小的分子。在还原条件下，酚和环烷酸还原为烃，其中的氧转化为水，如加氢工艺的酸性水几乎不含酚(见 5.3 酸性废水)。

加氢裂化中的几种反应如下：

(1)酸类化合物的加氢反应。

$$R-COOH+3H_2 \longrightarrow R-CH_3+2H_2O$$

(2)酮类化合物的加氢反应。

$$R-CO-R'+3H_2 \longrightarrow R-CH_3+R'H+H_2O$$

(3)环烷酸和羧酸在加氢条件下进行脱羧基和羧基转化为甲基的反应，环烷酸加氢成为环烷烃。

$$R-C_6H_{10}-COOH \xrightarrow{3H_2} R-C_6H_{10}-CH_3+2H_2O$$

$$R-C_6H_{10}-COOH \xrightarrow{3H_2} R-C_6H_{11}+CH_4+2H_2O$$

(4)苯酚类加氢成芳烃。

$$C_6H_5-OH+H_2 \longrightarrow C_6H_6+H_2O$$

(5)呋喃类加氢开环饱和。

$$C_4H_4O+4H_2 \longrightarrow C_4H_{10}+H_2O$$

笔者调研了47套催化裂化装置，进料包括焦化蜡油、直馏蜡油、常压渣油、减压渣油，产品包括干气、液化气、汽油、轻柴油、重柴油、澄清油或油浆、焦炭等，与常减压的相应数据相比，催化裂化汽油、轻柴油(二者产率大致为60%)的产品酸值大致降低4个数量级，如相应的最大值分别为0.807×10^{-6}mg KOH/g和2×10^{-5}mg KOH/g，可以说明进入两种产品的酸性物质量微乎其微。根据环烷酸的馏程和催化裂化的温度，可以验证环烷酸出现了显著的热解。

3.2.3 有机氮与硫的迁移与转化

氰化氢(HCN)是原油中重质组分裂解的副产物(焦化中的热裂解或FCC中的催化裂解)，与含H_2S的气体一起进入胺系统，水解产生氨(NH_3)并形成甲酸盐，属于热稳定盐(HSS)，也会导致胺性能下降，造成胺污染，需要部分废弃。HCN是一种挥发性弱酸，但与硫化氢相比为强酸，在汽提过程中形成铵盐，从液相中流出。HCN与氧和硫化氢反应产生另一种HSS硫氰酸盐(SCN^-)，加剧系统腐蚀，并更容易生成硫化铁，形成堵塞过滤器、污染设备的颗粒物，使得浮选泡沫更为稳定。多数HCN进入酸性水汽提(SWW)装置。根据收集的近20年的胺数据，不同年份和配置的HSS(热稳定盐)阴离子分布一致，不同炼油装置主要产生的是$HCOO^-$和SCN^-。胺系统处理不同来源的气体，形成不同的HSS负荷。处理延迟焦化气体和液体的H_2S形成的HSS阴离子量最大；其次是没有原料加氢处理的流化催化裂化(FCC)；最后是有原料加氢处理的FCC。

与常规的酸性气体H_2S和CO_2相比，硫醇为弱酸。硫醇的烃链长，重质硫醇不溶于水，可通过加碱去除。虽然大部分有机硫通过不同的工艺可转化为无机硫(H_2S)，但LPG净化、产品处理和基础油生产环节仍需要进行不同程度的脱硫，达到相应的产品标准。在产品或液化气处理中采用萃取/碱洗或氧化脱硫，如硫醇被空气氧化为二硫化物($4RSH+O_2 \longrightarrow 2RSSR+2H_2O$)。硫醇溶解于苛性钠溶液中发生反应：$RSH+NaOH \longrightarrow NaSR+H_2O$。除了反应产物，产生的废碱液也含油、酚、硫等污染物：主要净化直馏气态烃中的硫磺酸，净化裂化气/汽油中的酚类化合物(酚、甲酚和二甲酚)与硫化物，净化中质馏分萃取物中的硫醇。

3.2.4 酚的迁移与转化

炼厂的酚主要来源于催化裂化工艺，反应产物含氨、轻烃、硫化氢、氰化物和酚。裂化汽油碱处理除硫(硫醇和硫酚)也是酚的另一个来源；类似的热裂解也会产生含酚废水，包括减黏裂化、延迟焦裂、蒸汽裂解。表 3.16 为美国炼厂的酚负荷。没有裂化装置的炼厂的酚负荷只有 0.03lb/1000bbl(1lb/1000bbl≈2.7g/m^3)。

表 3.16　美国炼厂的酚负荷

炼厂类型	数量	规模，bbl/d	酚(中值)，lb/1000bbl 原油	酚，lb/d
A 蒸馏	13	204900	0.03	1809
B 裂化	71	3448900	1.54	16620
C 裂化和石油化工	27	3416830	4.02	27668
D 裂化和润滑油	11	1068450	2.18	4317
E 裂化、润滑油、石油化工	13	3354470	2.67	18430
总计	135	11493550	—	68844

3.2.5　金属离子的迁移

原油适当脱盐后，燃料产品的灰分与总固体含量直接相关，且与所含镍、钒的总和成正比(Ni-V 值：0.03%~0.15%，与渣油的来源和原油的来源相关)。研究表明，原油所含的金属量乘以 4~5 的系数(与渣油的产率和原油中的渣油馏分含量相关)，可以得到重质燃料油(HFO)的金属含量，如表 3.17 所示。北海原油和阿拉伯重质原油的 HFO 的金属含量为 40~600μg/g。原油最主要的固有金属为钒和镍，也检测出其他金属，如镉、镍、铜、砷和铬。

表 3.17　渣油中的金属含量

金属	含量范围，μg/g	平均含量，μg/g
V	7.23~540	160
Ni	12.5~86.13	42.2
Pb	2.49~4.55	3.52
Cu	0.28~13.42	2.82
Co	0.26~12.68	2.11
Cd	1.59~2.27	1.93

续表

金属	含量范围，μg/g	平均含量，μg/g
Cr	0.26~2.76	1.33
Mo	0.23~1.55	0.95
As	0.17~1.28	0.8
Se	0.4~1.98	0.75

在某炼油废水处理厂，进行了一年的汞负荷跟踪和转化分析，发现常规的砂滤和颗粒活性炭可有效去除颗粒物和溶解汞。结果验证了酸性水汽提出水是废水处理厂汞的主要来源（占74%）。

3.3 乳化过程

石油开采过程中，压降和剪切往往增加油滴和水相之间的界面面积，界面上同时存在无机胶体、有机颗粒以及原油中的界面活性分子，形成机械强度高的黏性“膜”，限制了液滴的聚结。含有无机颗粒的乳化物比沥青质形成的乳化物更稳定，其中颗粒物的乳化作用受到多种因素影响，包括颗粒尺寸、形状、浓度、润湿性、水相的pH值和电解质浓度，以及其他惰性颗粒之间的相互作用。在稳定的乳化物界面，水和油润湿颗粒物的吸附自由能与乳化性质密切相关，这种不可逆转的吸附导致某些乳化物极其稳定。

3.3.1 乳化物

乳化物是一种液体体系，其中的液体颗粒物分散于液体连续相中。乳化物有三种形式：油包水型（W/O）、水包油型（O/W）及混合型。乳化物本身不稳定，按动力学稳定性可分为不稳定型（稳定时间几分钟）、半稳定型（稳定时间几十分钟）、稳定型（稳定时间几小时甚至几天）。O/W和W/O型的大乳化物尺寸约为5μm。小尺寸通常为1~2μm，纳米乳化物尺寸为20~200nm，与大乳化物类似，只是动力学上的稳定。胶束乳化属于微乳化，尺度为5~50nm，热动力学稳定。双重或多重乳化为W/O/W和O/W/O。图3.1为乳化物稳定机理示意图。

3.3.2 乳化稳定剂

原油中存在天然的乳化剂，包括高沸点组分，如沥青质和胶质、有机酸和

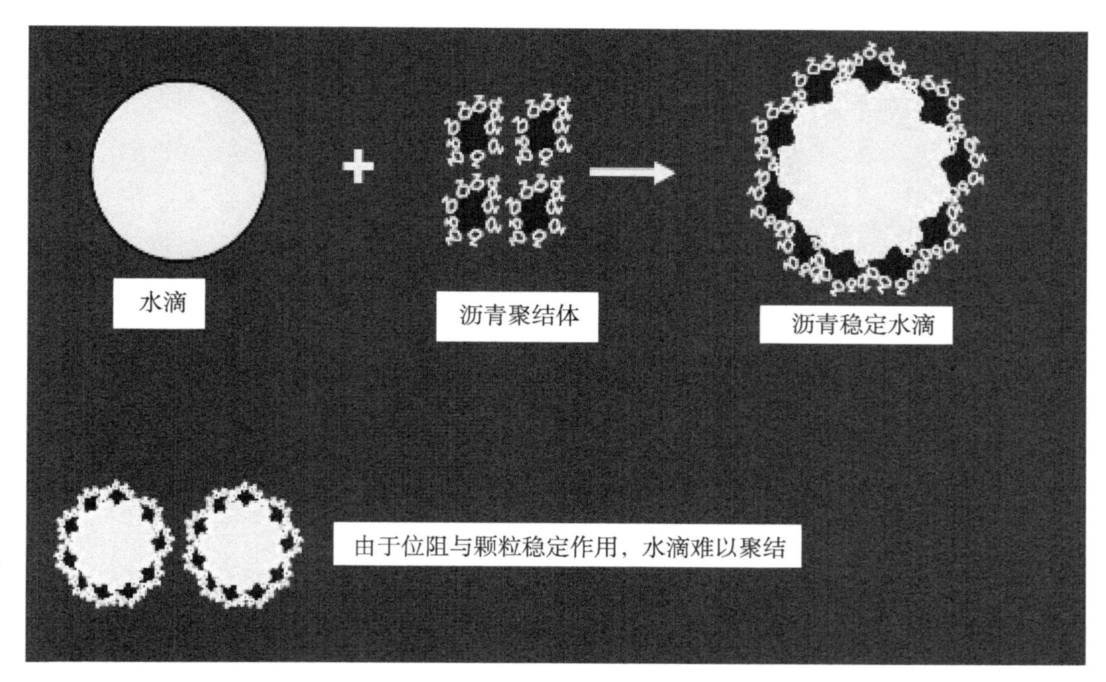

图3.1　乳化物稳定机理

碱。沥青质和胶质为极性分子，平均分子量不超过1000，这些物质之间的相互作用强烈，影响石油中的沥青沉淀。图3.2为一种原油中分离出的沥青质和胶质的性状。沥青质是复杂的极性多环芳烃分子，可溶于苯/乙酸乙酯，不溶于低分子量的正构烷烃，是一种从灰黑色到黑色的易碎固体，没有明确的熔点。沥青质由浓缩的芳烃单片组成，含有烷基、脂环侧链和分散的杂环原子(氮、氧、硫及钒、镍等微量金属)。沥青质分子碳的数量在30以上，分子量从500到10000。具有非常稳定的1.15的碳氢比，相对密度接近1。沥青质分子含硫、氮、氧、金属元素和多极性官能团，如乙醛、羰基、羧基、胺和氨基。胶质加入沥青中，通过穿透沥青单体之间的π—π键和极性键合作用，可减小聚结物的尺寸，降低界面活性，从而降低稳定性。胶质与沥青比(R/A)较高时乳化物的稳定性很低，可能是由于沥青单体或低聚物与胶质分子相互间的强烈作用。

与其余沥青质(RA)相比，沥青的界面活性组分(IAA)通常是含杂原子更多的大分子。IAA组分的氧含量比RA高出约3倍。IAA结构界面活性强，可形成超分子结构。IAA分子会不可逆地吸附在油/水界面，形成多孔网络，从界面延伸到油相。IAA和RA的界面和聚结性质的本质差异与强极性的亚砜基(—S═O)相关，造成不同类型的氢键作用。通过研究不同芳族性质溶剂中的沥青馏分，发现并非所有沥青分子都会形成稳定的W/O型乳化物，IAA亚组

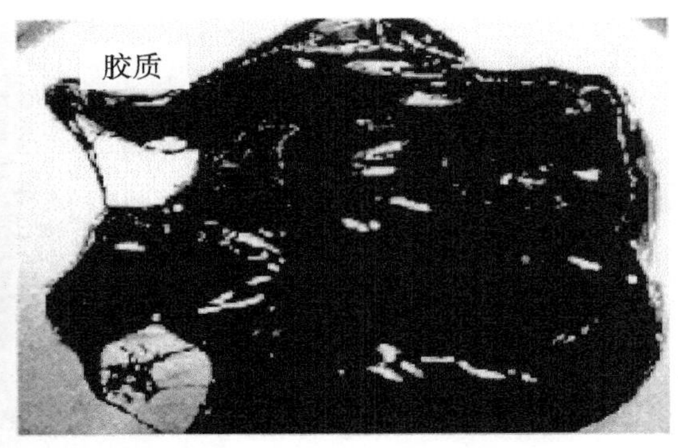

图 3.2 一种原油中分离出的沥青和胶质

分是 W/O 型乳化物的主要因素，而不是含量更高的 RA 亚组分。

颗粒物的稳定乳化作用取决于多种因素，如颗粒尺寸(比乳化液滴亚微米级小得多)、颗粒间的相互作用和颗粒的润湿性。亲水颗粒物显著吸附原油组分，导致润湿性变化并产生表面电荷作用。将重质原油组分在干燥的硅纳米颗粒表面涂膜，模拟 O/W 型乳化物中固体颗粒的稳定作用，发现在硅表面形成了多层沥青质或团聚物。作为一种硬膜，沥青质的吸附不可逆。原油生产中存在的细颗粒包括黏土颗粒、沙子、沥青和蜡、腐蚀产物、矿物垢(表 3-18)。原油进料中固体的粒径分布的最小值、中值、平均值和最大值分别为 0.026μm、0.439μm、1.178μm、13.343μm。

原油中固体 XRD 分析见表 3.18。

表 3.18 原油固体 XRD 分析

化合物	分子式	质量分数,%
高岭土	AlSiO(OH)	18
石英	SiO_2	14
针铁矿	FeO(OH)	12
伊利石	KAlSiO(OH)	9
菱铁矿	$FeCO_3$	9
黄铁矿	FeS_2	6
锐钛矿	TiO_2	6
硫酸铵	$(NH_4)_2SO_4$	5
磷灰石	$Ca_5(PO_4)_3(OH)$	4

续表

化合物	分子式	质量分数,%
磁铁矿	Fe_3O_4	3
方解石	$CaCO_3$	3
微斜长石	$KAlSi_3O_8$	2
钠长石	$NaAlSi_3O_8$	2
斜绿泥石	$(Mg, Fe, Al)_6(Si, Al)_4O_{10}(OH)_{12}$	2
白云石	$CaMg(CO_3)_2$	2
盐岩	NaCl	2
赤铜矿	Cu_2O	1

3.3.3 协同乳化作用

在原油和盐水接触的过程中，界面性质受到几种协同和相反界面现象的影响，包括盐的溶解与析出、极性组分在原油中离解(如环烷酸)等，导致原油—盐水界面极化。图3.3为不同含盐量的原油—盐水作用机理示意图。此外，沥青分子吸附在界面，表面活性材料通过原油或盐水扩散到界面，界面吸附的组分重新排列、脱附和迁移等，这些过程都会影响界面性质。离子浓度对沥青界面吸附动力学和环烷酸在水相中的分配影响很大，随着离子浓度的降低，环烷酸的离解增加。原油和稀释10倍海水长时间(45d)接触，原油黏度、密度和界面张力变化显著，水中的环烷酸含量更高，形成油包水乳化物。

根据动态界面检测，在正庚烷—水界面上，Ca^{2+}明显与环烷酸相互作用，形成了基于环烷酸稳定吸附、界面络合的更为有序的界面膜，酸性组分被“锁定”在水—油界面，对原油乳化物的稳定性具有重要作用。实验研究验证了室温和高温下盐水中不同无机离子对原油—水界面膜黏弹性和原油油滴聚结时间的影响，结果表明：Mg^{2+}存在时界面膜的黏/弹性与含Ca^{2+}和Na^{+}时形成的界面膜相当，但Mg^{2+}导致界面的刚性低，促进油滴之间的聚结；含SO_4^{2-}时形成的界面膜弹性模量比Mg^{2+}、Ca^{2}或Na^{+}形成的膜大得多，SO_4^{2-}会在界面膜上形成难以破裂的刚性膜，影响油滴之间的聚结。同时出现几种阳离子时，可能出现协同作用。若乳化界面还存在多种极性分子，则每种物质的相应作用也不同。强核磁共振(^{1}HNMR)分析表明，油—水系统中的离子浓度越高，环烷酸在水相的分配比例越高，但环烷酸在水相中的浓度与特定的原油、阳离子类型相

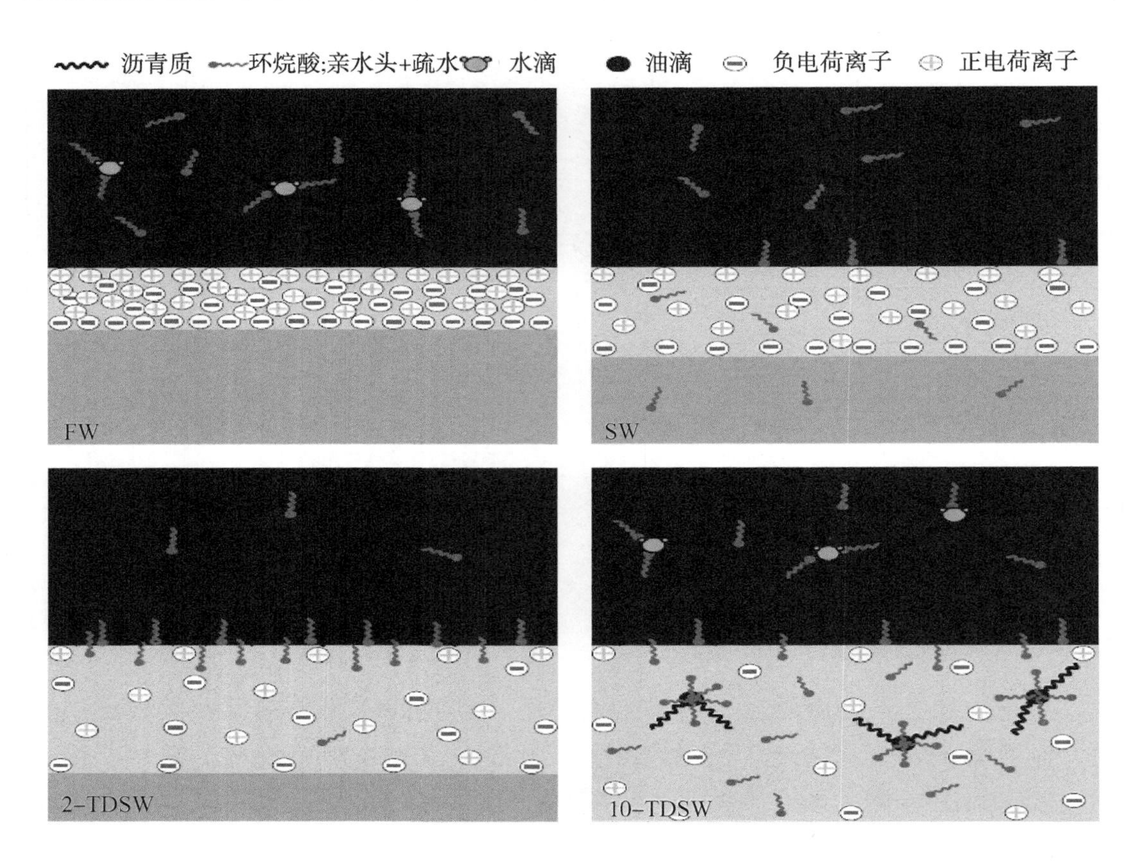

图 3.3　不同含盐量的原油—盐水作用机理

关，界面吸附也会阻碍环烷酸在水相中的溶解。图 3.4 为水—原油界面的沥青和环烷酸作用模型。

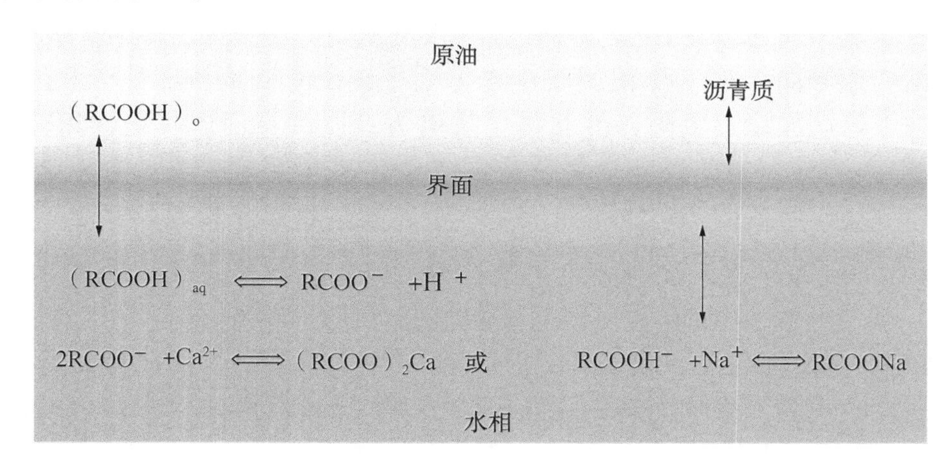

图 3.4　水—原油界面的沥青和环烷酸作用模型

油滴与悬浮颗粒相互作用，可形成油—矿物—聚结物(OMA)体系。分散剂可减少油和聚结物(OMA)液滴尺度，矿物细颗粒可增加水体中悬浮颗粒浓度和液滴稳定性；分散剂和矿物细颗粒之间的协同作用进一步强化油从表面迁移到水相中。加拿大油砂热浆体工艺中，黏土附着在沥青液滴的表面，形成黏土层，影响浮选气泡附着在释放出的沥青液滴上，这是细颗粒含量高导致油砂原矿可处理性差的主要原因之一。研究水化学性质(二价离子浓度、羧基表面活性剂和腐殖酸浓度)对油砂原矿中高岭土和伊利石的影响时发现：采用高岭土模拟黏土颗粒，没有观察到沥青沉积，但伊利石模拟黏土分散在0和0.05% NaOH尾矿水中时，观察到黏膜，表面活性剂为黏膜提供了有利条件。

pH值会影响乳化物的形成类型。酸性或更低pH值通常形成油包水乳化物(与油湿固体膜对应)，碱性或更高pH值则相反，产生水包油乳化物(与水湿固体膜对应)。对于多数油—盐水体系，存在界面膜稳定性最差、最易破乳的pH值范围。

3.3.4　乳化对石油炼制工艺的影响

碱性条件下，Ca^{2+}与环烷酸相互作用，形成环烷酸钙，具有不溶于油或水的特殊性质。环烷酸钙会在电脱盐的油—水界面积累，形成厚厚的界面层/乳化物，对脱盐工艺的负面影响很大。在电脱盐的乳化界面层样品中，已经发现与环烷酸钙一起的氢氧化钙、碳酸钙之类的化合物及其他类似铁白云石和高岭土的固体。

水在原油中的溶解度随着温度升高而增加，150℃时接近0.4%。脱盐过程中，原油中的溶解水不含盐，但高含盐水的减少导致盐结晶，晶体表面形成非溶解或半溶解污染物聚结，难以与水接触。原油加热之前注入冲洗水，可缓解这一问题。

pH值越高，脱盐盐水中的环烷酸分配比例也越高。炼厂废水处理系统的环烷酸主要与平均1μm或更小的乳化物或固体相关。pH<7时，环烷酸形成稳定的乳化物，pH值高时离解，与其他极性分子(如沥青)和固体形成稳定的乳化物。砂和固体存在于脱盐容器的底部和水—油界面区域，形成稳定的乳化层，称为老化层。正常运行期间，厚度只有几厘米，但由于输入原油携带污染物，厚度逐渐增加，影响乳化物脱水，造成盐水层含油或油层含水而进入下游炼制设备。为了减少水—油界面厚度，部分炼厂加入更多的化学药剂，或者改变原油进料，有时还会增加单独的管线排除中间乳化层。通过搅动水层，将界面污泥混入水层，定期从电脱盐罐污水出口排出罐底固体，

称为反冲洗。

电脱盐的注水通常为酸性水汽提净化水。延迟焦化及其他装置酸性水含羧酸类、酚类、醇类3类酸性有机物，均具有较强的表面活性。经过“破乳沉降—汽提净化—电脱盐回用”，酸性组分中醇类有机物、碳链相对较短的羧酸类有机物进入电脱盐排水中，羧酸类和醇类有机物质量分数分别为89.73%、9.78%，其中戊酸、己酸、庚酸的质量分数之和占其检出酸性组分的54.88%。由于水样的碱性环境，羧酸类有机物以羧酸盐形式存在，极为稳定。

3.3.5 乳化过程控制

生产过程中，采用分散剂控制沥青质的沉淀，采用凝点分散剂控制石蜡，或者将原油的温度升到雾点以上，控制乳化物的稳定性。油水密度差驱动沉降和上浮，不会导致破乳。

破乳剂含有以下成分：溶剂、表面活性成分和絮凝剂。溶剂，如苯、甲苯、二甲苯，短链醇、重质芳烃石脑油，通常作为破乳剂活性成分的载体。一些溶剂可改变积累在油—盐水界面中天然乳化剂(如沥青质)的溶解环境。溶剂溶解固有的表面活性剂，使之回到外(油)相中，影响界面膜的性质，有助于水的聚结和分离。稳定油包水乳化物的天然乳化剂HLB值(亲水亲油平衡值)为3~8，因此，HLB值高的破乳剂会使这些乳化物脱稳。破乳剂全部或部分替代水滴周围固有的稳定界面膜的化合物(极性材料)，这种替代也会改变保护膜的性质，降低黏度或弹性，有助于脱稳。此外，破乳剂还起到润湿剂的作用，改变稳定颗粒的润湿性，破坏乳化膜。絮凝剂使水滴絮凝、聚结。选择适当的破乳剂时，应确定原油和污染物的性质，包括原油的类型、组分和API度，以及原油中无机固体和盐等污染物的类型、组成和浓度。破乳剂只是简单地替换界面上的天然乳化剂，过量的破乳剂又会产生更加稳定的乳化物。

任何分离过程实际上都是浓缩的过程，都不能实现100%的分离，对于装置区和废水处理厂的油、水(盐)、固/泥分离工艺尤其如此。例如，炼厂电脱盐排泥的有机液体和无机固体的含量中值分别为15%和45%，污油(乳化)、API分离器污泥、DAF浮渣、罐底物(悬浊液)的含油量分别为48%、23%、13%和48%，相应的固体含量分别为12%、24%、3%和39%，如表3.19和表3.20所示。可以看出，由于固体颗粒造成严重的乳化，尽管经过破乳、分离，实际上总会产生含油污泥。

表 3.19　代表性烃废物流的物理性质

废物类型	外观	油,%	水,%	固体,%
污油	乳化	48	40	12
API 分离器污泥	悬浊	23	53	24
DAF 浮渣	液体	13	84	3
罐底物	悬浊	48	13	39

表 3.20　脱盐污泥的物理性质

性质	前 10%	前 50%	前 90%
pH 值	6.10	7.00	8.40
反应性(CN)	0.15×10^{-6}	1.00×10^{-6}	250.00×10^{-6}
反应性(S)	0.80×10^{-6}	82.00×10^{-6}	500.00×10^{-6}
闪点,℃	43.89	60.00	94.44
油和脂,%	5.00	16.00	70.00
总有机碳,%	1.00	15.00	35.00
蒸气压, mmHg	0.00	10.50	150.00
蒸气压的温度,℃	20.00	30.00	40.00
黏度, Pa·s	0.00	0.00	2232
黏度测试温度,℃	0.00	30.00	50.00
相对密度	0.90	1.10	1.70
热值, Btu/lb	270.00	3590.00	10000.00
液体水,%	0.00	30.00	78.00
液体有机物,%	0.00	15.00	50.00
固体,%	9.00	45.00	100.00
其他,%	0.00	0.00	30.00
颗粒(>60mm),%	0.00	0.00	50.00
颗粒(1~60mm),%	0.00	90.00	100.00
颗粒(100μm~1mm),%	0.00	10.00	100.00

续表

性质	前 10%	前 50%	前 90%
颗粒(10~100μm),%	0.00	0.00	100.00
颗粒(<10μm),%	0.00	0.00	0.00
粒径中值，μm	0.00	200.00	2000.00

在加拿大油砂沥青提取过程中，原矿破碎后用温水、热水或蒸汽加热、稀释，加入碱(NaOH)或柠檬酸钠，分离出沥青泡沫，回收率达 88%~95%(图 3.5)。由水力旋流分离器分离出粗颗粒物，液相进行浮选分离，回收沥青；出水经过絮凝沉淀，分离出细颗粒物。细颗粒尾矿平均颗粒尺寸为 5μm 和 10μm，固体含量为 33%，孔隙比为 5，液化限为 40%~75%，塑性限为 10%~20%，黏度为 0~5000mPa·s。粗颗粒尾矿中固体与沥青的质量比为 4.9∶0.08，细颗粒尾矿相应值为 0.1∶0.02，按干基计算含油量分别为 1.6%和 16%，相差 10 倍。同样说明细颗粒的乳化稳定作用和乳化难以分离。

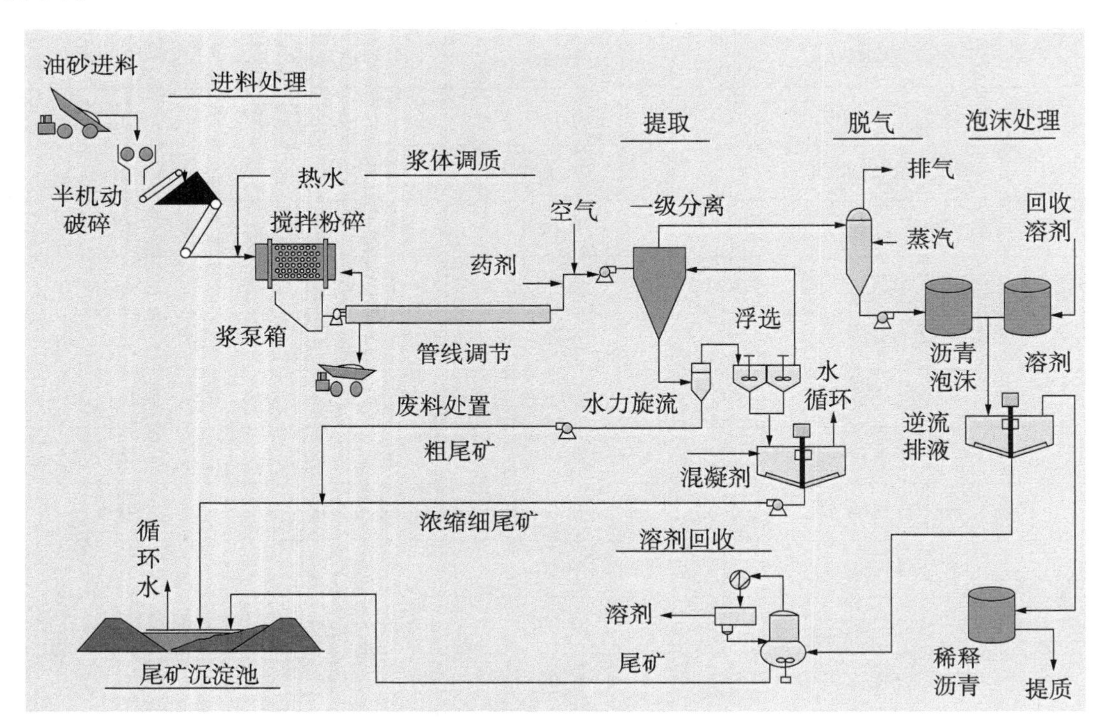

图 3.5　油砂沥青提取工艺

3.4 污染负荷

炼油产品的杂质含量极低(除了石油焦)，原油中的绝大部分杂质(水、盐、有机氮和硫、有机酸)会转化为副产品(硫、氮)或“三废”，理论上可以基于特定时间的物料平衡计算出废水、废气和固废中不同污染物的浓度和总量。但是，目前大多采用特定装置和整个炼厂的废水量、主要污染物浓度描述污染负荷。由于原料、工艺、产品的不同，不同炼厂的污染负荷会有较大差异，难以对比不同炼厂的水环境绩效。但是，可以描述不同装置废水量和水污染物相对分布，作为分质利用、处理或隔离的依据。第 2 章给出了欧洲炼厂主要装置的废水负荷范围。

脱盐水和酸性水汽提分别是总悬浮固体(TSS)和氨的主要来源。TSS 负荷的 40%来自电脱盐，与沥青和其他石油有机物密切相关。酸性水含有高浓度的硫化氢、氨和其他污染物(如乳化油、苯酚、氰、苯、甲苯等)。蒸汽汽提去除硫化氢和氨后，其他污染物进入汽提净化水。

单位原油加工量的废水量、用水量统计范围有所不同，有时只包括工艺用水、废水，有时还包括冷却水、锅炉用水和生活用水。不同文献的数据差异较大：IPIECA(International Petroleum Industry Environmental Conservation Association)的数据为每处理 1bbl 原油产生 10~50gal 废水(0.27~1.37m^3/m^3)；根据欧洲 58 个炼厂的数据，每吨进料平均产生的废水量为 5~6m^3(工艺废水、冷却水和生活污水)，工艺废水为 0.1~1.6m^3/t 进料；美国典型炼厂新鲜水取水量约为 1.5L/L 原油，其中冷却塔消耗最大(占 65%~95%)。按 3 种典型的炼厂配置(裂化、轻焦化、重焦化)，单位耗水量分别为 0.34L/L 原油、0.44L/L 原油和 0.47L/L 原油。单位产品的汽油(经过烷基化、重整和流化催化裂化处理)耗水量最大(0.60~0.71L/L 进料)，单位产品航空燃料(只经过原油蒸馏和少量的后处理)的水耗最低(0.09L/L 进料)。单位产品柴油的耗水量对炼厂配置最敏感，与上述三种配置(裂化、轻焦化、重焦化)对应的数值分别为 0.20L/L 进料、0.30L/L 进料和 0.40L/L 进料。

工艺用水、设备冲洗水(液体水或水蒸气)会直接接触原油或其他烃馏分和物质，废水主要污染物参数包括：总烃含量(THC)、总石油烃含量(TPH)、生化需氧量(BOD)、化学需氧量(COD)、总有机碳(TOC)、酚、氨氮、总氮、总悬浮固体(TSS)、总金属等。其他污染物指标包括氰化物、氟化酚、磷酸盐和特殊废水的 Cd、Ni、Hg、Pb 和 V 等，以及苯、乙苯和二甲苯(BTEX)含量。

上述物质的排放取决于“工艺内”预防性措施(识别所有的废水、源削减、良好的日常维护及利用)和废水处理设施的技术标准。

总的来说，炼油工艺的前段废水量大，污染程度最高，主要涉及原油储存、脱盐、蒸馏(物理分离工艺)，废水悬浮物含量高，乳化程度最严重，需要充分的破乳和分离。催化裂化和沥青氧化的废水量大，但悬浮固体含量和乳化程度较低。污油、乳化油和污泥主要差别在于相应油、水、固体的比例，且有很大的变化，主要与沥青质、悬浮颗粒相关。

不同的文献给出了不同的污染物来源(装置)、相对浓度或浓度范围，见表 3. 21 至表 3. 26。

表 3. 21　炼厂主要水污染物与产生装置

污染物	产生装置
油	蒸馏、加氢、减黏、催化裂化、加氢裂化、废碱、压舱水、污染雨水
H_2S(RSH)	蒸馏、加氢、减黏、催化裂化、加氢裂化、润滑油、废碱
NH_3(NH_4^+)	蒸馏、加氢、减黏、催化裂化、加氢裂化、润滑油
酚	蒸馏、加氢、减黏、催化裂化、废碱、压舱水
有机化学物质(BOD，COD，TOC)	蒸馏、加氢、减黏、催化裂化、加氢裂化、润滑油、废碱、压舱水、公共设施(雨水)、清洁区域
CN^-(CNS^-)	减黏、催化裂化、废碱、压舱水
TSS	蒸馏、减黏、催化裂化、废碱、压舱水、清洁区域
胺化合物	LNG 装置去除 CO_2

表 3. 22　炼厂废水的主要来源与主要污染物

生产工艺	废水	生物需氧量	化学需氧量	游离油	乳化油	悬浮固体
原油储存	XX	X	XXX	XXX	XX	XX
原油脱盐	XX	XX	XX	X	XXX	XXX
原油蒸馏	XXX	X	X	XX	XXX	X
热裂解	X	X	X	X	—	X
催化裂化	XXX	XX	XX	X	X	X

续表

生产工艺	废水	生物需氧量	化学需氧量	游离油	乳化油	悬浮固体
加氢裂化	X	—	—	—	—	—
聚合	X	X	X	X	0	X
烷基化	XX	X	X	X	0	XX
异构化	X	—	—	—	—	—
重整	X	0	0	X	0	0
溶剂精制	X	—	X	—	X	—
沥青氧化	XXX	XXX	XXX	XXX	—	—
脱脂	X	XXX	XXX	—	0	—
加氢处理	X	X	X	—	0	0
干燥和脱硫	XXX	XXX	X	0	X	XX

注：XXX—最大来源；XX—中等来源；X—少量来源；0—无；— —没有数据。

表3.23 处理前欧洲典型炼厂废水中污染物的典型浓度范围

来源	油	H_2S(RSH)	NH_3(NH_4^+)	酚	BOD COD TOC	CN^-(CNS^-)	TSS
蒸馏装置	XX	XX	XX	X	XX	—	XX
加氢处理	XX	XX(X)	XX(X)	—	X(X)	—	—
减黏裂化	XX	XX	XX	XX	XX	X	X
催化裂化	XX	XXX	XXX	XX	XX	X	X
氢裂化	XX	XXX	XXX	—	X	—	—
润滑油	XX	X	X	—	XX	—	—
废碱	XX	XX	—	XXX	XXX	X	X
压舱水	X	—	—	X	X	X	X
公用工程（雨水）	—(X)	—	—	—	X	—	—
生活	—	—	X	—	X	—	XX

注：X—<50mg/L；XX—50~500mg/L；XXX—>500mg/L。

表 3.24　六种用水装置的最大进水和出水浓度　　单位：mg/L

工艺	污染物	最大进水浓度	最大出水浓度
碱处理	盐	300	500
	有机物	50	500
	H_2S	5000	11000
	氨	1500	3000
蒸馏	盐	10	200
	有机物	1	4000
	H_2S	0	500
	氨	0	1000
胺脱硫	盐	10	1000
	有机物	1	3500
	H_2S	0	2000
Merox I 脱硫	盐	0	3500
	有机物	100	400
	H_2S	200	6000
	氨	50	2000
加氢	盐	1000	3500
	盐	85	350
	有机物	200	1800
	H_2S	300	6500
	氨	200	1000
脱盐	盐	1000	9500
	有机物	1000	6500
	H_2S	150	450
	氨	200	400

表 3.25　采用 BAT 的 BP WHITINGL 炼厂装置污染物负荷计算

污染物	工艺	日最大值(进料≈2.9g/m^3) lb/1000bbl	月平均值(进料≈2.9g/m^3) lb/1000bbl
酚	原油	0.013	0.003
	裂化和焦化	0.147	0.036
	沥青	0.079	0.019
	重整和烷基化	0.132	0.032

续表

污染物	工艺	日最大值(进料≈2.9g/m^3) lb/1000bbl	月平均值(进料≈2.9g/m^3) lb/1000bbl
总铬	原油	0.011	0.004
	裂化和焦化	0.119	0.041
	沥青	0.064	0.022
	重整和烷基化	0.107	0.037
六价铬	原油	0.0007	0.0003
	裂化和焦化	0.0076	0.0034
	沥青	0.0041	0.0019
	重整和烷基化	0.0069	0.0031

表 3.26　BP TOLEDO 不同原油脱盐废水的取样结果(CXHO—加拿大超重原油)

项目	2006 年 3 月 6 日		2006 年 5 月 6 日			平均值		CXHO 原油的变化 %
	原油 I (CXHO) PS 盐水	原油 II (非-CXHO) PS 咸水	原油 I 原油 咸水 1	原油 I 咸水 2	原油 II 咸水	原油 I 盐水	原油 II 原油 咸水	
流量, gal/min			75	75	61	75	61	123
硒(总), ug/L	7.41	13.4	21.3	19	12.4	14	13	111
溶解硒, μg/L			3.98	12.7	14.6	4	15	27
镍(总), ug/L	430	19.4	394.0	697.0	119.0	412	69	595
镍(溶解), μg/L			3.59	24.9	8.62	4	9	42
钒(总), μg/L	410	3.23	611	980	41.6	511	22	2277
钒(溶解), μg/L			10.1	72.9	10.3	10.1	10.3	98
COD, mg/L	29000	1700	14000	54000	7900	21500	4800	
酚, mg/L	4.53	4.46				4.53	4.46	102
氨氮, mg/L	5.8	12	12	12	11	9	12	77
TKN, mg/L			66	98	56	66	56	118
硝酸盐氮, mg/L	18.5	3.00	2.24	2.48	<0.0356	10	3	346
H_2S(反应性硫化物), mg/L			150	120	140	150	140	107
氰化物, mg/L			<0.00885	0.0128	<0.00885			
油和酯, mg/L			7000	18000	2700	7000	2700	259
TSS, mg/L	1600	15	3600	2200	780	2600	398	654

3.5 典型水质

笔者依托相关研究课题，针对不同炼厂的原油罐切水、电脱盐废水、酸性水汽提净化水，以及装置区预处理或综合废水处理厂不同单元的进出水，进行了多个指标的分析。选择了国内典型重油加工炼厂 LH 石化、KL 石化、HZ 炼化，与轻油加工炼厂 JN 炼化进行了对比，表 3.27 为 LH 石化加工原料油基本性质。虽然研究的重点是装置区点源废水，但废水处理厂的一级处理（物理—化学处理）采用的技术完全适合点源废水预处理；二级处理（生物处理）、三级处理/深度处理（高级氧化等）过程中分析指标的变化，可以验证不同污染物的分离或降解特性，为点源废水预处理提供参考。需要指出的是，尽管取得了代表性的样品（在典型的操作条件下），依然不能排除取样随机性的影响，导致不同炼厂、不同原油、不同指标对比分析的不确定性。

表 3.27　LH 石化原料油分析

序号	分析项目		LH 低凝油	LH 稀油	LH 超稠油	LH 重油
1	密度（20℃），kg/m^3		962.7	852.4	1009	953.5
2	运动黏度，mm^2/s	100℃	763.14	8.94	751.4	355.6
		80℃	99.85	4.71	2553	69.41
3	凝点,℃		−10	24	20	−12
4	蜡含量,%		1.82	—	1.38	5.24
5	酸值，mg KOH/g		4.70	0.16	6.01	5.50
6	硫，μg/g		3416	1201	2500	2901
7	氮，μg/g		3437	907.6	1072	1147
8	胶质,%		19.09	6.19	30.74	18.25
9	沥青质,%		1.80	0.37	3.86	2.14
10	灰分,%		0.027	0.01	0.15	0.1
11	残炭,%		8.65	2.32	14.20	7.02
12	盐含量，mg NaCl/L		14.1	3.3	4.8	17.2
13	金属含量，μg/g	Fe	17.7	5.13	43.5	14.4
		Ni	53.2	7.47	116.8	57.1
		Na	13.1	2.63	9.1	32.6
		Ca	21.7	1.61	311.1	33.9

3.5.1　分析项目

图 3.6 为炼油废水分析的指标体系。COD 用来表征炼化污水中可被 $K_2Cr_2O_7$ 氧化的污染物，但是具有复杂结构的难降解有机物（如部分稠环芳烃类、杂环类等）并不能反映在 COD 中。BOD 用来表征炼化污水中可被好氧微生物降解的有机污染物。这两项指标多用来评价生化工艺对污水有机负荷的处理效果。BOD_5/COD 指标可以表征炼化污水的好氧可生化性，既可以判断污水是否适合直接好氧处理，也可以判断好氧生化工艺的处理程度。TOC 以含碳量表示水体

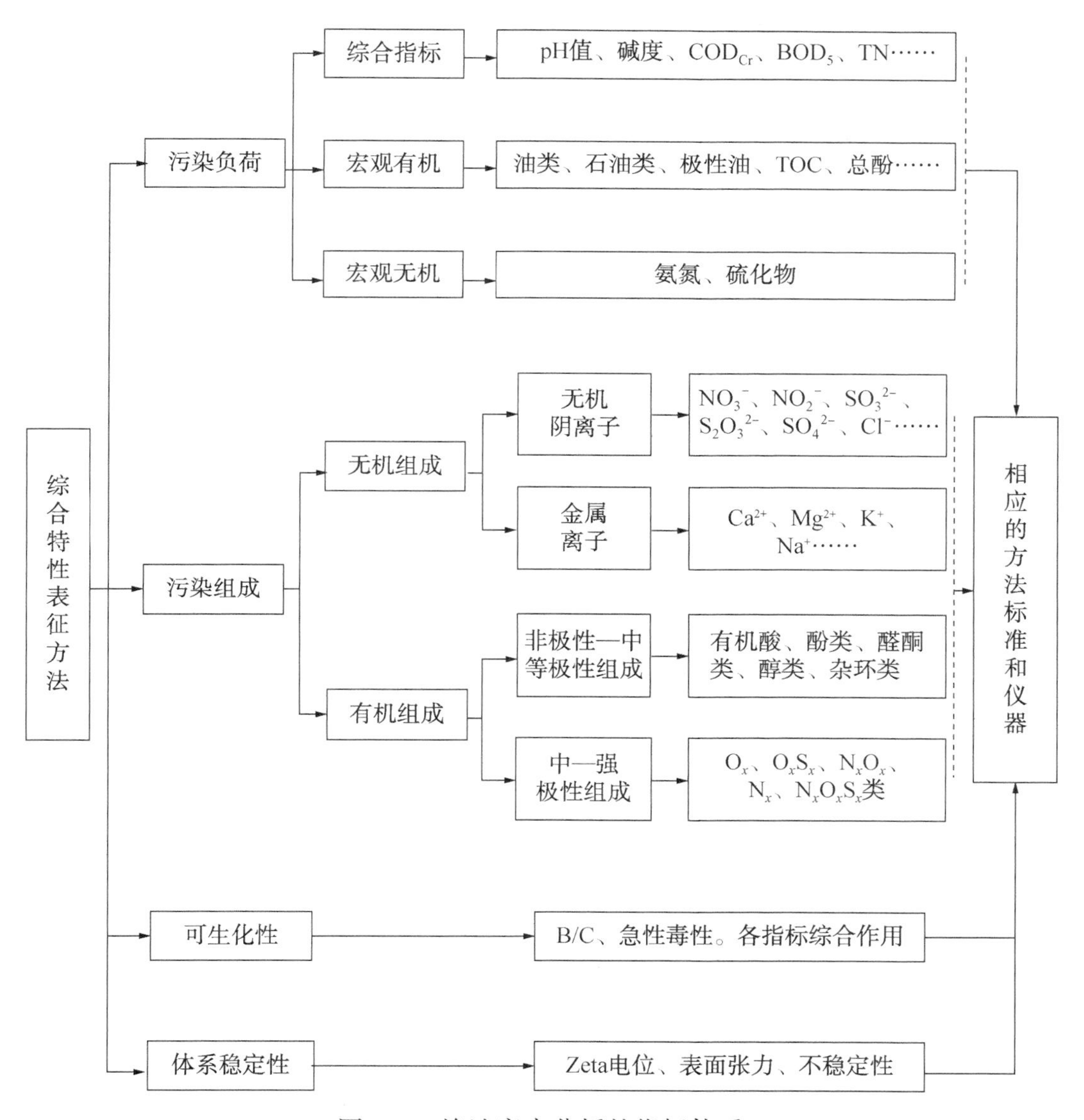

图 3.6　炼油废水分析的指标体系

中有机物总量，比 COD 更能准确表征炼化污水的有机负荷。COD/TOC 的理论值为 2.667，如果污水 COD/TOC 值<2.667，则说明污水中含有不能被 $K_2Cr_2O_7$ 氧化的有机物。

石油类反映了水体中烃类化合物的总量。极性油反映的是含 N、S 或 O 杂原子的非烃化合物(极性有机污染物)的总量，包括羧酸类、醇类、酚类、酯类以及杂环类化合物等，对应部分极性芳香分、全部胶质及沥青质。胶质沥青质基本不会贡献 BOD，大部分会贡献 COD，可以全部体现在 TOC 中。挥发酚也是一项重要的水质特性宏观指标，达到一定浓度时具有较强的生物毒性，对微生物活性构成一定影响。总氰化物属于剧毒物质，一旦从炼厂排出流入自然河流将对生态环境造成极大影响。

炼化污水中含氮化合物主要有以下几种：氨氮(NH_3-N)，以游离氨和 NH_4^+形式存在；硝酸盐氮(NO_3^--N)，以 NO_3^-形式存在；亚硝酸盐氮(NO_2^--N)以 NO_2^-形式存在；有机氮是指分子中含有氮的有机化合物，如胺类、腈类、重氮与偶氮类、硝基化合物及杂环类化合物等。对于炼化污水，总氮≈硝酸盐氮+亚硝酸盐氮+氨氮+有机氮。不同形态含氮化合物数据对生物脱氮机理与运行诊断分析非常关键。硫化物指溶解性无机硫化物和酸溶性金属硫化物的总和，硫化物过高具有生物毒性，但含量过低也不利于微生物生长。电导率与矿化度两项宏观指标实际上是对污水中含盐量的表征，对活性污泥性能具有显著影响，微生物经过驯化可以适应含盐量变化。

污水中的金属离子可能造成设备腐蚀。污水中的 Na^+和 K^+含量影响微生物体内酶活性，进而影响微生物的处理性能；Ca^{2+}和 Mg^{2+}之和为总硬度，硬度过高容易导致管道、反应器、生物填料内部等出现结垢现象。某些重金属元素(如锌、铜、镍、铅及铬等)含量较高时对微生物生理活动具有毒性与抑制作用，但是微生物生长和代谢过程中还需要一定量的矿物营养。高 Cl^-含量会提高环境渗透压，破坏微生物的细胞膜和体内的酶，从而影响微生物的活性，改变活性污泥微生物种群结构，降低活性污泥菌群多样性。在厌氧状态下，硫酸盐还原菌可将 SO_4^{2-}、亚硫酸盐(SO_3^{2-})、硫代硫酸盐($S_2O_3^{2-}$)还原为具有生物毒性的硫化氢。

非极性—中等极性有机污染物组成利用 GC-MS 鉴别，可检测炼化污水中的酚类、有机酸类、醇类、酯类、醛酮类、胺类、烃类、芳烃类、多环芳烃类，甚至部分杂环类。通过非极性—中等极性有机污染物的 GC-MS 分析，取得各类有机污染物相对含量等信息，结合生物毒性及可生化性，可判断水质对工艺单元运行的影响。FT-ICR MS 可以检测出极性有机污染物的微观组成，对分子结构复杂、带有强极性基团的有机污染物最为有效。可以取得极性有机污染物类型、各类型污染物数量及相对丰度等信息。FT-ICR MS 解析结果根据所含杂原子的类型进行分类：O_x 类型主要是有机酸类、醇类、酯类以及含氧杂环化合物（如呋喃类）等；N_xO_x 类型是指同时含氮（如硝基、氨基甲酰基及氨基等）与氧官能团的极性有机化合物，其中的 NO 类型主要是酰胺类，NO_2类型主要是硝基芳香类，NO_3与 N_2O_3类型多属于杂环类；S_xO_x 类型是指同时含硫（如磺基、巯基等）与氧官能团的极性有机化合物，部分 S_xO_x 类型可能还含有杂环结构（如呋喃环、噻吩环等）以及芳香环、稠环等结构；$N_xO_xS_x$ 类型的结构最复杂，多具有环烷基、杂环及稠环等结构，很可能是胶质、沥青质分子单元的部分结构。

体系稳定性指标包括 Zeta 电位、表面张力、不稳定性，用于判定污水是否适合破乳或混凝处理。点源污水中含油污水的油含量较高，多为稳定的乳化状态。可以根据表面张力和极性油的变化判断炼化预处理装置的破乳效果。Zeta 电位表示颗粒之间相互排斥或吸引力强度，分子或分散粒子越小，Zeta 电位的绝对值越高，体系越稳定，如表 3.28 所示。不稳定系数为水相中颗粒/油滴的不稳定性，值越大越不稳定。

表 3.28　Zeta 电位与体系稳定程度的关系

序号	Zeta 电位绝对值，mV	体系稳定程度
1	0~5	快速凝结或凝聚
2	10~30	开始变得不稳定
3	30~40	稳定性一般
4	40~60	稳定性较好
5	≥61	稳定性极好

根据 B/C、生物毒性等数据，可明确不同点源污水毒性大小及对生化系统的影响。表 3.29 为 BOD_5/COD 与好氧生化降解之间的关系。

表 3.29　BOD_5/COD 与好氧生化降解之间的关系

序号	BOD_5/COD	可生化等级划分
1	<0.2	难生物降解
2	0.2~0.3	生物降解性差
3	0.3~0.4	可生物降解
4	>0.45	易生物降解

3.5.2 油罐底水

商品原油含水量一般在0.5%左右，进入炼厂原油储罐后，经过长时间的沉降，水会与原油分离，沉降到罐的底部，成为底水，作为废水(切出水、脱出水)定期切出。

油罐底水取自KL石化、HZ炼化及JN炼化，水质分析如表3.30所示。四种原油罐脱出水均为中性—弱碱性水，电导率极高，尤其是HZ炼化Ⅰ期原油罐脱出水(63231μs/cm)及JN炼化原油罐脱出水(63916μs/cm)，污水中主要阴离子为氯离子，阳离子为钠、钾、钙和镁离子，结垢趋势强。这两种污水的COD含量均在2000mg/L以上。KL石化、HZ炼化Ⅰ期、JN炼化原油罐脱出水中TOC含量相近(250~350mg/L)，Ⅱ期原油罐脱出水中含量较低(61mg/L)。HZ炼化Ⅰ期原油罐脱出水中油类(1749mg/L)含量极高，石油类占84.8%，而Ⅱ期原油罐脱出水仅有15.8mg/L的总油含量。KL石化及JN炼化原油罐脱出水中总油含量分别为141mg/L和172mg/L，均以石油类为主，占比分别为69.5%和56.3%。KL石化、HZ炼化Ⅰ期及JN炼化的原油罐脱出水中氨氮含量较高(67~100mg/L)。结合总氮含量及污染组成中无机氮的浓度发现，KL石化及HZ炼化Ⅰ期原油罐脱出水的有机氮含量较高。

表3.30 国内典型炼厂原油罐底水分析结果

指标		KL石化 原油罐脱出水	HZ炼化		JN炼化 原油罐脱出水
			Ⅰ期原油罐 脱出水	Ⅱ期原油罐 脱出水	
综合指标	pH值	7.41	7.12	6.77	6.52
	电导率，μS/cm	9118	63231	26946	63916
	SS，mg/L	338	4040	1164	463
	BOD，mg/L	338	625	174	360
	COD，mg/L	976	2031	652	2110
	TN，mg/L	207	164	35.1	94.6
宏观有机物，mg/L	TOC	285	352	61	248
	油类	141	1749	15.8	172
	石油类	98	1483	3.77	96.9
	极性油	42	266	12	75.2
	饱和烃	—	900	—	43.4

续表

指标		KL 石化原油罐脱出水	HZ 炼化		JN 炼化原油罐脱出水
			Ⅰ期原油罐脱出水	Ⅱ期原油罐脱出水	
宏观有机物，mg/L	芳烃	—	384	—	24. 0
	胶质	—	200	—	11. 6
	沥青质	—	52	—	2. 2
	总酚	4. 72	4. 72	4. 86	3. 30
宏观无机物，mg/L	氨氮	67. 6	88. 0	22. 3	98. 3
	硫化物	0. 26	0. 66	0. 64	0. 01
	微观阴离子				
	NO_3^-	0	0	0	0. 25
	NO_2^-	0	0	0	0. 0
	Cl^-	826	19911	9831	28499
	SO_4^{2-}	2. 96	8. 0	0	16. 5
	SO_3^{2-}	0. 4	0	0. 96	11
	$S_2O_3^{2-}$	12. 3	24. 6	2. 24	35. 8
微观阳离子，mg/L	Na				15120
	K	133	389	86. 0	509. 7
	Ca	115	839	218	2187
	Fe	0	0	0	0. 2
	Mg	0	805	805	618
	B	37	12	6. 1	19. 4
	Al	0	0	0	0
	Ba	1. 36	0	0	88
	Cu	0	0. 067	0. 015	0. 2
	Mn	0	0. 055	0. 721	2. 2
	Ni	0	0	0	0
	Sb	0	0	0	0
	Pb	0	0	0	0
	As	0. 586	0	0	0
	Se	0	0. 231	0. 08	0
	V	0	0	0. 006	0. 2

续表

指标		KL 石化 原油罐脱出水	HZ 炼化		JN 炼化 原油罐脱出水
			Ⅰ期原油罐 脱出水	Ⅱ期原油罐 脱出水	
体系稳定性指标	Zeta 电位，mV	−8.69	−57.0	−26.3	−14.1
	表面张力，mN/m	38.5	24.3	59.2	48.9
	不稳定系数	−0.075	−0.192	−0.018	−0.429
可生化性指标	B/C	0.35	0.31	0.27	0.43
	急性毒性 抑制率(96h),%	89.4	65.0	54.2	88.0

罐底水水质基本不受炼油工艺转化的影响(包括药剂)，很大程度上与上游采出水相同，更能代表原油中水污染物的组成和性质，与原油的物性相关性强。油罐底水的电导率与阴、阳离子总量正相关，特别是氯离子和钠/钾离子。Ca、Mg、B 的检出水平较高，硫酸盐总量大致为几毫克每升到几十毫克每升，所有废水几乎不含硝酸盐和亚硝酸盐，但是 TN(有机氮与无机氮)与氨氮含量较高，虽然不能排除有机氮水解的影响，但没有发现二者之间的相关性。另外，可能是有机氮来源的相应极性油检测值为 42mg/L、266mg/L、12mg/L、75.2mg/L，与 TN 的检测值相近或偏低，难以排除 TN 的检测误差(明显的正偏差)。重金属中只有 As 和 Se 检出水平为 10^{-1}mg/L 的量级，其余为 10^{-2}mg/L 的水平或未检出。对比 HZ 炼化Ⅰ期与 JN 炼化的废水，在 pH 值相近的条件下，石油类的含量与沥青质、胶质、极性油、悬浮物的含量明显正相关，即与原油的物性正相关(分别为重质和轻质原油)。由于石油类的水溶解度有限，可以认为后四项指标对乳化具有明显的影响，相应的 Zeta 电位和表面张力验证了这一点。对比 HZ 石化Ⅰ期和Ⅱ期，极性油含量的影响更为明显。所检测出的 COD、TOC 值可以代表有机物污染水平，但是，对于以降解、转化有机物为主要目的的生化工艺，溶解性 COD 影响更大。因此，除了少量的溶解油，主要的处理目标是极性油，HZ 炼化Ⅰ期废水中极性油浓度最高，为 266mg/L，其余三种废水依次为 12mg/L、42mg/L 和 75.2mg/L。

在轻质油加工企业 JN 炼化中原油罐切出水(2−3#)中，共检测出 7 种类型有机物，如表 3.31 所示，其中有机酸类、酯类、酚类的总相对丰度达到 83%以上，以有机酸类(59%)和酯类(16%)为主体，大部分有机酸类仍为可降解的长链脂肪酸，还有部分难降解的环烷酸类污染物。表 3.32 为 JN 炼化原油罐切出水 FT-ICR MS 谱图解析结果，由图可见，污染物峰数量为3086个，鉴别出 O_x、S_xO_x、N_xO_x 与 $N_xO_xS_x$ 等4种类型极性有机污染物2969个，其中以 O_x、S_xO_x 类型为主，污染物数量之和为2234。O_x 类型为极性有机污染物组成的主体，O_4类型占 O_x 类型的相对丰度最高(42.6%)。不同类型极性污染物的主要集中在 O_4，DBE(双键当量)=2，3，4。

GC-MS 分析结果表明，有机酸类相对丰度最高，与 FT-ICR MS 分析的 O_x 丰度最高一致。酯类丰度也相对较高，但不清楚其来源。

表3.31 JN 炼化原油罐切水 GC-MS 图解析结果

序号	污染物类型	数量	碳数范围	分子量分布范围	DBE 值	含量,%
1	有机酸类	39	C_3—C_{10}	74.1~280	1~5	59.14
2	醛酮类	3	C_{10}	150~168	2~4	2.13
3	酯类	25	C_9—C_{15}	156~249	2~5	16.32
4	酚类	7	C_6—C_{16}	122~246	4~6	7.86
5	杂原子化合物	11	C_5—C_{30}	149~490	1~6	8.21
6	醇类	1	C_{23}	407	6	0.35
7	芳香化合物	8	C_{10}—C_{16}	136~234	4~7	3.72

表3.32 JN 炼化原油罐切水 FT-ICR MS 解析结果

序号	污染物类型	DBE 值范围	碳数范围	分子量分布范围	分子结构中苯环数量	污染物数量
1	O_x	0~16	C_{11}—C_{37}	203~625	0~5	1600
2	S_xO_x	0~14	C_9—C_{35}	203~603	0~4	634
3	N_xO_x	1~15	C_{11}—C_{37}	230~624	0~4	718
4	$N_xO_xO_x$	9~14	C_{17}—C_{23}	298~376	2~4	17

3.5.3 电脱盐废水

在排放至废水处理系统前，电脱盐废水通常暂存于沉降罐中，进一步分离油和水。由于电脱盐工艺普遍使用酸性水汽提净化水或再生水、新鲜水、脱盐水(低含盐、低含油)，电脱盐废水的水质实际上不能完全代表从原油中脱出水/盐的组成和相对丰度。电脱盐装置运行采用的水油比不同(重质原油的水油比更高)，不同指标的检测结果不能代表原油的水污染物负荷(单位原油质量的水污染物)。尤其应当注意的是，通过对比电脱盐废水与油罐底水(商品原油中原始水污染物)、酸性水汽提出水(加氢、裂化、焦化过程中污染物转化)，可综合分析加工过程中污染物的转化，尤其是溶解性的无机离子和极性油组分。

(1) 综合水质分析。

国内典型炼厂电脱盐废水取样分析结果如表3.33所示。电脱盐污水均为中性—弱碱性污水，电导率无明显变化规律。KL石化风城稠油电脱盐污水的电导率极高(9045μS/cm)，而HZ炼化Ⅱ期电脱盐污水不高于1000μS/cm，其他电脱盐污水均在1100~2100μS/cm范围内，相差不大。与相应三个炼厂的原油罐底水的电导率(分别为9118μS/cm、63231μS/cm、26946μS/cm、63916μS/cm)相比，至少降低了10倍，即使不考虑混合水的含盐量和从原油中洗出的少量盐，原水或罐底水也至少被稀释了10倍(以下采用这一数据分析相对原油储罐底水污染物浓度的变化，虽然不准确，但可以说明趋势)。另外，按电脱盐冲洗水占原油的体积分数为3%~10%、原油含水0.5%计算，水的稀释倍数大致为6~20倍。所有原油罐底水未检出铝(值为0)，而电脱盐废水的最高检出水平为0.85mg/L，最低值依然为0，可能是混合水中残余铝盐水处理剂造成的。硫酸盐(SO_4^{2-}、SO_3^{2-}、$S_2O_3^{2-}$)量级大致相同，说明有硫酸盐输入，尤其是新鲜水和常规废水中不常见的SO_3^{2-}、$S_2O_3^{2-}$，可能源自原油中有机硫的转化，包括极性油。其余无机离子和SS变化大体上与电导率的稀释趋势一致。

表3.33　国内典型炼厂电脱盐废水分析结果

指标		LH石化			KL石化		HZ炼化		JN炼化	
		1-1# 低凝稠油	1-2# 混合油	1-3# 超稠油	1-4# 石蜡基原油	1-5# 稠油	1-6# Ⅰ期	1-7# Ⅱ期	1-8# 常减压	1-9# 预处理
综合指标	pH值	8.48	8.80	8.19	9.14	8.99	7.67	6.96	7.71	7.84
	电导率μS/cm	1480	1660	1107	1407	9045	1836	626	2060	1922
	SS，mg/L	60	236	98	68.0	102	300	194	241	138
	BOD，mg/L	1135	958	1435	1850	1492	1163	405	480	520
	COD，mg/L	1941	1813	2068	3125	2557	3258	1140	812	864
	TN，mg/L	39.1	53.5	60.0	293	155	170	47.1	50.0	49.8

续表

指标		LH石化			KL石化		HZ炼化		JN炼化	
		1-1# 低凝稠油	1-2# 混合油	1-3# 超稠油	1-4# 石蜡基原油	1-5# 稠油	1-6# Ⅰ期	1-7# Ⅱ期	1-8# 常减压	1-9# 预处理
宏观有机物 mg/L	TOC	529	534	656	952	760	772	68	253	259
	油类	230	446	278	223	162	76	54	103	143
	石油类	48	282	74	12.0	21.0	29	36	34.5	75.6
	极性油	183	164	203	211	141	48	18	68.1	67.4
	饱和分	—	93	—	—	4.5	12.5	—	5.86	6.48
	芳香分	—	57	—	—	1.25	0.5	—	3.43	3.81
	胶质	—	43	—	—	4.75	4.75	—	3.05	3.38
	沥青质	—	52	—	—	35.3	9.75	—	0.05	0.57
	总酚	17.85	13.95	141.4	56.50	3.90	23.1	4.86	23.8	19.9
宏观无机物 mg/L	氨氮	17.73	38.85	41.33	40.9	41.9	38.6	25.5	29.6	29.9
	硫化物	0.28	0.99	0.20	0.23	1.49	0.98	0.57	0.0	0.0
微观阴离子 mg/L	NO_3^-	0	0.12	0	0	0	0.27	0	0.26	0.24
	NO_2^-	0	0.05	0	0	0.07	0.21	0	0	0
	Cl^-	129	212	55.3	171	185	213.8	284.7	510	477
	SO_4^{2-}	16.0	34.2	10.2	1.41	29.1	41	2.4	12.8	14.1
	SO_3^{2-}	0	3.13	8.13	11.6	1.20	8.8	5.6	6.4	0
	$S_2O_3^{2-}$	131	49.0	172	132	40.3	231	29.1	71.7	67.2
微观阳离子 mg/L	K	4.94	14.2	1.22	0.26	5.69	1.19	2.08	29.8	27.4
	Ca	34.1	15.6	10.9	0	2.78	8.55	23.3	57.9	54.3
	Fe	0	0	0	0	0	0	0	0	0
	Mg	4.19	1.48	2.15	0	0	16.5	3.75	9.0	7.7
	B	0.52	1.20	0.16	0.45	1.74	0.35	0.54	0.9	0.9
	Al	0.74	0.31	0	0	0.85	0.04	0	0.1	0.1
	Ba	0.45	0.08	0	0	0	0	0	1.0	1.4
	Cu	0	0	0	0	0	0	0	0.1	0.1
	Mn	0	0	0	0	0	0	0.06	0.0	0.0
	Ni	0	0	0	0	0	0	0	0.0	0.0
	Sb	0.03	0.05	0.05	0	0	0	0	0.1	0.1

续表

指标		LH 石化			KL 石化		HZ 炼化		JN 炼化	
		1-1# 低凝稠油	1-2# 混合油	1-3# 超稠油	1-4# 石蜡基 原油	1-5# 稠油	1-6# Ⅰ期	1-7# Ⅱ期	1-8# 常减压	1-9# 预处理
微观阳离子 mg/L	Pb	0	0	0	0	0	0	0	0.0	0.0
	As	0.02	0.36	0	0	0.15	0	0	0.0	0.0
	Se	0.29	0	0	0	0	1.97	0.13	3.0	3.1
	V	0	0	0	0	0	0	0.04	0.4	0.6
体系稳定性 指标	Zeta 电位 mV	-16.0	-31.6	-6.70	-1.84	-1.74	-2.03	-0.54	-18.0	-18.7
	表面张力 mN/m	39.0	34.0	41.8	42.4	34.5	36.7	59.7	50.0	54.7
	不稳定系数	0.046	0.132	0.040	-0.067	-0.079	-0.045	-0.010	-0.365	-0.429
可生化性 指标	B/C	0.69	0.58	0.53	0.59	0.58	0.36	0.94	0.59	0.60
	急性毒性 抑制率 (96h),%	60.1	70.3	79.8	99.3	87.6	82.3	72.9	81.9	80.2

除了 LH 石化 1-2#混合油的电脱盐出水石油类为 282mg/L，其余炼厂均低于 100mg/L，最低为 12mg/L，与加工原油的性质没有明显的相关性，但总体上与悬浮物含量正相关，KL 石化 1-3#石蜡基原油排水石油类最低为 12mg/L，对应 SS 为 68mg/L。石油类含量与胶质、沥青质的含量相对关系也有类似的趋势，例如，LH 石化混合油胶质和沥青的含量分别为 43mg/L、52mg/L，对应 282mg/L 的石油类含量，其余 3 个炼厂对应的 4 组数据分别为 4.75mg/L、35.3mg/L 与 21mg/L；4.75mg/L、9.75mg/L 与 29mg/L；3.05mg/L、0.05mg/L 与 34.5mg/L；3.38mg/L、0.57mg/L 与 75.6mg/L。考虑到两项指标与非溶解物质对应，不同炼厂、不同原油电脱盐出水的差异主要应与运行和控制条件相关，尤其是液位控制、排泥和冲洗。电脱盐污水的表面张力均低于纯水(71.2mN/m)，说明均存在不同程度的乳化现象，其中 HZ 炼化 1-6#Ⅱ期电脱盐污水表面张力(59.7mN/m)最高，与其较低的油含量相一致，其他污水的低表面张力应为原油中极性物质所致。LH 石化混合油电脱盐污水具有较高的 Zeta 电位(-31.6mV)，说明其乳化程度较高。

除了LH石化，表3.33中3个炼厂、5组数据的TN水平分别为293mg/L、155mg/L、170mg/L、47.1mg/L、50.0mg/L、49.8mg/L；氨氮为40.9mg/L、41.9mg/L、38.6mg/L、25.5mg/L、29.6mg/L、29.9mg/L；与原油储罐脱水的207mg/L、164mg/L、35.1mg/L、94.6mg/L的TN和67.6mg/L、88.0mg/L、22.3mg/L、98.3mg/L的绝对浓度具有相同的数量级（没有显示出上述稀释的作用）。在硝酸盐氮含量很低的情况下，与原油罐底水相比，氨氮总量的提高可以解释为混合水的输入影响。但是，不足以解释TN的相对水平，可能是电脱盐出水有机氮来源的极性油检测值分别为211mg/L、141mg/L、48mg/L、18mg/L、68.1mg/L、67.4mg/L，与TN为相同的量级或相近的值。与原油储罐脱出水的TN一样，可能的原因是TN分析误差（正偏差）。LH石化TN与氨氮均为几十毫克每升的水平，对TN的贡献非常明显。

在表征有机物含量的指标中，与石油类相比，极性油对COD、TOC的贡献非常明显，9组数据的183mg/L、164mg/L、203mg/L、211mg/L、141mg/L、48mg/L、18mg/L、68.1mg/L、67.4mg/L极性油含量对应的BOD值为1941mg/L、1813mg/L、2068mg/L、3125mg/L、2557mg/L、3258mg/L、1140mg/L、812mg/L、864mg/L，而相应的石油类含量为48mg/L、282mg/L、74mg/L、12.0mg/L、21.0mg/L、29mg/L、36mg/L、34.5mg/L、75.6mg/L。与原油储罐脱出水低于5mg/L的总酚含量（3个炼厂的4个检测值为4.72mg/L、4.72mg/L、4.86mg/L、3.30mg/L）相比，电脱盐出水的总酚普遍升高（“稀释”之后，4个炼厂的9个数据为17.85mg/L、13.95mg/L、141.4mg/L、56.50mg/L、3.90mg/L、23.1mg/L、4.86mg/L、23.8mg/L、19.9mg/L），说明混合水的酚输入非常明显；与极性油的含量没有明显相关关系。与原油储罐底水的B/C值相比，电脱盐出水的B/C值显著提高，最低为0.36，最高达0.94，其余为0.60左右的水平，验证了来源于注水的原油中非石油烃有机物—极性油在后续加工过程中的转化/降解，且产物主要是酚类化合物。

（2）GC-MS分析。

基于GC-MS分析结果（表3.34），LH石化低凝稠油电脱盐污水有机酸相对含量最高（32.83%），其中脂肪酸（戊酸、丙酸、庚酸）占45.5%。含氮有机物（22.39%）相对含量也较高，这与原料性质有关，可能来自胶质、沥青质，如吡啶、吡咯类。酯类相对含量为18.01%，其中52.1%是带芳环的较难降解的酯类（邻苯二甲酸二辛酯等）。酚类（对甲酚、2-乙基苯酚等）有机物相对含量为15%，具有生物毒性，但由于相对含量较低，不会对污水可生化性产生较大影响。醛酮类（3.9%）相对容易生物降解，但分子中的环状结构也增加了生物利用难度。混合油电脱盐污水有机酸(42.67%)相对含量最高，脂肪酸占有机酸类的75.37%。与低凝稠油电脱盐污水不同，含氮有机物(8.07%)相对含量也较低，而酚类较高(30.22%)。酯类相对含量为7.07%，比低凝稠油电脱盐污水低，但其中带芳环的较难降解的酯类相对含量偏高(69.5%)。还含有醛酮类(3.26%)和醇类(6.69%)。超稠油电脱盐污水酚类(51.30%)相对含量最高，有机酸类为21.95%，其中脂肪酸占95.22%。含氮有机物(9.26%)和醛酮类(5.81%)相对含量也较低，还含有2.26%的醚类和2.61%的酯类。可以看出，三种电脱盐污水虽然弱极性有机物种类较多，但大部分结构并不复杂。

表3.34 LH石化电脱盐废水GC-MS图谱解析

污染物类型		污染物数量	碳数范围	分子量分布范围	相对含量,%
低凝稠油电脱盐废水	有机酸类	37	C_5—C_{18}	75~285	32.83
	含氮化合物	12	C_3—C_{15}	82~241	22.39
	酯类	13	C_8—C_{24}	144~391	18.01
	酚类	11	C_7—C_{11}	108~158	15.0
	醛酮类	6	C_6—C_9	96~134	3.9
	醇类	2	C_5—C_9	104~134	0.79
混合油电脱盐污水	有机酸类	29	C_3—C_{18}	75~285	42.67
	含氮化合物	15	C_4—C_{24}	99~391	8.07
	酯类	15	C_6—C_{24}	146~391	7.07
	酚类	12	C_6—C_9	94~136	30.22
	醛酮类	9	C_6—C_{29}	96~399	3.26
	醇类	4	C_4—C_9	104~134	6.69
超稠油电脱盐污水	有机酸类	17	C_3—C_{18}	75~289	21.95
	含氮化合物	8	C_3—C_{22}	66~338	9.26
	酯类	6	C_4—C_{24}	88~391	2.61
	酚类	12	C_6—C_9	94~122	51.3
	醛酮类	10	C_5—C_9	96~174	5.81
	醇类	2	C_9	134~142	0.44
	醚类	9	C_6—C_{12}	102~266	2.26

KL石化两种电脱盐污水均存在9种污染物(表3.35)。石蜡基原油电脱盐污水共鉴定出274种有机污染物，N/O杂原子化合物为31.52%，有机酸类为26.63%，数量和相对含量均最高，其次是酚类(14.22%)。稠油电脱污水盐共

鉴定出172种有机污染物，与石蜡基原油电脱盐污水相同，仍以N/O杂原子化合物(28.7%)、有机酸类(28.5%)为主，推测其来自原油或助剂，其次是醚类(9.22%)和酯类(7.37%)。

表3.35 KL石化电脱盐废水GC-MS图谱解析

污染物类型		污染物数量	碳数范围	分子量分布范围	相对含量,%
石蜡基电脱盐废水	有机酸类	41	C_3—C_{13}	74~214	26.63
	醛酮类	11	C_6—C_{13}	96~196	3.31
	酯类	24	C_6—C_{24}	116~390	5.17
	芳烃类	3	C_8—C_{12}	122~154	1.66
	酚类	14	C_6—C_{24}	94~390	14.22
	杂原子化合物	147	C_2—C_{27}	81~457	31.52
	醚类	14	C_4—C_{18}	88~284	5.62
	醇类	13	C_3—C_{11}	91~172	4.68
	烷烃类	7	C_9—C_{25}	129~352	1.05
风城稠油电脱盐污水	有机酸类	48	C_5—C_{16}	103~256	28.5
	醛酮类	11	C_5—C_{10}	84~168	4.06
	酯类	19	C_5—C_{28}	100~446	7.37
	芳烃类	4	C_{10}—C_{13}	128~176	1.07
	酚类	7	C_6—C_{10}	94~148	6.82
	杂原子化合物	51	C_3—C_{22}	70~384	28.7
	醚类	18	C_3—C_{14}	82~211	9.22
	醇类	7	C_6—C_{11}	128~170	2.65
	烷烃类	7	C_8—C_{18}	110~254	1.47

轻质油加工企业JN炼化常减压电脱盐污水(1-8#)的GC-MS分析(表3.36)共检测出7种类型有机物，其中有机酸类、酚类、酯类及杂原子化合物的总相对丰度达到80%以上，以有机酸类(44%)及酚类(29%)为主，前者绝大部分为可降解的长链脂肪酸。酯类为6.3%，含N/O的杂环类为5.4%，醛酮类为1.5%。预处理后电脱盐污水(1-9#)的GC-MS总离子流图也检测出7种类型有机物，其中有机酸类、酚类、苯系物的总相对丰度达到75%以上，仍以有机酸类(44%)及酚类(21%)为主，有机酸类大部分为可降解的长链脂肪酸，苯系物为9.7%，醛酮类为4.1%。

表 3.36 JN 炼化电脱盐废水 GC-MS 图谱解析

污染物类型		污染物数量	碳数范围	分子量分布范围	DBE 值	相对含量,%
常减压电脱盐污水	有机酸类	30	C_3—C_{24}	74.1~393	4~13	43.97
	醛酮类	6	C_{11}—C_{19}	168~290	4~10	1.46
	酯类	16	C_8—C_{32}	158~509	1~5	6.32
	酚类	4	C_6—C_8	94.1~122	4~10	29.33
	杂原子化合物	4	C_6—C_{14}	164~229	1~8	6.39
	醇类	4	C_9—C_{10}	140~156	1~2	1.32
	芳香化合物	5	C_7—C_9	92.1~120	4	6.48
预处理电脱盐污水	有机酸类	31	C_3—C_{24}	74.1~393	1~5	44.32
	醛酮类	6	C_8—C_{14}	106~211	2~8	4.12
	酯类	4	C_{10}—C_{12}	196~205	2~3	3.31
	酚类	7	C_6—C_{16}	108~246	4~10	21.23
	杂原子	1	C_{22}	321	4	0.32
	醇类	9	C_4—C_{27}	105~405	2~5	3.26
	芳香化合物	7	C_7—C_9	92.1~130	4	9.68

(3) FT-ICR MS 分析。

LH 石化的低凝油电脱盐污水共鉴别出 O_x、O_xS_x、N_x、N_xO_x 与 $N_xO_xS_x$ 等 5 种类型极性有机污染物 2165 个(表 3.37 和表 3.38),其中以 O_x、O_xS_x、N_xO_x 类型为主,污染物数量之和为 2040 个。污水中 O_x 类型(64.03%)是主要极性有机污染物,大部分 O_x 类型污染物 DBE 值为 1,并且 O_2类型占 O_x 类型的相对丰度最高(41.56%),说明多为易降解的一元酸、醇类和醛类等。O_xS_x 主要是同时含有噻吩环与羰基、羟基或羧基的杂环类,相对丰度为 25.77%,DBE 值多在 0~4 之间,其中 O_4S 占 O_xS_x 的 50.04%。N_xO_x 类型(9.38%)主要是胺类、硝基芳烃类及杂环类等物质,低碳数、高 DBE 值的 N_xO_x 类型可能带有吡啶环/呋喃环结构;在高碳数、高 DBE 值的 N_xO_x 类型中,NO_2与 NO_3类型相对丰度最高(52.35%、22.28%),DBE 值主要为 2。总体来说,污水极性有机物总体 DBE 值低,结构比较简单。

表 3.37 LH 石化低凝稠油水电脱盐污水 FT-ICR MS 图解析归纳结果

污染物类型	DBE 值范围	碳数范围	分子量分布范围	分子中苯环数量	污染物数量
O_x	0~20	C_3—C_{54}	153~793	0~5	985

续表

污染物类型	DBE值范围	碳数范围	分子量分布范围	分子中苯环数量	污染物数量
O_xS_x	0~20	C_6—C_{54}	155~800	0~5	579
N_x	1~16	C_{10}—C_{56}	165~793	0~4	34
N_xO_x	0~19	C_6—C_{53}	180~799	0~4	476
$N_xO_xS_x$	0~19	C_6—C_{53}	180~799	0~4	91

表3.38　LH石化低凝稠油水电脱盐污水主要极性污染物详细组成及特征

主要污染物类型		DBE值范围	碳数范围	分子量分布范围	分子结构中苯环数量	污染物数量
O_x类型	O_2	1~18	C_9—C_{47}	153~690	≤4	163
	O_3	0~20	C_8—C_{54}	155~794	≤5	173
	O_4	1~16	C_7—C_{50}	161~732	≤4	103
	O_5	2~20	C_9—C_{46}	199~697	≤5	173
O_xS_x类型	O_2S	2~17	C_7—C_{54}	155~792	0~4	93
	O_3S	0~15	C_6—C_{50}	161~780	0~3	114
	O_4S	0~19	C_6—C_{50}	173~786	0~4	145
N_xO_x类型	NO_2	0~16	C_{10}—C_{36}	174~540	0~4	103
	NO_3	0~20	C_9—C_{51}	178~765	0~5	149

LH石化混合油电脱盐污水中共鉴别出O_x、O_xS_x、N_x、N_xO_x与$N_xO_xS_x$5种类型极性有机污染物2219个(表3.39和表3.40)，其中以O_x、O_xS_x、N_xO_x类型为主，污染物数量之和为2097个。O_x类型(53.70%)是极性有机污染物组成的主体，大部分O_x类型DBE值集中在1~7之间，并且O_2类型占O_x类型的相对丰度最高(38.91%)，说明多为易降解的酸、醇类和醛类。O_xS_x相对丰度为41.73%，大部分的DBE值为1，其中O_4S占O_xS_x类型的46.15%。N_xO_x类型(4.01%)相对丰度较低，其中NO_2^-与NO_3^-类型占N_xO_x类型的相对丰度最高(28.12%、45.56%)，DBE值主要为2。

表3.39　LH石化混合油电脱盐污水FT-ICR MS图解析归纳结果

污染物类型	DBE值范围	碳数范围	分子量分布范围	分子中苯环数量	污染物数量
O_x	0~20	C_3—C_{55}	153~800	0~5	959
O_xS_x	0~20	C_4—C_{54}	155~800	0~5	705
N_x	0~19	C_{12}—C_{56}	187~789	0~5	22

续表

污染物类型	DBE 值范围	碳数范围	分子量分布范围	分子中苯环数量	污染物数量
N_xO_x	0~20	C_4—C_{54}	166~787	0~5	329
$N_xO_xS_x$	0~20	C_5—C_{54}	174~797	0~5	68

表 3.40　LH 石化混合油电脱盐污主要极性污染物详细组成及特征

主要污染物类型		DBE 值范围	碳数范围	分子量分布范围	分子结构中苯环数量	污染物数量
O_x 类型	O_2	0~14	C_9—C_{49}	153~692	≤3	166
	O_3	0~15	C_8—C_{39}	155~596	≤3	164
	O_4	1~16	C_{11}—C_{52}	161~778	0~4	224
	O_5	2~18	C_8—C_{41}	171~635	≤4	176
O_xS_x 类型	O_2S	1~20	C_7—C_{54}	155~800	0~4	115
	O_3S	0~20	C_6—C_{54}	161~797	0~5	137
	O_4S	0~20	C_9—C_{51}	219~771	0~5	179
	O_5S	0~18	C_5—C_{42}	177~665	0~4	138
N_xO_x 类型	NO_2	2~19	C_9—C_{54}	170~775	0~4	82
	NO_3	0~15	C_8—C_{53}	174~777	0~4	115

超稠油电脱盐污水鉴别出 O_x、O_xS_x、N_x、N_xO_x 与 $N_xO_xS_x$5 种类型极性有机污染物 1564 个(表 3.41 和表 3.42)，其中以 O_x、O_xS_x、N_xO_x 类型为主，污染物数量之和为 1457 个。O_x 类型(76.60%)是极性有机污染物组成的主体，大部分 DBE 集中在 1~4 之间，并且 O_2类型占 O_x 类型的相对丰度最高(66.86%)，说明多为易降解的酸、醇类和醛类等。O_xS_x 相对丰度为 41.73%，大部分的 DBE 值为 4，其中 O_4S 类型占 O_xS_x 类型的 46.15%。N_xO_x 类型(5.71%)相对丰度较低，其中 NO_2与 NO_3类型占 N_xO_x 类型的相对丰度最高(28.67%、43.54%)，DBE 值主要为 2。

表 3.41　LH 石化超稠油电脱盐污水 FT-ICR MS 图解析归纳结果

污染物类型	DBE 值范围	碳数范围	分子量分布范围	分子中苯环数量	污染物数量
O_x	0~20	C_5—C_{56}	153~798	0~5	743
O_xS_x	0~20	C_4—C_{52}	155~797	0~5	443
N_x	0~17	C_{14}—C_{54}	194~773	0~4	15
N_xO_x	0~20	C_5—C_{53}	164~782	0~5	271

续表

污染物类型	DBE 值范围	碳数范围	分子量分布范围	分子中苯环数量	污染物数量
$N_xO_xS_x$	0~20	C_5—C_{53}	162~799	0~5	92

表 3.42　LH 石化超稠油电脱盐污主要极性污染物详细组成及特征

主要污染物类型		DBE 值范围	碳数范围	分子量分布范围	分子结构中苯环数量	污染物数量
O_x 类型	O_2	1~17	C_9—C_{54}	153~776	≤4	158
	O_3	1~20	C_8—C_{56}	157~798	≤5	130
	O_4	0~19	C_8—C_{54}	169~796	≤4	188
	O_5	0~18	C_7—C_{52}	177~778	≤4	134
O_xS_x 类型	O_3S	0~14	C_6—C_{45}	161~712	0~3	91
	O_4S	0~20	C_6—C_{51}	177~790	0~5	90
	O_5S	0~20	C_4—C_{40}	165~645	0~5	69
N_xO_x 类型	NO_2	0~17	C_{10}—C_{42}	174~619	0~4	81
	NO_3	0~14	C_{10}—C_{47}	186~711	0~4	81

KL 石化电脱盐污水的中等极性—强极性有机污染物组成主要包括 O_x、N_xO_x 和 O_xS_x3 种类型(表 3.43 和表 3.44)。石蜡基原油、稠油电脱盐污水中 3 种类型有机污染物总数量分别为 322 个、1610 个，O_x 类型污染物数量和相对丰度最高。稠油电脱盐污水的污染物种类及数量明显高于石蜡基原油电脱盐污水。石蜡基原油电脱盐污水中 O_x 类型污染物集中在 C_{14}—C_{17}之间，DBE 值范围为 3~4，分子结构中芳环数量的范围为 0~1；N_xO_x 类型污染物主要集中在 C_{14}—C_{16}之间，DBE 值范围为 5~6，分子结构中芳环数量在 1~3 之间。稠油电脱盐污水中 O_x 类型污染物集中在 C_{14}—C_{20}之间，DBE 值范围为 3~5，分子结构中芳环数量的范围在 0~1；N_xO_x 类型污染物主要集中在 C_{15}，DBE 值范围为 6，分子结构中芳环数量为 1；O_xS_x 类型污染物主要集中在 C_{14}—C_{18}，DBE 值范围在 0~1 和 4，分子结构中芳环数量为 0~1。

表 3.43　KL 石化石蜡基原油电脱盐废水高分辨质谱图解析

序号	污染物类型	DBE 值范围	碳数范围	分子结构中苯环数量	分子量范围	污染物数量
1	O_x	0~10	C_8—C_{26}	0~3	153~421	275
2	N_xO_x	4~10	C_{12}—C_{19}	1~3	220~324	47

表 3.44　KL 石化稠油电脱盐废水高分辨质谱图解析

序号	污染物类型	DBE 值范围	碳数范围	分子结构中苯环数量	分子量范围	污染物数量
1	O_x	1~16	C_7—C_{33}	0~5	155~513	1130
2	N_xO_x	2~16	C_{13}—C_{26}	0~5	224~408	266
3	O_xS_x	0~11	C_{11}—C_{23}	0~3	229~429	214

轻质油加工企业 JN 炼化中常减压电脱盐污水(1-8#)的 FT-ICR MS 谱图解析(表 3.45)的污染物峰数量为 2474 个，鉴别出 O_x、S_xO_x、N_xO_x 与 $N_xO_xS_x$ 等 4 种类型极性有机污染物 2328 个，以 O_x、S_xO_x 类型为主，污染物数量之和为 1789。根据杂原子相对分布图，确认 O_x 类型为主要极性有机污染物，O_4类型占 O_x 类型的相对丰度最高(53.9%)。不同类型极性污染物的主要集中在 O_2(DBE=1)、O_4(DBE=2、3、4)、O_3S_1(DBE=4)。预处理电脱盐污水(1-9#)的 FT-ICR MS 谱图污染物峰数量为 2390，鉴别出 O_x、S_xO_x、N_xO_x 与 $N_xO_xS_x$ 等 4 种类型极性有机污染物 2286 个，其中以 O_x、S_xO_x 类型为主，污染物数量之和为 1709。O_x 类型有机物的相对丰度、DBE 值分布与未处理电脱盐污水基本相同。

表 3.45　JN 炼化电脱盐污水 FT-ICR MS 图解析归纳结果

污染物类型		DBE 值范围	碳数范围	分子量分布范围	分子结构中苯环数量	污染物数量	归一化丰度,%
常减压电脱盐污水	O_x	0~17	C_{12}—C_{36}	203~577	0~5	1383	45.51
	S_xO_x	0~14	C_{11}—C_{32}	231~531	0~4	406	5.73
	N_xO_x	2~16	C_{13}—C_{36}	210~635	0~5	455	2.57
	$N_xO_xS_x$	2~12	C_{15}—C_{34}	348~600	0~3	84	0.36
预处理电脱盐污水	O_x	0~17	C_{12}—C_{36}	203~567	0~5	1352	112.74
	S_xO_x	0~15	C_{12}—C_{32}	243~525	0~4	357	12.2
	N_xO_x	2~16	C_{13}—C_{35}	238~625	0~5	508	10.06
	$N_xO_xO_x$	2~12	C_{16}—C_{32}	354~570	0~3	69	0.90

GC-MS 分析结果表明，所有废水的有机酸和酚的相对含量较高，是废水中溶解性有机物的主要来源。前者得到了 FT-ICR MS 分析结果中 O_x 污染物种类、归一化丰度最高的验证；后者与废水中酚的浓度一致。这说明有机酸占极性油组分的比例较高。此外，含氮有机物和酯相对丰度也高于其他组分，虽然

与较高的总氮含量一致，但还不清楚可能的来源。

3.5.4　酸性水汽提废水

炼厂汽提的主要功能是去除酸性气体中的硫化氢和氨氮，实际上是无机氮、有机氮和硫化合物的分馏(蒸馏)和分解(裂化、焦化)产物。本书所分析的汽提净化废水包括重油加工企业LH石化酸性水汽提净化水(L-净化水)、KL石化加氢净化水(K-加氢)和非加氢净化水(K-非加氢)，以及轻质油加工企业JN炼化的汽提净化水。由于操作条件差异，特别是用水水平，不能基于特定污染物分布和浓度对比不同原油的影响。

(1) 综合水质分析。

表3.46为国内典型炼厂汽提净化水分析结果。所有汽提净化水的石油类含量为10~100mg/L，检测的2种样品的悬浮物为12mg/L和33mg/L(LH石化与JN石化)。从界面张力也可看出，LH石化净化水和KL石化非加氢净化水远低于纯水(62.2mN/m)，说明这两种净化水乳化严重。Zeta电位及不稳定性指标数据表明，LH石化净化水水相比KL净化水更稳定。JN炼化的汽提净化水的表面张力(67.0mN/m)接近纯水(71.2mN/m)，且SS低，说明其基本不存在乳化现象，但其Zeta电位值(-42.5mV)却明显高于其他污水，说明其分散粒子小且不易聚集。pH值均为明显的碱性，最低值为8.88，最高值为9.46，与汽提过程中加碱相关，作为电脱盐的冲洗水，肯定会加剧油、水乳化；经过脱盐/脱水之后，所有蒸馏、气化的过程都不会导致原油中残留的盐进入气相，所有汽提净化水的电导率普遍很低(最高值1406μS/cm，最低值424.1μS/cm)，常见的盐离子浓度低于新鲜水，如Cl^-低于100mg/L，K低于30mg/L；也不能排除有机酸离子对电导率的影响；氨氮浓度为10mg/L的量级，硫化物浓度为mg/L级或更低。硫酸盐离子的总浓度均在200mg/L水平，其中$S_2O_3^{2-}$大致为100mg/L的量级，但是，加工重油的LH石化和KL石化(加氢净化水)的SO_4^{2-}浓度更高，同时NO_3^-和NO_2^-浓度很低，硫酸盐应是原油中含硫有机物还原(加氢)或裂解(包括焦化)的产物。

表3.46　国内典型炼厂汽提净化水分析结果

项目		LH石化	KL石化		JN石化
		净化水	加氢净化水	非加氢净化水	净化水
综合指标	pH值	9.14	8.88	9.21	9.46
	电导率，μS/cm	960	464	1406	424.1

续表

项目		LH 石化	KL 石化		JN 石化
		净化水	加氢净化水	非加氢净化水	净化水
综合指标	SS，mg/L	12			33
	BOD，mg/L	947	365	2050	680
	COD，mg/L	2425	515	2974	948
	TN，mg/L	44.3	118	298	51.8
宏观有机物，mg/L	TOC	683	147	920	383
	油类	341	23	222	44.3
	石油类	112	13	16	26.7
	极性油	228	10	206	17.6
	总酚	156	66.8	58.2	260
宏观无机物，mg/L	氨氮	8.10	68.3	64.1	23.4
	硫化物	0.40	0.13	0.23	0
微观无机阴离子，mg/L	NO_3^-	0.04	0	0	0.25
	NO_2^-	0	0	0	0.0
	Cl^-	77.4	68.3	64.1	18.9
	SO_4^{2-}	20.6	108	1.40	5.29
	SO_3^{2-}	3.13	0	12.0	0
	$S_2O_3^{2-}$	154	185	97.4	89.6
微观无机阳离子，mg/L	K	1.43	0	0	23.4
	Ca	10.0	0	0	3.5
	Fe	0	0	0	0.0
	Mg	2.26	0	0	3.5
	B	0.17	0.14	0.70	0.7
	Al	0	0	0	0.1
	Ba	0	0	0	0.1
	Cu	0	0	0	0.1
	Mn	0	0	0	0.0
	Ni	0	0	0	0.0
	Sb	0	0	0	0.0
	Pb	0	0	0	0.0
	As	0.12	0	0	0.0

续表

项目		LH石化	KL石化		JN石化
		净化水	加氢净化水	非加氢净化水	净化水
微观无机阳离子，mg/L	Se	0.21	0	0	0.3
	V	0	0	0	0.6
体系稳定性	Zeta电位，mV	-4.70	0.47	1.45	-42.5
	表面张力，mN/m	31.3	60.3	39.9	67.0
	不稳定系数	0.076	-0.048	-0.063	-0.392
可生化性指标	B/C	0.44	0.71	0.69	0.55
	急性毒性抑制率(96h),%	81.4	84.4	99.5	87.0

KL石化加氢净化水的BOD、COD、TOC水平最低(分别为365mg/L、515mg/L和147mg/L)，极性油为10mg/L，主要来源应是66.8mg/L的总酚和13mg/L的石油类，也应与氨氮、SO_3^{2-}和$S_2O_3^{2-}$还原性离子相关；其余3种净化水相应的BOD、COD、TOC值较高，但极性油、石油烃、总酚的贡献不同，其中总酚的贡献普遍显著(如加工轻质油的JN石化总酚为260mg/L)，重质油与非加氢的净化水中极性油含量高于200mg/L，加氢和JN石化轻质油净化水的极性油分别为10mg/L和17.6mg/L。这说明极性油会在上述加工过程分馏出来，重油中极性油含量高于轻质油，分解过程也会产生酚，加氢过程还可能转化极性油。B/C值在0.44~0.71之间，表明可生化性均较好。急性毒性试验数据与有机污染物污染负荷趋势一致。

(2) GC-MS与FT-ICR MS分析。

GC-MS分析结果表明，LH石化酸性水汽提净化水(表3.47)难生物降解的酯类(30.38%)是主要污染物，大部分为带有环烷基/芳香环的酯类(95.7%)，还有少量直链不饱和酯(1.4%)和内酯类(2.9%)，基本上都是具有复杂结构、好氧生化降解比较困难的大分子；酚类(苯酚、对甲酚等)有机物相对含量较高，为26.94%；有机酸相对含量为13.35%，脂肪酸(戊酸、丙酸、庚酸、环戊酸等)占有机酸类的95.5%；醚类(5.32%)、含氮有机物(3.15%)、醛酮类(1.79%)和醇类(0.98%)均较低。

表3.47 LH石化酸性水汽提净化水GC-MS结果

污染物类型	污染物数量	碳数范围	分子量分布范围	相对含量,%
有机酸类	21	$C_3—C_{16}$	75~256	13.35

续表

污染物类型	污染物数量	碳数范围	分子量分布范围	相对含量,%
含氮化合物	7	C_3—C_{22}	68~338	3.15
酯类	6	C_5—C_{12}	100~208	30.38
酚类	10	C_6—C_{10}	94~150	26.94
醛酮类	5	C_7—C_{10}	110~168	1.79
醇类	2	C_4—C_5	104~114	0.98
醚类	7	C_6—C_{12}	102~250	5.32

LH 石化酸性水汽提净化水鉴别出 O_x、O_xS_x、N_x、N_xO_x 与 $N_xO_xS_x$5 种类型极性有机污染物 2219 个(表 3.48 和表 3.49)，其中以 O_x、O_xS_x、N_xO_x 类型为主，污染物数量之和为 2097 个。O_x 类型(81.51%)是极性有机污染组成的主体，大部分 O_x 类 DBE 值为 4，并且 O_2类型占 O_x 类型的相对丰度最高(69.25%)，与 GC-MS 分析结果吻合。O_xS_x 相对丰度为 11.94%，大部分此类物质的 DBE 值为 4，其中 O_3S 占 O_xS_x 类的 46.60%。N_xO_x 类型(5.33%)相对丰度较低，其中 NO_2 与 NO_3 类型占 N_xO_x 类型的相对丰度最高(23.85%、40.52%)，DBE 值主要为 2。总体来说，污水极性有机物 DBE 值低。

表 3.48　LH 石化酸性水汽提净化水 FT-ICR MS 解析归纳结果

污染物类型	DBE 值范围	碳数范围	分子量分布范围	分子结构中苯环数量	污染物数量
O_x	0~20	C_3—C_{55}	153~799	0~5	821
O_xS_x	0~20	C_4—C_{51}	155~798	0~5	464
N_x	0~20	C_{11}—C_{56}	160~795	0~5	36
N_xO_x	0~19	C_4—C_{54}	158~722	0~4	299
$N_xO_xS_x$	0~20	C_4—C_{54}	160~795	0~5	90

表 3.49　LH 石化酸性水汽提净化水主要类型极性污染物的详细组成及特征

主要污染物类型		DBE 值范围	碳数范围	分子量分布范围	分子结构中苯环数量	污染物数量
O_x 类型	O_2	0~20	C_9—C_{55}	153~772	≤5	162
	O_3	1~21	C_8—C_{54}	155~796	≤5	137
	O_4	1~19	C_8—C_{55}	171~798	≤4	214
	O_5	0~19	C_6—C_{52}	161~798	≤4	144

续表

主要污染物类型		DBE 值范围	碳数范围	分子量分布范围	分子结构中苯环数量	污染物数量
O_xS_x	O_3S	0～19	C_6—C_{51}	161～776	0～4	91
	O_4S	0～18	C_6—C_{47}	177～740	0～5	88
N_xO_x	NO_2	1～17	C_{20}—C_{46}	294～691	0～4	94
	NO_3	1～19	C_8—C_{50}	172～757	0～4	85

KL 石化非加氢净化水存在更多的有机污染物类型及数量(表 3.50 和表 3.51)。加氢净化水共鉴定出 6 类 31 种有机污染物，以酚类(48.21%)、杂原子化合物(30.27%)、酯类(17.81%)为主；非加氢净化水共鉴定出 278 种有机物，以杂原子化合物(39.58%)、有机酸类(16.15%)、酚类(10.29%)为主。KL 石化净化水以 O_x 类型有机污染物为主，相对丰度均大于 81%，O_x 类占 96%以上。非加氢净化水的污染物数量明显高于加氢净化水。

表 3.50　KL 石化两种净化水 GC-MS 解析结果

污染物类型		污染物数量	碳数范围	分子量分布范围	相对含量,%
加氢净化水	有机酸类	2	C_{21}—C_{22}	338～358	1.18
	醛酮类	3	C_7—C_{10}	110～164	2.19
	酯类	3	C_{10}—C_{24}	180～387	17.81
	酚类	6	C_6—C_8	94～122	48.21
	杂原子化合物	16	C_4—C_{15}	82～229	30.27
	醚类	1	C_{21}	354	0.34
非加氢净化水	有机酸类	35	C_3—C_{18}	74～260	16.15
	醛酮类	19	C_5—C_{18}	86～284	8.7
	酯类	31	C_4—C_{24}	84～376	5.85
	芳烃类	6	C_{11}—C_{21}	142～280	1.19
	酚类	16	C_6—C_{24}	94～390	10.29
	杂原子化合物	142	C_2—C_{23}	59～399	39.58
	醚类	15	C_3—C_{16}	82～258	5.92
	醇类	6	C_6—C_{11}	154～182	1.96
	烷烃类	8	C_9—C_{23}	126～324	5.16

表 3.51 KL 石化加氢净化水高分辨质谱图解析结果

污染物类型		DBE 值范围	碳数范围	分子结构中苯环数量	分子量范围	污染物数量
加氢净化水	O_x	0~11	C_8—C_{26}	0~3	153~425	338
	N_xO_x	4~9	C_{11}—C_{19}	1~2	218~312	55
	O_xS_x	1~8	C_6—C_{16}	0~2	157~311	50
非加氢净化水	O_x	1~13	C_{11}—C_{24}	0~4	181~369	648
	N_xO_x	5~11	C_{13}—C_{20}	1~3	226~328	194

JN 炼化中汽提净化水中非极性—中等极性有机污染物组成中(表 3.52)，共检测出 3 种类型有机物，其中酚类相对丰度达 90%以上。JN 炼化中汽提净化水的 FT-ICRMS 谱图(表 3.53)的污染物峰数量为 1101，鉴别出 O_x、S_xO_x、N_xO_x 与 $N_xO_xS_x$ 等 4 种类型极性有机污染物 1064 个，其中以 O_x、S_xO_x 类型为主，污染物数量之和为 884。根据杂原子相对分布图得知 O_x 类型为极性有机污染物组成的主体，O_2类型占 O_x 类型的相对丰度最高(70.2%)。不同类型极性污染物的主要集中在 O_2(DBE=1)、O_4(DBE=1、2、3)、O_3S(DBE=4)。

表 3.52 JN 炼化中汽提净化水 GC-MS 解析结果

污染物类型	数量	碳数范围	分子量分布范围	DBE 值范围
酚类	11	C_6—C_8	94~123	4
杂原子化合物	4	C_7—C_{27}	113~450	0~1
芳香化合物	4	C_6—C_7	93~108	4

表 3.53 JN 炼化水汽提净化水 FT-ICR MS 结果

污染物类型	DBE 值范围	碳数范围	分子量分布范围	分子结构中苯环数量	污染物数量
O_x	0~12	C_{11}—C_{34}	213~540	0~3	748
S_xO_x	0~12	C_{10}—C_{21}	247~407	0~3	136
N_xO_x	0~14	C_{14}—C_{28}	242~515	0~4	155
$N_xO_xO_x$	2~4	C_{13}—C_{25}	320~490	0~1	25

3.6 降解趋势分析

与前面提到的炼油过程有机物热降解(分解)不同，废水处理领域的降解是指生物降解、化学氧化，甚至包括焚烧，目标是降低溶解性有机物的生物毒性或完全矿物化，而不是指非溶解有机物，或者是通过常规物化处理(沉降、浮选、过滤)可以去除的非溶解有机物。因此，用 TOC、COD、BOD、生物毒性等指标描述上述物化处理的分离效率或效果没有实际意义(除了伴随 pH 值下降出现的酸化析出)。例如，活性污泥模型(ASM)这样定义 COD：S_F[M(COD)L^{-3}]为可发酵、易于生物降解有机物。这种溶解 COD 组分可由异养生物直接生物降解。假定 S_F为发酵的基准，因而不包括发酵产物；S_F[M(COD)L^{-3}]为惰性溶解有机物，不会生物降解。需要指出的是，虽然采用 GC-MS 等方法分析有机物的分子结构或种类分布，但不能准确描述有机物的组成和相对含量，或者 COD、TOC、BOD 的相对贡献。由于石油烃的水溶解度低(除了 BTEX 和个别 PAH——萘)，炼油废水降解的主要目标污染物并非石油烃，而是酚和有机酸(羧酸)或者环烷酸，石油行业上、下游的经验均可借鉴。

在建立环境持久性和非持久性的参考化学物质清单过程中，按生物降解性能将 19 种物质分为 4 类(Bin)：(1)通常会通过易于生物降解性试验(RBT)和改进的 RBT，包括苯胺、苯甲酸钠、1-辛醇、蒽醌、酚；(2)通常会通过强化生物降解筛选试验，包括二甘醇、4-氯苯胺、1，3，5-三甲基苯、2，4-二硝基甲苯、4-氟苯酚；(3)通常不能通过任何筛选试验，包括 2-异十三烷己二酸、邻-三联苯、环十二烷、2，4-二丁基酚；(4)不会通过改进 PBT 或强化试验，包括二甲苯麝香、苯并[*a*]芘、六氯酚。

应用一种机器学习的方法，描述了常见有机化合物的 149 种原子三元组和代谢微生物全面降解能力之间的关系(图 3.7)。根据所定义的环境归宿类型，能够预测 83%~87%的化合物生物代谢产物，可作为生物可降解或顽固性化合物的初步预测工具。为了对所有列出的 850 种化合物进行分类，采用所有已知有机化学物质的代谢反应(与特异性的细菌主体无关)，描述微生物催化的全面网络，准确描述每一种化合物进入最终归宿的路径。生物降解的结构—反应性关系(SAR)研究基于 28d 降解试验，将化学品分为易于降解(BOD/THOD>60%)、实质上可降解(BOD/THOD<60%)和持久性物质(图 3.8)，包括大约 800 种化合物。

根据最终的环境归宿，定义化学物质和代谢产物组：(1)NB，化学物质不会降解(不可生物降解)且分子的代谢前体不会降解；(2)CM，化学物质属于中心的代谢，前体可生物处理到中心代谢分子；(3)CD，分子直接进入产生 CO_2的途径。(4)CMCD，是 CM 和 CD 的综合。

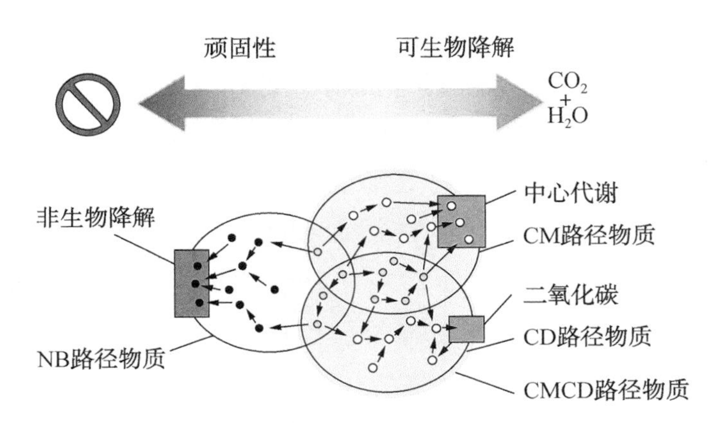

图 3.7 构成全面生物降解网络三种部分重叠的代谢途径分类

3.6.1 石油烃和酚

(1) 石油烃。

石油烃的生物降解是一个复杂的过程，最重要的限制因素是微生物的适用性。烃对生物降解的敏感性不同，通常按以下顺序降解：直链烷烃>支链烷烃>小分子芳烃>环烷烃。一些烃类可能根本不会生物降解，如高分子量的多环芳烃。营养物是成功降解烃污染物的重要因素，特别是氮、磷。因此，为了强化原油的生物降解，必须投加营养物。生物修复产品在实验室可能有效，但现场则远非如此，这是由于实验室研究不能模拟复杂的真实环境，如空间的异质性、生物反应、气候影响、营养传质限制等。基因工程细菌的应用是当前研究的热点，具有巨大的潜在效益，但考虑到固有物种足以支持生物降解，多数情况下，基因工程的应用受到质疑。

在各种以低或高温、酸性或碱性 pH 值、高含盐、高压为特征的极端环境下，石油烃可生物降解(矿物化或转化)。在温度为 10℃时，18d 内阿尔卑斯高地 BTEX 的初始浓度值减少了 25%(400mg 总 BTEX/kg 土壤)，明显低于在 20℃中温区域土壤中检测到的 BTEX 降低量(76%)。微生物生长最佳温度高于 40℃称为嗜热菌，60℃为最佳生长温度，两种菌株 5d 内降解了 80%~89%的原油(5mg/L)。接近中性 pH 值时，有利于烃的矿物化。但是，地下水的 pH=4.5~5 时，生物降解良好。当人工改变、pH 值在中性变化时，生物降解能力可能受到损害。在碱性条件下酚的降解得到了验证，废水 pH 值为 10，酚含量为 370~660mg/L，COD 有机负荷为 4.7~6.8g/L，经过接种，在 28℃、48h 之内酚完全去除，COD 去除率达 11%~56%。极端嗜盐菌生长通常至少需要 1mol/L 的 NaCl 溶液(约 6%)，NaCl 含量超过 30%时微生物也能够氧化石油烃。

硫酸盐富集菌株和纯菌株的硫酸盐还原菌可依靠原油厌氧生长，伴随着硫酸盐还原为硫化物，消耗了几种烷基苯、正构烷烃，消耗的烃总体为10%。硫酸盐与石油烃的还原可以解释原油储层中出现还原硫化物的古生物过程。另外，富集菌株和纯菌株中富集的脱氮菌可以厌氧消耗烷基苯和正构烷烃。

在产甲烷、铁还原、锰还原脱氮等不同电子受体环境下，观察到苯、甲苯、二甲苯、乙苯在厌氧条件下的矿物化，其中苯的厌氧生物降解相对较慢，实验室富集菌株在产甲烷条件下矿物化225μmol/L的苯几乎需要2年的时间。与之相比，甲苯的厌氧降解要快得多，对于脱氮菌，观察到的倍增时间短至6h。在反硝化、硫酸盐还原和锰还原的条件下，观察到了多环芳烃的矿物化。烷烃是最难厌氧降解的一类化合物，也能在脱氮、硫酸盐还原甚至产甲烷的环境下降解，更多是与多数C_{12}或以上的长链烷烃有关。产甲烷菌的降解速率非常慢，810天只转化了5.9mmol/L的十六烷。

以固定膜厌氧生物反应器处理模拟采出水，生物反应器为柱状，内有低密度多孔玻璃填料。厌氧生物反应器显示生物活性，有生物质生长，甲苯含量降低。在使用葡萄糖时，观察到快速产气。但在葡萄糖耗尽时，主要的有机组分为甲酸，几乎没有产气。由于高浓度的盐、硫化物抑制，或者所接种的微生物没有将乙酸转化为甲烷的能力，模拟采出水中乙酸产甲烷受到抑制，但去除了采出水中含量较少的甲苯(0.1g/L)。

利用250mL琥珀色瓶子研究萘和BTEX的生物降解动力学，加入从半序批反应器中富集的生物质。非生物处理和生物序批反应6h后分别去除了16%和99%，表明非生物处理具有一定的挥发作用。总BTEX和对比化合物乙酸钠的初始浓度分别为2.5mg/L和2.0mg/L，采用商业菌剂(含营养物)进行BOD试验，7d、14d和28d后BTEX生物降解率为55%、75%、89%，乙酸钠的生物降解率为64%、84%、96%。1998年，炼厂活性污泥试验采用直接苯测量(BOX)和呼吸方法(EKR)(排除挥发的影响)，研究生物降解苯的动力学。在苯进水浓度低于80μg/L时，10个德国炼厂和2个美国炼厂的废水处理系统的去除率为90%~99.9%，有一个处理厂在进水浓度超过80μg/L时，去除率大于99%。对甲苯的试验也取得了类似的效果，当进水中甲基浓度为100μg/L时，去除率为96%~99%；浓度为730~1880μg/L时，去除率超过99.9%。

PAH在环境中的可能归宿包括挥发、光氧化、化学氧化、生物富集和土壤颗粒吸附，但从环境中去除PAH的基本原理是微生物转化和降解。低分子量PAH(如萘)半衰期短，而高分子量PAH(如苯并[a]芘)难以处理，可在环境中无限期地存在。PAH 的环境持久性主要是由于水溶性低，共振能高。微生物可降解低分子量的 PAH，但随着分子尺度增加到 4 个或 5 个苯环，化学和生物降解缓慢，几乎没有微生物能够降解这些组分。在标准的血清瓶培养物中，洋葱伯克氏菌(假单胞菌)纯菌株在 7～10 天中能够将蒽、菲、芘(100mg/L)降解到未检出的水平，也能够降解其他 PAH，包括仅有苯并[*a*]蒽和二苄基[*a*，*h*]蒽作为唯一碳源和能源的情况。在含这类化合物的培养物中加入少量菲，可加快苯并[*a*]蒽和二苯[*a*，*h*]蒽的降解。在海洋环境下，C_{11}—C_{12}饱和烃化合物的半降解时间为 7d，C_{36}—C_{40}则要大于 100d，萘的半降解时间为 2d。生物和化学降解过程可能产生各种其他化合物，难处理的产物是一种初步产生的羧基化合物，如酮、醌、二羧酸酐和氧杂萘邻酮。在先导规模的生物浆体反应器中进行了 29d 处理，总 PAH 量减少了约 40%，降解了多数二环和三环 PAH，有 4 个杂环的 PAH 依然保持初始浓度，五环和六环的杂环 PAH 实际上没有受到任何影响。

(2) 酚。

酚和一些酚类化合物属于优先污染物。酚的浓度为 15～25mg/L 时具有强毒性。工业排放的最大限值为 0.5～1.0mg/L。由于饮用水中含这种污染物可诱发癌症或造成死亡，欧盟指令规定所有形态的酚最大限值为 0.0005mg/L。

烷基酚含有一个或多个烷基/异丙苯基，吸收波长在 290nm 以上，直接光解(大气氧化)是主要消解途径。在环境条件下，所有烷基酚都不易生物降解。分子量低、水溶性强的烷基酚比高分子量、低溶解度、多分支的更易于生物降解。工业废水水样的 COD 和苯酚浓度之间存在明显的线性关系，1mg/L 酚大致相当于 2.7mg/L 的 COD。酚易于生物降解，但初始浓度大于 100mg/L 时，酚对微生物群落有抑制作用，生物絮体的密实程度降低，沉降性能变差，但去除率仍可达到 95%以上。酚的去除受多种因素影响，如生物降解动力学、基质抑制作用、pH 值、温度、生物质浓度、微生物组成及其代谢能力、营养物浓度等。生物降解效果还取决于酚化合物的结构和芳香族核上的替代基数量。甲基酚的生物降解也受其甲基位置的影响。由于是较弱的电子供体，*p*(对)-替代酚比 *m*(间)-或 *o*(邻)-替代酚更易于生物降解。

3.6.2 有机酸

(1) 生物降解。

简单的羧酸易于好氧生物降解，如表 3.54 所示。甲酸盐对好氧和厌氧菌的抑制浓度很高，大约为 1mol/L。在 28d 的试验中，16mg/L 甲酸钠和 18mg/L

的甲酸钾生物降解率达到92%以上，相应的耗氧量与理论值相近。表3.55为甲酸钠和甲酸钾生物降解性“301D-闭瓶试验”结果。

表3.54　部分有机酸的COD_{Cr}和BOD实验值

化合物名称	COD_{Cr}，g/g	BOD_5，g/g
甲酸	0.35	0.15~0.19
乙酸	1.07	0.34~0.88
丙酸	1.4~11.51	0.36~1.3
丁酸	1.65~1.75	0.34~1.16
戊酸	2.04	1.05~1.04
己酸	2.28	2.11
壬酸	2.52	0.59

表3.55　甲酸钠和甲酸钾生物降解性“301D—闭瓶试验”结果

试验	甲酸钠(初始浓度16mg/L)	甲酸钾(初始浓度18mg/L)
BOD_{28}，mg O_2/L	3.85	3.15
理论需氧量(ThOD)，mg O_2/L	3.76	3.42
生物降解百分比(28d)，%	102	92

环烷酸化学结构影响生物降解过程，低分子量环烷酸比高分子量的环烷酸更易于降解，有多个分支甲基链和甲基替代环烷环比没有甲基分支的更顽固(表3.56)。环烷酸比正构烷烃和芳烃更难以生物降解。分子内的氢键也影响生物降解速率，由于反式异构体具有封闭的结构，不如开放的顺式结构稳定，因而反式异构体较顺式异构体降解得更快。

表3.56　观察到和预测的几种环烷酸的微生物代谢作用

CAS编号	化合物名称及结构式	观察到的微生物代谢	预测微生物代谢
142-62-1	己酸：H_3C O OH	没有代谢物	8种代谢物
334-48-5	癸酸：H_3C O OH	没有代谢物	16种代谢物

续表

CAS 编号	化合物名称及结构式	观察到的微生物代谢	预测微生物代谢
98-89-5	环己烷甲酸：O OH 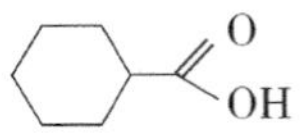	4 种代谢物	13 种代谢物
5962-88-9	环己烷戊酸：O OH 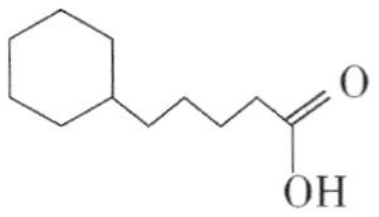	没有代谢物	21 种代谢物种代谢物
110-15-6	丁二酸：OH O O OH 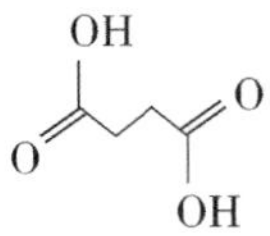	没有代谢物	1 种代谢物
124-04-9	己二酸：OH O O OH 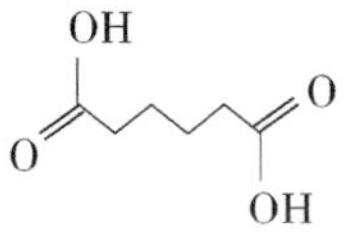	没有代谢物	6 种代谢物
1076-97-7	1，4-环己烷二甲酸：OH O O OH 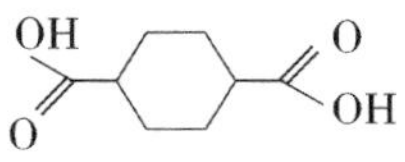	没有代谢物	13 种代谢物

高分子量环烷酸难以生物降解，在较低浓度时也具有生物毒性，发光细菌的 LC_{50}(半抑制浓度)浓度为 16mg/L。自然降解具有一定的作用，研究发现孔隙水中环烷酸的浓度从 1995 年的 73mg/L 降至 2003 年的 33mg/L，但堤底渗流中仍保持较高的浓度(75mg/L)。在实验室好氧生物降解条件下，石油炼制商品环烷酸可在 14d 内降解，而油砂矿尾水中环烷酸经过 40~49d 只降低了 25%。从墨西哥海岸石油的商业源中分离出环烷酸，投加量 2mg/L，在 30℃下厌氧驯化 30d，环烷酸没有降解。对于艾伯塔北部 11 个受工艺污染的湿地和 1 个尾水沉淀池底物进行了 14d 的厌氧培养，环己烷甲酸降解程度相近，平均约为 30%，而对商业环烷酸的去除率大于 95%。

采用油砂工艺水(OSPW)污染的湿地底物颗粒在无纺布上形成微生物生物膜，处理环烷酸。在连续 16 个月的运行中，以 OSPW 作为唯一碳源和能源，环烷酸去除率稳定达到 38%±7%，停留时间 160h，去除速率为 2. 32mg 环烷酸/(L・d)。GC-MS 检测结果表明，环烷酸生物降解随着环化程度增加而降低。16S rRNA 基因放大和测序表明，一级和二级生物反应器中氨和亚硝酸盐氧化菌群落突出。

采用湖水培养生物膜的旋转环形生物反应器，分析了环烷酸($C_nH_{2n} \cdot ZO_2$)(初始浓度230mg/L)的吸附和生物降解性能。两种不同类别的 Fluka 环烷酸的去除率符合拟一阶动力学，半衰期分别为7d 和134d。与 Fluka 环烷酸的结果相比，接触生物膜的艾伯塔油砂环烷酸没有任何降解。适应油砂工艺水的细菌对环烷酸的转化速率与 Z 的数量有关，而碳数影响程度较低。生物降解与 Z 系列关系的详细研究表明，$Z=0$ 的环烷酸降解速率大于 $Z=-2$ 的环烷酸，后者的生物降解速率快于 $Z=-4$ 的环烷酸。

(2) 氧化降解。

对 OSPW 进行臭氧氧化处理，臭氧投加量为20mg/L，OSPW 臭氧氧化前后 pH 值、TSS、COD 和 DOC 未发生明显变化(表3.57)。OSPW 臭氧氧化后，BOD_5/COD 略有增加，从0.02增加到0.04，但按≥0.3的可生化性标准，依然不能认为 OSPW 氧化后易于生物降解。常规环烷酸去除了28%，酸可萃取组分(AEF)去除了12%，而 COD 或 DOC 没有任何变化，表明常规环烷酸和 AEF 只是不完全降解(或生物转化)为其他化合物(如 O_x-环烷酸)，依然贡献 COD 和 DOC 浓度。OSPW 原水中常规环烷酸和 O_x-环烷酸的平均浓度分别为(17.4±0.8)mg/L 和(27.6±1.0)mg/L，在臭氧氧化之后，常规环烷酸浓度降低到(12.6±0.7)mg/L，而 O_x-环烷酸浓度几乎没有变化，为(27.3±0.9)mg/L。值得一提的是，O_2-环烷酸($C_nH_{2n} \cdot ZO_4$)和 O_3-环烷酸($C_nH_{2n} \cdot ZO_5$)浓度分别降低了1.6%和16.7%，而O-环烷酸($C_nH_{2n} \cdot ZO_3$)增加了5.9%，这可能是由于常规环烷酸降解形成O-环烷酸的速率大于O-环烷酸转化为 O_2-环烷酸和 O_3-环烷酸的速率。臭氧氧化后，原水对费氏弧菌的毒性从40.7%降低至28.9%。

表3.57 OSPW 原水和臭氧氧化 OSPW 分析(采用20mg/L 的投加量)

项目	OSPW 原水	臭氧氧化 OSPW
pH 值	8.6±0.1	8.7±0.1
TS，mg/L	2720±50	2670±60
COD，mg/L	209±4.3	214±5.3
DOC，mg/L	56.6±3.3	56.5±1.7
BOD_5，mg/L	4.3±1.7	8.6±2.1
AEF(酸可萃取组分)，mg/L	67.5±0.6	53.1±2.3
常规环烷酸，mg/L	17.4±0.8	12.6±0.7

续表

项目	OSPW 原水	臭氧氧化 OSPW
总 O_x-环烷酸，mg/L	27.6±1.0	27.3±0.9
毒性,%	40.7±3.6	28.9±2.1

采用过硫酸盐（$S_2O_8^{2-}$）和零价铁（ZVI）研究模拟环己烷酸（CHA）和 OSPW 中实际环烷酸的降解。模拟化合物 CHA（50mg/L）中加入 ZVI 和 500mg/L 的 $S_2O_8^{2-}$,20℃下反应 6d，浓度降低了 42%，而在 40℃、60℃和 80℃的温度下处理 2h，浓度分别降低了 20%、45%和 90%。存在氯离子时，ZVI/$S_2O_8^{2-}$处理过程中会形成氯-CHA。对于 OSPW-环烷酸，仅加入 ZVI，20℃下接触 6d 后去除率达 50%；溶液中若加入 100mg/L 的 $S_2O_8^{2-}$，OSPW-环烷酸去除率从 50%增加到 90%；未使用 ZVI，在 80℃下加入 2000mg/L 的 $S_2O_8^{2-}$，可完全去除 OSPW-环烷酸，加入 ZVI 则会提高室温下 $S_2O_8^{2-}$氧化环烷酸的效率。在 OSPW 的 pH 值范围（大约 8.5），采用芬顿工艺时需要将 OSPW 的 pH 值调至酸性，但环烷酸溶解度降低，与悬浮固体结合，并与铁形成不溶解盐，芬顿工艺不能有效处理 OSPW。在有氧的情况下，在石油焦（PC）中加入零价铁（ZVI）25g/L，强化环烷酸的去除，达到 90%。PC 作为电子导体，促进电子向氧的转移，产生羟基自由基，可深入氧化环烷酸，去除率提高 34%。

利用实验室规模光催化系统处理环烷酸溶液，采用 UV_{254}荧光灯，加入 0.3g/L 的颗粒 TiO_2催化剂。结果表明，光催化可选择性降解低分子量环烷酸。$Z=-4$ 和 $Z=-6$（2 环和 3 环环烷酸）环烷酸族的碳数量在 12~15 之间，处理后浓度下降最为显著。环烷酸半衰期为 1.55~4.80h，完全降低了与环烷酸有关急性毒性（LC_{50}>90%）。

在不同条件下，制备 OSPW 的萃取物 E1、E2、E3 和 E4。在臭氧氧化之前，50mg/L 的 OSPW 的有机溶解组分中 E1 为 9.9mg/L（19.8%），E2 为 14.7mg/L（29.4%），E3 为 13.2mg/L（26.3%），E4 为 9.0mg/L（18.1%）。臭氧氧化后（O_3，30mg/L），E2 中的 O-环烷酸和 E3、E4 中的 O_2-环烷酸浓度增高（即负降解），可能是由于其他环烷酸物质（环烷酸或 O_x-环烷酸）氧化为不同萃取物中的较小的 O-环烷酸和 O_2-环烷酸物质，也产生了更多氧化位阻更强的氧化环烷酸物质（O_3-和 O_4-环烷酸）或 O_x-环烷酸。

（3）协同降解。

研究了颗粒活性炭（GAC）吸附对 OSPW 臭氧氧化前后水样的作用，GAC 投加量为 0.4g/L。发现吸附和混合处理（吸附+生物降解）对常规环烷酸的去除率最高(>90%)，其次是 O_x-环烷酸(>65%)、AEF(>60%)和COD(>30%)，如表3.58所示。常规环烷酸是疏水、分支环化有机物，分子量大，碳链长，与AEF和COD检测的表观总有机物相比，GAC对常规环烷酸的吸附量相对大。另外，由于含更多的羟基，O_x-环烷酸疏水性弱于常规环烷酸，GAC对 O_x-环烷酸的吸附量较低。与单独生物降解和单独GAC吸附处理相比，混合处理后COD、AEF和总 O_x-环烷酸去除率稍高，表明生物降解和GAC吸附中存在协同作用。这是由于GAC表面上吸附的COD、AEF和 O_x-环烷酸生物降解，并有助于释放新的吸附点(即生物再生)，增加了GAC表面上的有机物解吸能力。同时，由于液相中生物降解，GAC表面和体系液体之间的梯度浓度增加，可通过表面吸附有机物的生物降解(加氧酶生物降解机理)和有机物生物解吸进行GAC再生。另外，GAC表面上浓缩的有机物还可通过微生物代谢过程的特异性，提高生物降解效率，产生另一种协同作用。环化程度最低的组分($Z=-2$)经过了较快的生物降解，表明低分子量和环数少的常规环烷酸更易于生物降解。在单独生物降解的实验中，与OSPW原水相比，OSPW臭氧氧化后的环烷酸去除率更高，可能是由于在臭氧氧化过程中形成的 O_x-环烷酸可生物降解性更强。

表3.58　28d后原水和臭氧氧化OSPW中COD、AEF、常规环烷酸和氧化环烷酸去除率

项目	原水去除率,%			臭氧氧化水去除率,%		
	单独生物降解	单独吸附	吸附+生物降解	单独生物降解	单独吸附	吸附+生物降解
COD	9.4	31.1	44.9	9.8	30.7	48.5
AEF	4.2	62.8	69.9	6.7	64.4	75.7
常规环烷酸	2.6	92.2	93.3	9.2	94.5	96.2
氧化环烷酸	3.2	67.9	73.7	5.3	71.0	77.1

采用生物膜—生物炭组合处理加拿大油砂采矿作业产生的OSPW有机物(主要是环烷酸)。配制的环烷酸储备液为环烷酸盐，所含等摩尔的环烷酸(1.7mmol/L)如下：己酸(HA)、环戊烷羧酸(CPCA)、3-甲基-1-环己烷羧酸顺式和反式立体异构体(mCHCA)、环己烷羧酸(CHCA)、环己烷乙酸(CHAA)、癸酸(DA)、环己烷丁酸(CHBA)和1-金刚烷羧酸(ACA)。制备的OSPW模拟溶液包括8种环烷酸混合物、17种金属、微量盐营养物、葡萄糖等。取自油砂尾矿池的样品用于所有实验的细菌接种。荧光假单胞菌实验表明能够在所有炭载体材料上附着，形成生物膜。GC-FID表明，无菌生物炭去除

总环烷酸(初始浓度 200mg/L)的 22%~25%，在同样 6d 的时间，生物膜活性炭去除率更高(42%~47%)，OSPW 微生物几乎完全降解所有的 HA、DA 和 CHBA。在 6d 培养之后，生物和无菌介质的 pH 检测值相近(7.3±0.1)，说明环烷酸去除率的不同是由于生物降解造成的。在另一组实验中，CHAA 丰度增加，说明这种环烷酸的积累是由于 CHBA 不完全降解造成的，通过 β-氧化产生了乙酸盐和 CHAA。ACA 是最顽固的环烷酸，去除率有限，多数被生物炭吸附。没有通过 COD 或 TOC 验证矿物化程度。

3.6.3 化学添加剂

生产中经常使用阻垢剂和缓蚀剂，大部分会进入水相，通常与作为杀菌剂的强氧化剂(如 ClO_2、BrO_2等)一同使用，在“严酷”氧化条件下也可分解 25%。

内烯烃磺酸盐表面活性剂的碳量为 12~28，有毒性。HPAM(聚丙烯酰胺)聚合物无毒，可降解性低(28d 的降解不超过 20%)。根据 OECD(经合组织)CO_2试验，不同基础表面活性剂的结构中磺化链烷(SAS)、磺化直链烷基苯(ALS)和 α-烯烃磺酸盐(AOS)能够充分生物降解，从 MES 的 61%到磺化琥珀酸盐单体的 90%以上。在好氧条件下，AOS 和 SAS 可生物降解 80%。厌氧条件下的试验表明，生物降解水平显著降低，特别是 SAS 和 AOS，表明降解主要是通过分子的疏水氧化。对于油田化学中常用的直链烷基苯磺酸盐(LAS)，浓度为 12~100mg/L，采用 UV/H_2O_2处理，90min 内去除了 90%的 LAS，可生物降解性增加到 0.4，而且溶液的 BOD 随着光解的时间增加而增加。

从活性污泥和油田土壤中分离出两种降解 PAM 的微生物菌株，分别进行两组序批反应器(SBR)生物强化，对比了每一种细菌强化 PAM 去除的效果，聚合物 PAM 的分子量为 1.6×10^7，初始浓度为 100mg/L。接种浓度为 1×10^8个/L，以 150mg/L 的葡萄糖作为共代谢碳源，曝气周期为 120h，保持室温 18~25℃，污泥停留时间约为 15d，混合液悬浮固体浓度为 1500mg/L，溶解氧保持在 2~3mg/L，pH 值控制在 6.5~8。在单一接种的第一个运行周期结束时，采用菌株 HWBI 强化的 SBR 去除了 70%的 HPAM，在后续的 8 个周期，去除率维持在 70%。对于菌株 HWBIII 强化的 SBR，在接种后的第一个周期，去除了 45%的 PAM，在 8 个周期后，PAM 的去除降低到 30%。

UV-芬顿可广泛降解各种水溶液中的 HPAM，但缺乏采用公认标准检测处理效率的可靠经济对比。芬顿反应可在环境温度下进行，不需要照射，但需要严格控制 pH 值。光催化与超声结合可提高效率，总体作用高于两种工艺的叠加，说明了具有一定的协同作用。利用 US(超声)/UV/TiO_2降解 HPAM(分子量为500×10^4，水解度为25%），初始浓度为200mg/L，在降解过程中，TiO_2作为催化剂，具有良好的催化性能，最佳投加量为800mg/L。随着TiO_2投加量增加(600~800mg/L范围)，HPAM浓度降低(200~80mg/L范围)，光催化降解率提高。在超声催化条件下，90min内HPAM降解了26.7%。超声催化中加入TiO_2颗粒时，降解量增加了约6.5%，而光催化在90min内约降解了50.5%。当US和UV组合时(超声—光催化)，HPAM降解率显著增加(90min内达77.6%)。但加入H_2O_2(>18mmol/L)时，HPAM降解受到抑制，主要是由于H_2O_2消除了光产生的空穴和羟基自由基。

Fe_2O_3/Al_2O_3可作为H_2O_2降解聚丙烯酰胺水溶液的多相催化剂，采用Co和Cu改性后，Fe_2O_3/Al_2O_3催化剂活性有很大程度的增强。当单独投加H_2O_2(约600mg/L)，溶液中PAM的降解率约为31%，表明PAM的直接氧化降解有限；单独加入Al-Fe催化剂(2.0g/L)，PAM的去除率低于8%。若采用催化氧化组合工艺，H_2O_2投加量为600mg/L，Al-Fe催化剂加量为2g/L时，反应90min后PAM降解率增加到80%。

高级氧化技术(AOP)处理PAM废水结果如表3.59所示。聚合物驱采出水(PFPW)经UV+H_2O_2处理34d后，可降解37%；经少量芬顿试剂处理，PFPW在34d后降解了54%；光电催化氧化(PECO)+低Fe(少量铁)处理PFPW 34d后，可实现100%降解。芬顿、光解UV+H_2O_2、光解UV+芬顿、芬顿+纳滤降低聚合物黏度非常快，经过沉淀或过滤后，最高可去除95%的聚合物，PECO+Fe的矿物化程度最高，为40%。

表3.59　高级氧化降解聚合物驱中采出水中的PAM

氧化剂/工艺	黏度降低速度	聚合物去除率(通过沉淀过过滤)	矿物化率
NaClO	缓慢	无	无
芬顿氧化	非常快	>95%	无
Zydox(ClO_2)	可以忽略	无	无
UV	快	无	无
UV+H_2O_2	非常快	≤15%	≤15%
UV+芬顿氧化	非常快	>90%	≤30%
UV+TiO_2	快	≤10%	≤10%
PECO	快	无	无
PECO+Fe	非常快	>95%	≤40%

续表

氧化剂/工艺	黏度降低速度	聚合物去除率（通过沉淀过过滤）	矿物化率
钢电极芬顿氧化	慢	≤30%	无
芬顿氧化+纳滤	非常快	>95%	无

3.6.4 综合处理

本节所称的综合处理是指采用一种或多种技术降解或去除废水中的多种有机物，包括一些炼厂废水或类似废水处理的整个流程，重点是有机物的去除、降解效果及其相应的运行条件。

(1) 高级氧化降解技术。

① 臭氧及组合技术。

利用臭氧处理OSPW Ⅰ和OSPW Ⅱ两组OSPW废水，实验结果如表3.60所示。当臭氧投加量为30mg/L时，废水的COD分别由186降低到177mg/L，由209降到197mg/L，去除率约为10%，BOD_5相应从3.3mg/L和1.7mg/L增加到3.8mg/L和3.2mg/L。但AEF(酸可萃取组分)分别降低了34.4%和26.9%，说明臭氧分解了OSPW羰基(C═O)，未达到矿物化，依然贡献COD。OSPW Ⅰ和OSPW Ⅱ原水中常规环烷酸浓度分别为18.1mg/L和25.5mg/L，臭氧氧化后分别降低了42.5%和46.4%，说明环烷酸转化为其他环烷酸产物。原水中代表环烷酸的n值为12~18，Z值从−4(2环)到−12(6环)，臭氧氧化后Z值和n值高的环烷酸去除率高，说明臭氧氧化能分解持久性最强环烷酸中的更长碳链和高度分支、环羧基，也会造成Z、n值低的环烷酸去除率低。与常规环烷酸相比，氧化环烷酸对臭氧的响应弱，产生了更多O_3−环烷酸和O_6−环烷酸。氧化环烷酸含更多的羟基，疏水性较低，毒性弱。

表3.60 臭氧氧化对OSPW有机物和毒性去除的影响(平均值±标准偏差，$n=2$)

项目	OSPW	原水	臭氧氧化后	平均去除率,%
COD，mg/L	Ⅰ	209±4	186±61	1.0
	Ⅱ	1197±5	177±4	10.2
BOD，mg/L	Ⅰ	3.3±0.4	3.8±0.2	N/A
	Ⅱ	1.7±0.2	3.2±0.9	N/A

续表

项目	OSPW	原水	臭氧氧化后	平均去除率,%
AEF，mg/L	Ⅰ	77.1±1.5	50.6±3.5	34.4
	Ⅱ	86.2±2.8	63.0±1.6	26.9
常规环烷酸，mg/L	Ⅰ	18.1	10.4	42.5
	Ⅱ	25.5	13.4	47.5
氧化环烷酸，mg/L	Ⅰ	26.2	25.2	3.8
	Ⅱ	32.7	31.6	3.4
毒性(抑制作用),%	Ⅰ	29.1±1.5	10.7±2.2	63.2
	Ⅱ	49.6±1.2	36.5±0.5	26.4

在压力辅助工艺下产生微气泡，强化了污染物和氧化剂之间的接触，这是提高动力学反应速率的重要原因。单独使用臭氧氧化处理采出水，经过30个压力周期，总COD从325mg/L降至123mg/L，溶解性COD从48mg/L增加到59mg/L，B/C值从0.45增加到0.57，pH值从6.9降低到5.1，该反应过程包括：微气泡浮选去除大部分分散油；臭氧将溶解的微量油转化为溶解性有机酸。

臭氧和H_2O_2组合没有显著提高采出水中的有机物矿物化水平。对于复杂体系中可萃取有机物的臭氧氧化，UV光的强化作用也非常小。但是，UV与臭氧结合却能促进BTEX的去除。处理模拟和实际采出水的实验结果表明，臭氧接触3d后，几乎完全消除含或不含颗粒/油滴样品中的可萃取有机物(如烃类)，表明臭氧是一种有效的氧化剂。在正常的运行条件下，采出水中的中—低分子量的有机酸没有受到攻击和破坏。在模拟化合物的实验中，pH值高时，有机酸的臭氧消除作用增强。动力学实验表明，可萃取有机物的去除速率与可萃取物浓度为一阶关系。同时，体系中存在消耗臭氧的几种竞争反应，其中某些反应的速率更高。一些反应最初没有发生，但延长臭氧接触时间后逐渐发生，这是由于消除可萃取有机物的整体速率比较慢(量级为h)。即某些有机物和臭氧的反应快(量级为min)。在较高的运行温度下，可萃取有机物的降解速率快，臭氧用量相对低。80℃时的降解速率常数为0.04min^{-1}，而22℃时为0.01min^{-1}(均为40mg臭氧/L)，较高温度时臭氧用量大约可降低50%(22℃时22mg O_3/mg可萃取物，80℃时为11mg O_3/mg可萃取物)。臭氧氧化后产生了一系列的化合物，其中很多不能通过气相色谱质谱100%的验证。部分鉴别表明，臭氧产生的自由基活化了某些有机化合物，使其与咸水组分结合，产生卤化作用，如氯化物和溴化物。臭氧实验中产生的CO_2量超过了根据可萃取有机物减少计算的理论量，说明正常条件下(酸性)不可萃取的有机组分被氧化生成 CO_2。

利用实验室内序批臭氧—光催化氧化(O_3/UV/TiO_2)反应装置降解炼厂废水，如表3.61所示。经过60min氧化处理，酚去除率达99.9%，油与脂(O&G)降低了98.2%，COD降低了89.2%，废水的细菌毒性也显著降低，EC50为30.9%。由于COD的降低幅度明显低于特征污染物，可以认为氧化很大程度上改变了污染物化学结构，而非完全矿物化。

表3.61 炼厂废水 O_3/UV/TiO_2 处理分析结果

处理时间，min	COD，mg O_2/L	BOD，mg O_2/L	O&G，mg/L	酚，mg/L	pH值
0	2865	365	315.2	2.450	6.93
5	1954	792	298.8	0.002	7.16
10	1236	669	284.11	0.002	7.21
15	985	640	250.4	0.001	7.25
20	875	602	198.5	0.001	7.22
25	802	545	119.8	0.001	7.18
30	760	502	15.8	0.001	7.25
60	319	216	4.7	0.001	7.07

采用6.3的初始pH值、60min反应时间及250W汞灯，研究了 TiO_2(Aldrich)、ZnO(Aldrich)和 TiO_2(P25，Degussa)三种催化剂对250mL炼厂废水的处理效果，发现第三种最为有效，投加量为3.0g/L时，酚去除率达93%，溶解有机物(DOC)去除率为63%，去除油和脂50%，炼厂排放口酚、DOC和油与脂相应含量为3.8mg/L、20mg/L和23mg/L，COD为200mg/L。

② 其他氧化试剂。

表3.62为不同研究人员报告的芬顿、光—芬顿和类芬顿处理石油废水结果。

表3.62 不同研究人员报告的芬顿、光—芬顿和类芬顿处理石油废水结果

序号	工艺	项目	最大去除率%	运行条件						
				pH值	H_2O_2		Fe^{2+}		H_2O_2/Fe^{2+}	时间min
					mg/L	mmol/L	mg/L	mmol/L		
1	H_2O_2/Fe^{2+}/日光	COD	74.7	3.68	850	—	60	—	14	127
2	H_2O_2/Fe^{2+}/UV	TOG	84	3	—	10	—	0.44	22.7	45
3	H_2O_2/Fe^{2+}	COD	82.7	3.5	800	—	267	—	3	150

续表

序号	工艺	项目	最大去除率 %	运行条件						
				pH 值	H_2O_2		Fe^{2+}		H_2O_2/Fe^{2+}	时间 min
					mg/L	mmol/L	mg/L	mmol/L		
4	H_2O_2/Fe^{2+}	COD	83	3	4510		1700	—	2.7	90
5	H_2O_2/Fe^{2+}/日光	COD	92.7	3	—	485	0.93	—	521	420
6	H_2O_2/Fe^{3+}	COD	98.1	3	—	1008	686	—	5	30
		TOC	70							
7	H_2O_2/Fe^{2+}	COD	35	3	400		40	—	10	90
	H_2O_2/Fe^{2+}/UV	COD	50							
8	H_2O_2/Fe^{3+}	COD	63	3	1080		5	—	216	60
	H_2O_2/Fe^{3+}/UV	COD	98							
9	H_2O_2/Fe^{2+}		86	3	200		23		8.7	60
	H_2O_2/Fe^{2+}/UV	81	3	8400		50		168	210	

石油炼厂废水初始 BOD_5、COD、DOC 和油与脂分别为 280mg/L、930mg/L、332mg/L 和 233mg/L，B/C 为 0.3，利用芬顿试剂进行氧化处理。在最佳条件下经过 180min 后，矿物化水平为 53%，对应的[H_2O_2]：[COD]和[H_2O_2]：[Fe^{3+}]质量比分别为 12.5 和 15，污泥的 SVI 值低(18mL/g)、沉淀速率高(0.16cm/s)。

炼厂二级沉淀池出水经 0.45μm 膜过滤的溶解性有机物(DOM)分子质量分布为 200~500Da，总体为正态分布，中心位于 300Da。通过傅里叶转换离子回旋共振质谱分析 DOM 的组成，发现其中有 68 种杂原子物质，包括 O_x、O_xS、O_xS_2、NO_x、N_2O_x、N_3O_x 和 NO_xS，主要是 O_x 和 O_xS 类物质。采用 H_2O_2 在高温(180℃)下氧化，如表 3.63 所示，含氮和含硫化合物几乎完全去除，而且在去除氧化物的同时又产生了新的氧化物。O_x 化合物的断链和氧化是主要的反应。在氧化产物中检测出丰富的氯化物，是 DOM 分子与水中氯离子的反应产物。原水丰富的质量峰值主要对应 CHO 或 CHOS 类物质，H_2O_2 氧化产物的峰值并不连续，其中唯一丰富的峰为 $C_{22}H_{43}O_3$，可能来源于水中溶解烃的变化。

表 3.63　H_2O_2 氧化炼厂废水的效果(二级沉淀池出水，0.45μm 膜过滤，180℃)

类别	COD，mg/L	TOC，mg/L	TDS，mg/L	COD
原水	133	30.15	—	—

续表

类别	COD，mg/L	TOC，mg/L	TDS，mg/L	COD
空白	124	23.66	2576	6.77
H_2O_2(与 COD 物质的量比 1：1)	115	10.13	2548	13.53
H_2O_2(与 COD 物质的量比 2：1)	106	9.31	2533	20.30

氧化/混凝/絮凝(OCF)处理过程基于氧化剂对采出水中烃实现部分氧化，之后进行混凝/絮凝，处理效果分析如表3.64所示。通过部分氧化，不带电或电荷低的有机物转变为带负电的物质，易于通过混凝/絮凝沉淀去除。在较低氧化剂投加量(250mg/L)时，能显著降低污水的TOG，增加投药量至500~600mg/L，只将TOG降低到11~12mg/L。

表3.64　不同OCF处理采出水结果

项目	原水	处理后污水				
氧化剂，mg/L		200	200	200	400	400
混凝剂，mg/L		100	100	300	100	300
絮凝剂，mg/L		4	4	4	4	4
浊度，NTU	2100	99	52	26	27	18
色度(Pt-Co)	898	254	307	206	110	83
pH值	7.2	7.58	7.06	6.77	6.4	6.16
TOC，mg/L	118	0	0	0	0	0
总TSS，mg/L	590	127	118	125	130	139
有机TSS，mg/L	230	36	34	39	39	45
无机TSS，mg/L	360	91	84	86	91	94
氧化剂残余，mg/L	—	11	34	25	19	15

此外，电子束(EB)也用于炼厂废水有机物降解。在处理模拟糠醛($C_5H_4O_2$)溶液(初始浓度100mg/L)时，照射为6kGy时糠醛降解率最大，降解率高于UV/H_2O_2、$UV/H_2O_2/Fe^{2+}$，含盐量对电子束降解过程无限制影响。当处理实际炼油废水时，在相同条件下，炼油废水中COD、电导率、糠醛浓度由初始值502mg/L、1.63mS/cm和10mg/L分别降至350mg/L、2.34mS/cm和0.1mg/L。

（2）生物降解。

OSPW废水经MBR处理后，COD去除率约为56%，与臭氧氧化的透过液没有显著差异。但在MBR处理之后，除了$C_9H_{16}O_2$和$C_9H_{14}O_2$，其他每种环烷酸的浓度均降低。n值低的环烷酸($n=10$和11)去除率低，可能是由于微生物将更长碳链的环烷酸转化为n值较小的链。$n=12\sim19$的环烷酸达到了大约40%的相近去除率。$n=20\sim21$的环烷酸为微量。环化程度较低的组分($Z=-2$和-4)生物降解较快，环化程度高的降解慢。

采用萘(0mg/L)和BTEX(4种组分各10mg/L，总计40mg/L)配制模拟采出水。膜生物反应器接种驯化污泥，投加葡萄糖200mg/L作为适用的碳源，也补充了其他营养物，TSS和VSS保持在(4437±719)mg/L和(4047±545)mg/L，经过8h处理后，COD从(390±37)mg/L降低到(33±27)mg/L，去除率达92%。

从污水处理厂取得接种污泥，连续供给氧气、碳源和矿物营养，在琥珀色瓶子中进行培养。为了增加降解萘或BTEX的生物量，将这些化合物直接用于序批试验。根据两年的监测，在只有萘的批次中，平均总固体浓度只有(2.7±0.9)g/L，BTEX和葡萄糖的批次中挥发性悬浮固体浓度分别为(2.4±0.8)g/L和(4.1±0.9)g/L。在萘和葡萄糖强化生物质的试验中，空白批次和含有活性生物质批次的液相中萘的去除率分别为45%和65%。此外，在只有萘作为碳源的微生物强化的批次中，空白和含有活性生物质液相中萘的去除率分别为15%和99%。BTEX作为唯一碳源时，平均TSS和VSS分别为(1.1±0.4)g/L、(1.1±0.43)g/L；含有葡萄糖和BTEX的批次中，平均TSS和VSS分别为(2.8±0.9)g/L、(2.0±0.5)g/L。在这些条件下，空白批次和含有活性菌的批次中去除率为：苯29%和88%，甲苯48%和99%，乙苯61%和99%，二甲苯60%和95%。

采用采出水中浓度最高的有机物BTX和乙酸配制实验用水，研究有机黏土作为载体的吸附—再生序批运行的流化床生物反应器(FBR)的处理效果。FBR运行周期为8h，其中2h的吸附没有曝气，在投加营养物之后，进行6h的生物再生，其中5h连续曝气。BTX(苯、甲苯、对二甲苯平均浓度分别为6.3mg/L、5.4mg/L和4.4mg/L，总COD为50mg/L)和乙酸(进液浓度50mg/L)的生物降解速率分别为0.30kg苯/(m^3·d)、0.31kg甲苯/(m^3·d)、0.42kg对二甲苯/(m^3·d)和0.14kg乙酸/(m^3·d)，相当于3.37kg COD/(m^3·d)[0.0143kg COD/(kg有机黏土·d)]。吸附阶段结束时，液相中已经检测不到BTX。在生物再生阶段结束时，也检测不到乙酸。

表面改性沸石(SMZ)和MBR系统处理采出水，进水水质如表3.65所示。其中SMZ去除了95%的BTEX组分，其余由MBR生物降解。潜没好氧MBR系统可同时降解采出水中的羧酸和BTEX。当TDS为10g/L、MBR水力停留时间为9.6h、污泥停留时间为100d时，系统总TOC去除效率为75%~95%(投加粉末活性炭2~5mg/L时，增加到92%)，乙酸和丙二酸(进水浓度分别为

259mg/L 和 170mg/L）去除率为 92%。尽管出水目标污染物 BTEX 符合饮用水标准、羧酸低于检测限，但 TOC 去除率最佳时却只能降至 45mg/L，相应的 COD 检测值>100mg/L。工艺运行过程中，膜堵塞严重，导致过膜压力高，膜通量降低，而物理和化学冲洗对缓解膜污染几乎没有作用。

表 3.65　SMZ/MBR 系统进水浓度

物质		浓度，mg/L
TOC		571.00
油和脂		45.40
挥发性有机物	2-己酮	0.47
	苯	1.07
	二硫化碳	0.15
	乙苯	0.46
	甲苯	4.74
	二甲苯（合计）	4.63
	丙酮	2.17
半挥发性有机物	酚	0.26
	萘	0.05
	甲基萘	0.06
	钛酸盐	0.36
	间甲酚、对甲酚	0.11
	邻甲酚	0.11

某一油田现场，在活性污泥装置中驯化取自采出水的低浓度固有微生物，加入主要的营养物氮、磷、钾，研究微生物对采出水中石油烃的降解。为了明确采出水石油烃在连续活性污泥处理过程中的归宿，连续 126d 取样分析，处理前后的水质分析如表 3.66 和表 3.67 所示。进水中主要含 C_{10}—C_{30} 的正构烷烃（>90%），以及中间直链烃和其他石油类化合物。分析了活性污泥系统（装置 1）和澄清池工艺（装置 2）的进出口水样的 TPH、BTEX、总正构烷烃、油和脂及 COD，发现出水 TPH 浓度平均小于 1.0mg/L，去除率达到了 99%；BTEX 浓度从活性污泥装置进水的 7.7mg/L 到出口的未检出的水平（<0.1mg/L）；油和脂的浓度低于 1.0mg/L，去除率>99%。GC/MS 分析结果表明，采出水中存在重质石油的 TNA 化合物（C_{10}—C_{30}）。在采用 20d 的 θ_c（平均细胞停留时间）运行参数的现场处理期间，非极性石油烃（包括正构烷烃）全部去除。生物降解过程

中，相应的生物动力学参数为：细胞产率(Y)为 0.69mg MLS/mgTNA，细胞衰减系数 k_d 为 0.01d^{-1}，基质利用速率 k 为 0.44d^{-1}，最大基质利用速率 μ_{max} 为 0.27d^{-1}。BTEX 和 TNA 组分约有 4%通过挥发去除，TPH 平均污染物吸附量约为 1.10mg/L，对应的吸附容量(q)为 0.001(mg/L TPH)/(mg/L 生物质)。

表 3.66　油田采出水活性污泥处理系统进水水质分析结果

装置 1 活性污泥进水	数据	样品总数
pH 值	7.3±0.2	126
温度,℃	21±2	126
溶解氧，mg/L	<1.0	126
总溶解固体，mg/L	35023±75	36
总悬浮固体，mg/L	85±12	126
GC/MS 正构烷烃(C_{10}—C_{30})，mg/L	115±30	36
GC/MS 挥发性芳烃(BTEX)，mg/L	7.7±2	36
油和脂，mg/L	147±35	126
总石油烃，mg/L	126±30	126
COD，mg/L	431±25	126

表 3.67　油田采出水活性污泥处理系统进水水质分析结果

项目		浓度	去除率,%	样品总数
装置 1 活性污泥出水	pH 值	7.8±0.6		14
	温度,℃	23±3		14
	溶解氧，mg/L	3.1±1.2		14
	总溶解固体，mg/L	34110±40		4
	混合液悬浮液固体，mg/L	726±24		14
	GC/MS 正构烷烃(C_{10}—C_{30})，mg/L	1.2±0.5	98.4	
	GC/MS 挥发性固体(BTEX)，mg/L	未检出	99.4	
	油和脂，mg/L	3.6±1.1	98.14	
	总石油烃，mg/L	2.4±0.6	98	14
	COD，mg/L	35±11	92	14
装置 2 澄清池出水	pH 值	7.5±0.3		14
	温度,℃	20±2		14
	溶解氧，mg/L	2.8±0.8		14

续表

项目		浓度	去除率,%	样品总数
装置 2 澄清池出水	总溶解固体，mg/L	33982±32		4
	混合液悬浮液固体，mg/L	27±7		14
	GC/MS 正构烷烃(C_{10}—C_{30})，mg/L	0.6±0.5	99	4
	GC/MS 挥发性固体(BTEX)，mg/L	未检出	99	4
	油和脂，mg/L	<1.0	99	14
	总石油烃，mg/L	<1.0	99	14
	COD，mg/L	14±7	97	14

注：所有分析值和去除率基于 20d 的 θ_c 和 700mg/L 的 MLSS 浓度。

(3) 污水处理流程。

① 常规污水处理流程。

隔油、气浮与活性污泥法是炼厂废水的常规处理工艺。分析 Porto 炼厂废水处理厂的运行情况，其典型运行参数如表 3.68 所示。选取 6 个点取样分析：(1)平行板除油器(PPI)出口；(2)硫化物氧化和澄清池出口；(3)溶气浮选(DAF)出口；(4)活性污泥反应器(ASP)出口；(5)二级沉淀池(SSR)出口；(6)机械曝气池(MAB)出口。旱季和雨季时，废水处理厂运行流量分别为 300m³/h 和 450m³/h。在一年的不同时间取样(时段 D 和 E 为雨季)：PPI、硫化物氧化和混凝池(SOOC)的 TPH 浓度变化很大，发现机械曝气池 D 时段和 E 时段浓度分别为 14.2mg/L 和 16.1mg/L；时段 D 和 E 的废水处理厂出水生化需氧量(BOD_5)最大值(MAB 出水)为 42.4mg/L 和 52.7mg/L；时段 D 和 E 的 PPI 出口硫化物(S^{2-})浓度最高(分别为 140.6mg/L 和 147.3mg/L)，但最终出水的硫化物浓度为 0.03~0.2mg/L。废水处理厂对各类污染物的平均去除率如下：TSS，96.7%；TPH，99.1%；O&G，99.1%；COD，87.3%；BOD_5，90.5%；硫化物，99%；氮，68%；酚，94.6%。其中，TSS 含量可作为 VSS、TPH、O&G 含量的良好指标，也可以避免不必要的化学分析成本。

表 3.68 Porto 炼厂废水处理厂主处理工艺的典型运行参数

项目		数据
油预分离器 (CB 7031 A/B)	雨季最大流量	450m³/h
	停留时间	33min
	水力负荷	18m/h

续表

项目		数据
油分离器(CB 7004 A 1/2/3 CB 7004 1/2/4)	2个分离器的总流量(PPI和APIs)	453m^3/h
硫化物氧化和混凝池(SOCC)(CB 7035/7036)	流量	453m^3/h
	停留时间	4min
溶气浮选池(DAF)(CB 7037)	最大水力负荷(包括回流)	4.2m/h
	回流比	40%最大水量
	停留时间	62min
	最终饱和压力	4.5atm
絮凝池—澄清池(CB 7071)	流量	453m^3/h
	停留时间	16min
活性污泥(ASR)(CB 7041)	容积	1606m^3
	流量	350m^3/h
	回流比	0.5m^3/h
	BOD_5负荷	1176kg/d
	BOD_5单位负荷	0.245kg/(kg MLSS·d)
	MLSS浓度	3kg/m^3
	MLVSS浓度	2.1kg/m^3
	停留时间	4.6h
	氧消耗速率	62kg/h
二级污泥反应器(SSR)(CB 7042)	包括回流的流量	550m^3/h
	水力负荷	0.88m/h
	停留时间	2.5h
污泥浓缩器(CB 7011)	流量	4.22m^3/h
	污泥含水率(进口)	98.75%
	单位质量负荷	22.5kg/(kg MLSS·d·m^2)
	停留时间	47h

选取美国6个炼厂，分析脱盐咸水、污水处理装置进水、污泥混合液和出水的水质，如表3.69所示。原油总酸值为0.12~1.5mg KOH/g，电脱盐盐水、污水处理装置进水、活性污泥混合液、出水样品的环烷酸浓度分别为4.2~40.4mg/L、4.5~16.6mg/L、9.6~140.3mg/L和2.8~11.6mg/L，其中电脱盐盐水中环烷酸分子量为210~265，碳数范围为13~17。经过90d的接种，在没

有 PAC(粉末活性炭)和含 PAC 的混合液中，环烷酸浓度分别降低了 33%和 51%。环烷酸长期吸附在生物质或 PAC(粉末活性炭)上。高分子量的环烷酸持久性强、生物适用性降低，难以降解。在结束 10d 的解吸时，80%以上的环烷酸依然保留在混合液或 PAC 的固相中。在环烷酸浓度达到 400mg/L 时，活性污泥的所有异养微生物都没有完全抑制。在超过 100mg/L 时，观察到所有微生物的生长抑制范围在 10%~59%。

表 3.69 美国 6 个炼厂电脱盐盐水、污水处理装置进水、活性污泥混合液和出水水样分析

项目	电脱盐盐水	污水处理装置进水	活性污泥混合液	出水
pH 值	7.4(5.2~8.5)①	7.5(6.9~8.3)	7.3(6.4~7.7)	7.6(7.3~8.0)
总环烷酸，mg/L	22.7(4.2~40.4)	10.2(4.5~16.6)	70.6(9.6~140.3)	6.8(2.8~11.6)
液体环烷酸，mg/L	15.6(3.6~28.2)	6.9(3.4~12.2)	5.5(2.9~8.5)	5.5(2.9~9.5)
总 COD，mg/L	1280(415~1942)	704(467~1117)	4641(609~9100)	370(114~847)
溶解 COD，mg/L	1139(391~1805)	544(211~966)	375(69~878)	317(40~831)
总溶解固体，g/L	2.9(0.5~8.4)	3.8(1.1~12.0)	8.3(1.6~21.7)	4.2(1.4~12.8)
挥发性固体，g/L	0.7(0.2~1.6)	0.45(0.22~1.23)	3.1(0.38~6.2)	0.32(0.13~0.91)
氨氮，mgN/L	8.1(ND②~50.5)	11.4(ND~28)	9.6(ND~30.8)	ND
亚硝酸盐氮，mgN/L	ND	238(ND~440)	737(ND~2126)	447(ND~1314)
EC_{50},%	6.1(0.03~12.8)	69.1(5.9~160)	116.7(16.2~271)	262(107~540)
EC_{50}，mg 环烷酸/L	1.3(0.001~2.9)	3.4(0.4~9.9)	5.9(0.7~13.3)	11.2(7.5~15.7)

① 平均值和范围(样本数为 18)；
② 未检出。

根据海上平台采出水的试验结果(表 3.70)，反渗透可以保证出水的油、悬浮物达到未检出的水平，TOC 和 COD 却分别为 20mg/L 和 71mg/L。这进一步说明，采出水中非石油烃有机组分占有一定的比例，且分子量极小，不可能单纯通过物理分离去除。

表 3.70 采出水纳滤、反渗透结果

水质指标	未处理水，mg/L	纳滤透过液，mg/L	反渗透透过液，mg/L
TOC	810	120	20
TSS	9000	ND	ND
COD	2600	270	71
油和脂	580	16	ND

② 强化污染物去除试验。

a. 图 3.8 为炼油废水生物接触稳定试验先导装置。其中，活性污泥的污泥回流比（RS）为 30%时污泥产率最低；RS 为 46%和 DO = 3.6mg/L 时，COD 去除率高（78%），污泥产率低。进水 BOD、COD 分别为 229 ~ 261mg/L、277 ~ 422mg/L，混合液污泥浓度为 1462 ~ 1986mg/L。接触稳定活性污泥工艺更为有效。

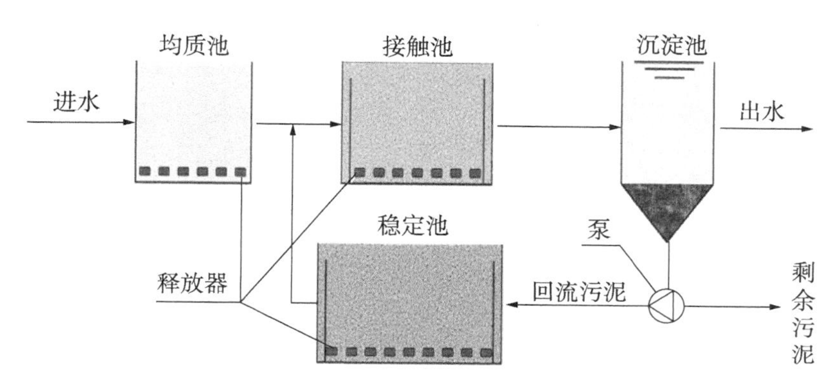

图 3.8　接触稳定先导试验工艺

b. 某炼厂采用隔油—电絮凝/H_2O_2—超声的组合工艺处理含油废水。隔油（CPI）出水中酚、COD、TOC、油和脂检测值分别为 79mg/L、760mg/L、650mg/L、150mg/L，其出水进入电絮凝装置。电絮凝采用铝电极，反应时间为 20min，电压为 20V，电流密度为 16.6mA/cm^2，酚、COD、TOC、油和脂的最大去除率分别为 89%、84%、84%和 67%；出水投加 300mg/L 的 H_2O_2，总的去除率分别提高至 91.9%、92%、92%和 92%，同时施加 33kHz 的超声，酚的去除率达 98%，油和脂的去除率达 92%。

c. 石油码头含油废水经混凝浮选预处理后石油烃含量为 1.90mg/L，而 COD 高达 1920mg/L，没有明确 COD 的有机物组成，其水质分析如表 3.71 所示。仅采用 UV 照射对总有机负荷几乎没有影响，照射 4h 后 COD/COD_0 比为 0.98（COD_0为 1920mgO_2/L）。采用日光/H_2O_2组合，双氧水浓度低时达到了良好的降解效果，浓度高时会抑制废水中有机物的降解，产生新的酚组分。采用 UV/H_2O_2系统处理，所有污染物降解率都较高，照射 20min 时氧化剂消耗量为 1.36mg H_2O_2/COD，照射 45min 时只有 0.76mg H_2O_2/COD。但是，20min 或 45min 的 UV 照射，降解效率没有明显的区别，COD 平均降低到初始浓度的 40%~58%。采用高级氧化工艺后，废水的生物可降解性没有显著增加。当 H_2O_2投加量为 23.5mmol/L、UV 照射 45min 时，COD 降低了 58%，但 BOD_5/COD 比仅由 0.46 增加至 0.49。

表 3.71 码头含油废水性质

项目	混凝浮选预处理的含油码头废水	
	总的范围	研究采用的样品
化学需氧量(COD)，mg O_2/L	1730~6200	1920
溶解 COD(SCOCD)，mg O_2/L	1620~5600	1800
颗粒 COD(PCOD)，mg O_2/L	110~600	120
生物需氧量(BOD_5)，mg O_2/L	801~2650	883
pH 值	6.80~7.600	7.20
酚，mg/L	0.16~3.75	0.48
SCOD/COD	0.90~0.94	0.94
BOD_5/COD	0.43~0.46	0.46
总石油烃(TPH)，mg/L	3.50~1.00	1.90

d. 2010—2011 年，加拿大 Suncor Energy 现场先导试验采用几种常规和新兴工业废水处理技术，处理油砂尾矿水。与油田采出水类似，尾矿水含有大量的溶解性有机碳(DOC)，多数以环烷酸的形式存在，其他有机化合物包括 BTEX、酚等，其水质如表 3.72 所示。采用的技术包括溶气浮选、超滤、反渗透、高级氧化(臭氧—双氧水)、悬浮生长生物和附着生长系统。

表 3.72 尾矿水的主要水质数据

水质参数	单位	最低值	最大值	平均值	标准偏差
TSS	mg/L	10	700	105.3	155.3
TDS	mg/L	1800	2800	1984.7	123.7
pH 值		8.1	8.44	8.2	0.1
氨	mg/L	15	25	19.6	1.8
硅	mg/L	8.1	9.9	9.2	0.4
有机物					
TOC	mg/L	70	244	116.1	32.4
DOC	mg/L	67.5	117	86.6	9.8
COD	mg/L	290	410	356.6	28.3
BOD	mg/L	60	360	113.5	40.3
油和脂	mg/L	5	140	28.4	20.5
F1 烃(C_6—C_{10})	mg/L	1.3	6	3.7	1.3

续表

水质参数	单位	最低值	最大值	平均值	标准偏差
F2 烃(C_{10}—C_{16})	mg/L	0. 1	3. 8	0. 8	0. 9
F3 烃(C_{16}—C_{34})①	mg/L	0. 1	12	2. 0	3. 2
F4 烃(C_{34}—C_{50})②	mg/L	0. 6	1. 6	1. 1	0. 7
环烷酸	mg/L	14	48	36. 1	6. 5
酚	mg/L	3. 3	5. 8	4. 4	0. 6
BTEX	mg/L	0. 21	4. 5	2. 3	0. 98

① 67%样品低于检测限；
② 96%样品低于检测限。

超滤(UF)能够去除大部分悬浮固体，但不能显著去除有机和无机组分(主要是 COD、TOC 和金属)。UF 的滤液适于作为 RO 装置的进水，污染指数(SDI)低于 3，浊度通常低于 0. 2NTU。反渗透能有效去除 TDS，平均去除率达 96%。出水水质随着处理时间延长逐渐变差，表明整个试验过程膜的完整性受到损坏。多数水质指标的出水浓度线性上升，包括 BTEX、TOC、钠、氯、重碳酸盐和硅。RO 的 TOC 去除水平通常达到 95%以上，环烷酸低于检测限。但是，低分子量/小直径有机化合物去除不完全，出水中酚浓度为 1～3mg/L(平均去除率为 66%)，BTEX 浓度为 0. 4～3. 5mg/L(平均去除率为 64%)。表 3. 73 为反渗透透过液平均水质。

表 3. 73　反渗透透过液平均水质

项目	反渗透进水	反渗透出水	去除率,%
TDS，mg/L	1982	79	96
TOC，mg/L	101	5. 8	95
COD，mg/L	384	16	96
氨，mg/L	19. 7	1. 6	92
环烷酸，mg/L	36	<2	>90
酚，mg/L	4. 46	1. 55	66
BTEX，mg/L	1. 785	0. 498	64

溶气浮选(DAF)装置为垂直流结构，通过混合罐在上游投加混凝剂和絮凝剂。混凝剂为硫酸铁，投加量为 3～60mg/L Fe^{3+}，阳离子聚合物作为絮凝剂，投加量为 1. 3～6mg/L。优化运行时，DAF 出水浊度通常低于 10NTU，TSS 低于

15mg/L，但经常出现问题。大约22%的随机取样表明，与原水相比，出水的TSS增加，表明絮体挟带较明显。DAF对油和脂的去除效果一般(平均去除率为27%)，对TOC的去除率低(平均8%)。多介质过滤(MMF)出水的浊度通常低于0.5NTU，TSS低于10mg/L，水质分析如表3.74所示。

表3.74　溶气浮选(DAF)和多介质过滤(MMF)出水水质

DAF进、出水水质				MMF出水水质			DAF+MMF去除率,%
项目	DAF进水	DAF出水	去除率,%	项目	MMF出水	去除率,%	
TSS，mg/L	105	26.1	33(67)	TSS，mg/L	8.67	66	81
TOC，mg/L	116	101	8	TOC，mg/L	95.5	5	11
油和脂，mg/L	28	13.9	37	油和脂，mg/L	12.2	6	37
浊度，NTU	165	18.4	83	浊度，NTU	<1	>95	99

分别考察了各种工艺对油砂尾矿水的处理效果，如表3.75所示。高级氧化工艺采用臭氧和双氧水，H_2O_2和O_3物质的量比为0.25~0.4，臭氧投加量为100~300mg/L。MBBR水力停留时间为5~25h(总计10~50h)，介质填充率为50%，介质表面积为400m^2/m^3。上游池以缺氧的方式运行，平均溶解氧浓度为0.75mg/L，配有混合器；下游池曝气，以好氧的方式运行(平均溶解氧浓度为6.8mg/L)。从好氧池循环回流到缺氧池，循环比为净流量的0~3.5倍。膜生物反应器水力停留时间为8.3~10.2h，混合液悬浮固体浓度在2500~9500mg/L之间大幅变化，挥发固体通常占MLSS的45%~55%。在有机物去除方面，只有反渗透出水达到了较低的TOC和COD水平，分别为5.8mg/L和17mg/L；从TOC略有降低、COD却略有上升的结果来看，高级氧化只是改变了有机物的分子组成，基本没有实现矿物化；生化处理去除了50%左右的COD和TOC，出水浓度分别为200mg/L和50mg/L左右。从特征污染物来看，不同工艺出水的水质差别主要体现在环烷酸上，反渗透低于1mg/L，生化处理则为20mg/L左右。

表3.75　尾矿废水处理工艺出水水质对比

项目	尾矿原水	RO出水	AOP 高级氧化	膜生物 反应器	移动床生物 反应器
氨，mg/L	19.6	1.58	15.7	0.58	0.52②/11.9③
BTEX，mg/L	2.27	0.498	<0.1①	<0.1①	<0.1①
酚，mg/L	4.39	1.55	0.21	0.078	N/A
环烷酸，mg/L	36.1	<1①	4.3	20.7	24.5

续表

项目	尾矿原水	RO 出水	AOP 高级氧化	膜生物 反应器	移动床生物 反应器
TOC，mg/L	116	5.8	95	54	50
COD，mg/L	356	17	416	214	203

① 大部分数据点低于检测限；

② MBBR 1 US GPM 净产水流量；

③ MBBR 2.2 US GPM 净产水流量。

③ 特征污染物流汇分析。

某炼厂 20000m^3/d 废水处理系统中重力沉降、混凝、核桃壳过滤和浮选等物理处理水力停留时间为 3.5h；活性污泥系统的厌氧和好氧工艺（A/O）水力负荷分别为 11h 和 16h，污泥停留时间为 11～12d。废水中总环烷酸浓度比表 3.76中 6 个美国炼厂原油废水（4.5～16.6mg/L）低得多，主要离子是 $Z=-2$ 和 $Z=-4$ 系列，占总浓度的 55.6%，其次是 $Z=-6$（13.3%）、$Z=0$（13.0%）、$Z=-8$（7.9%）、$Z=-10$（4.8%）、$Z=-12$（3.3%）和 $Z=-14$（2.3%），均集中在 $n=10$～20。废水中的 10～20 个碳的 1～3 环环烷酸丰度高。

图 3.9 为炼厂废水处理厂中总环烷酸的质量流量和芳环环烷酸百分比示意图。活性污泥系统出水中的总环烷酸浓度为（123±57）μg/L，A/O 工艺的总环烷酸去除率为 65%±16%，说明 A/O 工艺处理可有效去除污水中的大部分环烷酸。AO 工艺对不同环烷酸同系物的去除效率随着 Z 值的增加而线性增加，说明环化程度低的环烷酸易于在活性污泥系统中去除，使得活性污泥系统出水中环化程度高的环烷酸（$Z=-4$～8）比例增加。处理装置中悬浮固体中环烷酸总浓度为 860～2772mg/kg，重力沉降和 A/O 处理单元污泥样品为 1594～2489mg/kg，浓度变化较小，说明环烷酸稳定沉淀在悬浮固体和污泥中。此外，所有固体和污泥样品中主要离子 $Z=-8$～2，但污泥中的碳量为 20～33，不同于悬浮固体，检测到后者多大分子量和碳数（33～40）的有机物。通过不同种类环烷酸同系物的固—水分配系数（K_d）分析，发现所有处理装置中总环烷酸的 K_d 范围为 2194～12715。需要注意的是，所有物理处理单元出水 K_d 随着环烷酸的 Z 值增加而减少（多数脂环环烷酸，>90%），但 A/O 处理单元中没有这种现象。这一结果表明，环化程度高的环烷酸易于通过吸附去除。在炼厂废水中，总环烷酸的水相和固相质量流量为（7725±1471）g/d，进入废水处理厂的质量流量中 5097g/d 在水相，2628g/d 为吸附部分，水相颗粒上的总环烷酸比例为 34%。

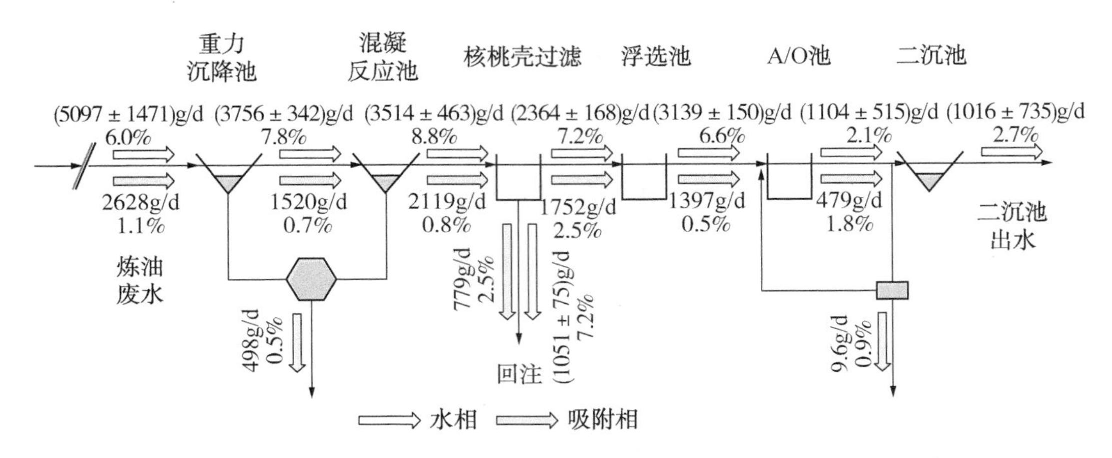

图 3.9　炼厂废水处理厂中总环烷酸的质量流量和芳环环烷酸百分比

采用上流厌氧污泥层反应器处理陆地原油终端采出水 PW（COD 为 1597mg/L，氨氮为 14.7mg/L，酚为 13.8mg/L，BOD_5 为 862mg/L，钠为 6240mg/L，氯为 9530mg/L）。由于高含盐量及其他毒性物质，采出水会抑制产甲烷性能。用自来水（TW）稀释采出水，没有投加任何营养物和预处理。常温条件[（35±2）℃]下运行，水力停留时间为 5d，250d 连续进液，评估反应器的效果。对于不同的稀释浓度，如 1PW∶4TW、2PW∶3TW、3PW∶2TW、4PW∶1TW 和 5PW∶0TW，平均 COD 的去除分别约为 76.1%、73.8%、70.3%、46.3% 和 61.82%，出水 COD 分别为 123.7mg/L、240mg/L、294mg/L、589mg/L 和 738mg/L。在厌氧的条件下，环烷酸没有任何生物降解。

煤气化废水（CGWW）含氨、氰化物、硫氢酸盐、单羟基酚、二羟基酚、多环羟基化合物、单环正芳烃、多环芳烃、脂肪酸。其中的酚类化合物主要是甲基酚和酚，构成有机物总量的 60%～80%。H-FFBR 工艺（1000L）包括 3 个曝气室（1 区、2 区、3 区），塑料生物膜载体填充比分别约为 70%、50% 和 30% 的体积比，平均固定生物质活性为 62.58mg O_2/（L·h）、33.80mg O_2/（L·h）和 33.71mg O_2/（L·h），生物质活性为 48.47mg O_2/（L·h）、38.48mg O_2/（L·h）和 41.31mg O_2/L·h。监测了 6 个月，H-FFBR 有效去除了羧酸、单氢酚和氢醌，但未有效去除多元酚、柴油范围有机物和乙内酰脲，酚的去除率平均为 78%，溶解 COD 的平均去除率为 49%。附着生物质的活性强于悬浮生物质，COD 和总酚的去除主要是由于附着生物作用，两种群落均为异养菌。

表 3.76 和表 3.77 分别为不同物化和生化工艺及方法对 COD 及特征污染物的去除情况。

表 3.76　不同处理方法的污染物去除情况

序号	方法	废水类型	去除污染物	最大去除率,%
1	物理—化学处理	炼油废水	总环烷酸(NAs)	16
			芳族环烷酸	24
2	浸没膜生物反应器	炼油废水	油	69
3	膜生物反应器(MBR)	石化废水	重金属	70
4	错流膜生物反应器(CF-MBR)	炼油废水	COD	93
5	中空纤维膜生物反应器(HF-MBR)	实际炼油废水	COD	82
			BOD_5	89
			TSS	98
			VSS	99
6	膜序批生物反应器	配置炼油废水	烃	97
7	超滤(UF)	炼油废水	COD	44
8	聚和氯化铝和氯化铁混凝	炼油废水	COD	58
9	聚硅酸锌(PZSS)阴离子 聚丙烯酰胺(A-PAM)混凝/絮凝	重油废水	油	99
10	混凝/H_2O_2	炼油废水	COD	58
11	铝混凝	石化废水	COD	61
		氯化铁混凝 ($FeCl_3$)	COD	52
12	电混凝	石灰废水	酚	100
13	高电荷密度铝电极	炼油废水	酚	97
14	电混凝	炼油废水	酚	51
15	有机黏土吸附	炼油废水	有机物	62
16	活性炭吸附	炼油废水	COD	60
17	微波辅助湿空气氧化	炼油废水	COD	90
18	O_3/UV/TiO_2	炼油废水	酚	99.9
			硫化物	97.2
			COD	89.2
			油	98.2
19	部分沉淀[$FeCl_3 \cdot 6H_2O$ 和 $FeSO_4 . 7H_2O$]和 混凝助剂[$Ca(OH)_2$和 $CaCO_3$]	炼油废水	COD	75
			硫化物	99

表 3.77　不同生化处理的污染物去除效果

序号	方法	废水类型	去除污染物	最大去除率,%
1	固定微生物反应器	炼油废水	TOC	78
			油	94
2	好氧工艺	炼油废水	COD	86
3	厌氧处理(UASB)	炼油废水	COD	82
4	上向流厌氧污泥床反应器(UASB)	重油炼制废水	COD	70
			油	72
5	上向流厌氧污泥层返器(UASB)和曝气生物滤池(BAF)	重油炼制废水	氨氮	90.2
			COD	90.8
			油	86.5
6	UASB 与厌氧填料生物膜反应器	炼油废水	COD	81.07
7	活性污泥系统	炼油废水	环烷酸	73
8	SBR	炼油废水	酚	98
9	厌氧浸没固定床生物反应器(ASFBR)	炼油废水	COD	91
			TSS	92

第4章 水污染控制常规技术

炼油废水处理通常采用成熟的技术，与其他行业废水处理工艺一样，从常规的油水分离到废水达标排放、脱盐回用或液体零排放(ZLD)，没有实质上突破性进展，关键在于根据不同的污染特征与处理目标选择适合的技术组合或处理流程。表4.1为废水主要污染物及其相应的处理技术。

表4.1 废水主要污染物及其相应的处理技术

技术	污染物									
	TSS	BOD、COD、TOC	顽固性COD	AOX、EOX	总氮	NH_4-N(NH_3)	PO_4-P	重金属	酚	油
沉淀	X	(X)①						(X)⑨		
气浮	X	X②						(X)⑨		X
过滤	X	(X)①						(X)⑨		
微滤(MF)/超滤(UF)	(X)③	(X)①								
油分离		X								X
沉淀							X	X		
结晶							X	X		
化学氧化		X	X	X						
湿空气氧化		X	X	X					X	
超临界水氧化(SCWO)		X	X	X					X	
化学还原										
化学水解										
纳滤(NF)/反渗透(RO)		X	X	X				X		
吸附		X	X	X				X		

续表

技术	污染物									
	TSS	BOD、COD、TOC	顽固性COD	AOX、EOX	总氮	NH_4-N(NH_3)	PO_4-P	重金属	酚	油
离子交换		(X)④						X		
萃取		X	X	X						
蒸馏/精馏		X	X	X						
蒸发		(X)⑤						X		
汽提		(X)⑥		X		X		(X)⑩	X	X
焚烧		X	X	(X)⑦		X				
厌氧生化		X		(X)⑧	(X)⑧			X⑪		
好氧生化		X		(X)⑧			X		X	
硝化/反硝化				X	X					

① 只是固体；
② 非溶解有有机物；
③ 分散且低浓度；
④ 离子性有机物；
⑤ 非挥发有机物；
⑥ 挥发有机物；
⑦ 需要特殊的焚烧设备；
⑧ 只是可生物降解部分；
⑨ 非溶解重金属化合物；
⑩ 转化在燃烧的灰或废水来源；
⑪ 与硫酸盐沉淀为硫化物结合。

炼油废水也可与市政污水混合处理，但由于炼油废水有机负荷高，混合后废水降解速率降低。因此，混合处理通常采用如下方式：工业废水首先进行高负荷预处理步骤，然后在二级生化(低负荷)步骤中与市政污水混合。这样的混合处理方式使得生物处理运行稳定，营养条件改善，而且也会提高废水温度，降解动力条件更有利。但不容忽视的是，混合处理存在持久性污染物排放风险，如重金属和不可生物降解化合物，有时会因稀释作用而低于检测下限，从而弱化源头预防或控制的关键作用。

很多废水处理方法需要或可选用辅助处理，多数情况为化学药剂，或者是需要再生的介质，由此可能造成化学药剂的排放。鉴于这些辅助药剂或工艺步骤可能产生的二次污染，在选用处理工艺时应充分考虑，避免对当地生态环境造成影响。因此，在特定的情况下，需要对处理药剂和再生释放的药剂及其排放进行评估。

4.1　均质调节

在比较稳定的水力负荷(流量)或污染负荷条件下，废水处理设施运行更为有效，但由于某些因素流量和污染负荷会明显波动，涉及工艺条件变化、装置冲洗、压仓水处理、装置维修等。为了保障生产在短期(如 1 天)和长期(如 1 周)内相对稳定，需要在不同的生产单元，或者集中在废水处理厂附近或下游设置均质调节设施(缓冲池)。缓冲池可设为在线或旁流，能够在高峰期或生产波动时分流，以受控流量缓和流出。均质有很多作用：可以均衡负荷，如有机负荷、盐浓度、氮负荷与 TOC 负荷；优化脱氮，调整所需的 C : N : P；中和酸性和碱性废水；均衡废水流量，削减废水排放的峰值。

生产装置或储存设施出现运行故障、设备泄漏、冷却水非正常污染及其他干扰时，会导致通过废水处理厂排放到受纳水体的污染物增加，或者废水处理厂出现故障，这种风险也需要考虑集中或分散接收(或缓冲)设施。

缓冲池有许多种，一种为独立缓冲池，包括两个池子交替接收废水，如图 4. 1所示。当一个池子进水时，另一个进行检测，根据检测结果，排放到下游的废水处理厂，或作为废物处置。每个池子的接收量需要足以接纳另一个池子分析和排水期间的全部废水量。

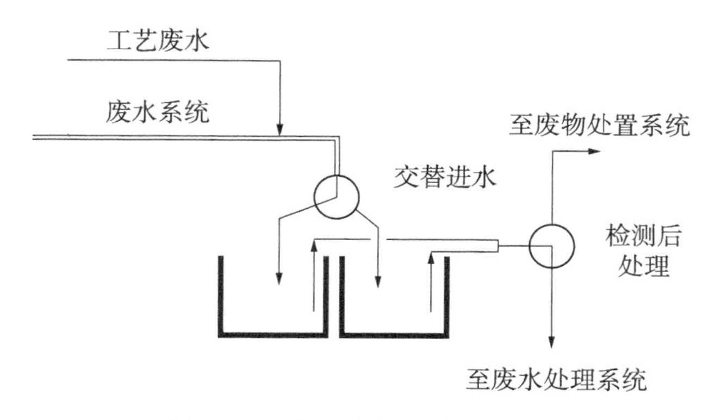

图 4. 1　独立交替进水缓冲池

另一种是连接缓冲池，间歇或连续进水(图 4. 2)。非连续运行的缓冲池在不使用时断开连接。正常运行时，废水绕过缓冲系统，只有在控制系统检测到异常缓冲池才进水。所需的缓冲池容量等于不正常时间段的废水量。这种装置用于单个生产装置，收集特定废水系统的所有废水量。

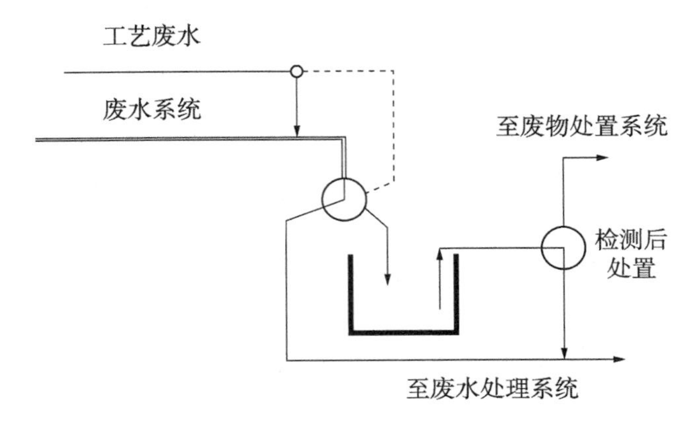

图 4.2　非连续进水的连接缓冲池

在可能发生泄漏污染的室外区域，如生产装置或罐区，可使用一种适于接收并缓冲、回收泄漏损失的系统。缓冲池的容积应与最大可能泄漏损失及预计的降水量相匹配。优点是能够收集高浓度的污染泄漏，也能够进行回收。

通过优化罐内件，可提高油水分离效率，降低下游处理装置的负荷。其核心是在罐中形成一种切向液体的流动，增加停留时间，减少短流，该设计可将平均停留时间延长 8 倍。通过在罐的对侧增加一个相同的进水分流器，形成更均匀的水流分布，将流速降低到每秒几毫米。

4.2　旋流分离

旋流分离器是一种分离非均相液体混合物的设备，在离心力的作用下根据两相或多相之间的密度差实现两相或多相分离。

水力旋流器为压力运行，流体切向进入水力旋流器，造成旋转。旋转运动产生强离心力，导致固体和液体或两种非混相液体分离。停留时间通常为 2~3s。

4.3　混凝/絮凝

4.3.1　技术原理

采用化学药剂与水中的沉淀悬浮固体进行一系列的物理化学反应，然后通过沉淀和过滤去除悬浮固体。胶体颗粒必须通过混凝/絮凝脱稳，才能通过进一步的固液分离工艺去除(如溶气浮选、沉淀和过滤)。混凝通常是投加铁盐、铝盐或者通过电絮凝实现。不同的水质需要不同的混凝剂，与悬浮颗粒的数量和表面电荷有关，也与可能影响混凝剂有效性的其他化合物有关。悬浮固体的浓度越高，化学药剂的使用成本也越高，产生的废物量越大。表4.2为废水处理使用的主要混凝化学药剂及其作用。

表4.2　废水处理混凝化学药剂及其作用

混凝剂	作用
石灰(CaO)	在废水中形成碳酸钙，作为去除硬度和颗粒物的混凝剂。因为有效作用所需的量大，通常与其他药剂一起使用。石灰产生的污泥通常多于其他混凝剂
硫酸铁[$Fe_2(SO_4)_3$]	通常与石灰一起使用，软化水
铝或硫酸铝[$Al_2(SO_4)_3 \cdot 14H_2O$]	用于软化和除磷。与适当的碱度的碳酸盐、重碳酸盐或氢氧化物或磷酸盐反应，形成不溶解的铝盐
氯化铁($FeCl_3$)	与碱度或硫酸盐反应，形成不溶解的铁盐
聚合物	高分子量化合物(通常为合成)，可为阴离子、阳离子或非离子。加入废水后，可用于电荷中和、破乳，作为架桥混凝剂，或兼而有之。也可作为助滤剂或污泥调理剂

最好的混凝剂和絮凝剂能够去除所有分散性有机物，但只能去除10%~20%的与微乳化物有关的水溶解有机物(WSO)。天然有机物，如腐殖酸、富里酸(分子量在500~10000之间)，可通过混凝沉淀去除。铝和聚合氯化铝混凝剂能够与很多不带电的、低分子量有机物形成牢固的复合物，能够交联和沉淀具有疏水点的颗粒物。图4.3描述了不带电的有机分子如何与聚铝离子结合，使得聚铝离子具有疏水性，强化其结合和沉淀疏水材料的趋势。

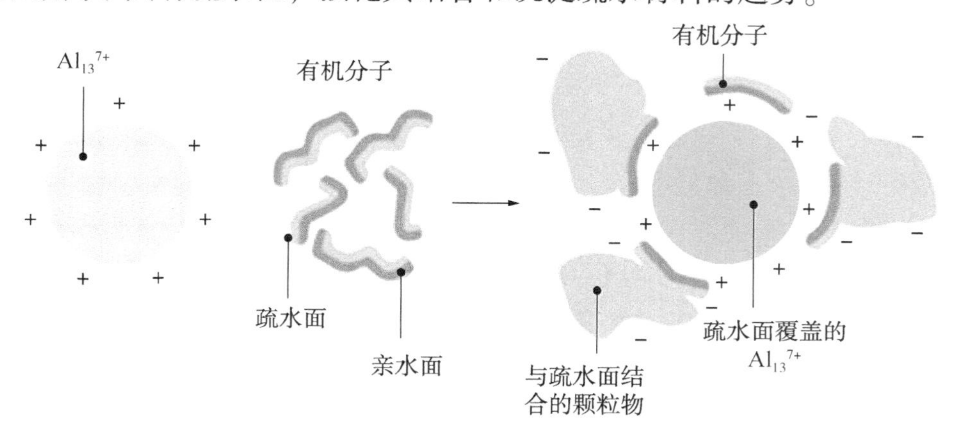

图4.3　不带电的有机分子与聚铝离子结合作用示意图

在减少悬浮固体的静电排斥方面，三价阳离子的效果超过单价阳离子700倍以上。这类混凝剂中最简单的是铁盐(氯化铁)和铝盐(氯化铝)。加入混凝剂，通过压缩双电层、减少电荷之间排斥，范德华吸引力使颗粒结合在一起。聚合物电解质对混凝和絮凝有效，但主要在于絮凝作用。聚合物药剂包括合成聚合物、天然化合物、衍生的天然化合物，作为混凝剂使用时比简单的盐贵，但与其他离子更相容，具有更宽的pH值作用范围。第三类混凝剂是预水解铝盐，种类多，但通常称为聚合氯化铝(PACl)。使用时，pH值相对稳定。PACl是有效的絮凝剂，当采用氢氧化物、硫酸盐和氯化铝的最佳比例配方时，可加快形成阳离子氢氧化铝链。与简单的金属盐相比，聚合氯化铝成本高。

羧酸官能团可由带电荷的铝水解产物中和，导致溶解度降低，易于后续的去除。另外，羧酸官能团可与Al^{3+}形成络合物，有机化合物和颗粒物也会相互作用，水相污染物浓度降低。处理环烷酸溶液时，投加铝盐250mg/L和聚合物絮凝剂5mg/L，通过氢氧化物沉淀的吸附电中和作用，颗粒脱稳，形成密实絮体，显著降低了环烷酸($C_nH_{2n}\cdot ZO_2$)和氧化环烷酸($C_nH_{2n}\cdot ZO_3$)的浓度，去除率分别为37%和86%。快速搅拌反应(120r/min)时TOC和浊度去除效果最佳；对于慢速搅拌，混合时间不少于30min时，所有反应时间的TOC去除效果相同。这可能由于延长混合对絮体的破坏作用，影响了絮体与氢氧化物沉淀的结合。硫酸铝和硫酸铁的去除效率相同，但在混凝剂浓度较高时，加入铁盐处理后的水为微红色，导致出水色度高。

4.3.2 案例分析

配置500mg/L的腐殖酸(HA)模拟溶液[COD为(795±10)mg/L]进行混凝试验。结果表明，$Al_2(SO_4)_3$和$Fe_2(SO_4)_3$的最佳投加量分别为0.4mmol/L和0.2mmol/L，相应的pH值分别为4.2和2.3，COD的去除率为92%~94%，进一步增加混凝剂的投加量，几乎可全部去除。$FeCl_3$混凝剂的最佳适用pH值为4.0，$Al_2(SO_4)_3$为pH>5。硫酸铝混凝腐殖酸应是非晶体氢氧化沉淀絮体吸附的结果(卷扫絮凝)，最低pH值为5.5左右，$Al_2(SO_4)_3$会形成$Al(OH)_3$沉淀。pH≈6，$Fe(OH)_3$处于等电点，从$Fe_2(SO_4)_3$溶液中沉淀出来。腐殖酸含羧基和羟基(酚)，pH值分别为4.1±0.2和8.95±0.15，离子化程度取决于溶液的pH值并影响泳动电位SP。随着混凝剂投加量的增加和pH值降低，SP从大约-1270mV的初始值降低到-100mV左右或更低。由于Fe^{3+}的水解产物与腐殖酸的反应能力更强，地表水中形成有机配体的增加顺序为$Ca^{2+}<Al^{3+}<Fe^{3+}$，铁混凝剂比铝混凝剂效率稍高一些。HA溶液pH值的降低可显著减少混凝剂的

投加量(甚至为8倍)，同时保持很高的腐殖酸混凝去除率(94%)，这是由于HA的质子化或溶解度降低。

对于废水中的高分子聚丙烯酰胺(HPAM)，最适用和最有效的处理方法是絮凝，常用的无机混凝剂为聚铝(PAC)，有机混凝剂为阳离子聚丙烯酰胺(CPAM)。采用PAC作为无机絮凝剂，在药剂量相同的情况下，絮凝的效果随着温度的上升而得到改进。在37℃和40℃下，絮凝效果明显好于30℃和33℃。絮体形成快，处理成本低，但絮体多、小、松散且不稳定。采用CPAM作为有机絮凝剂，在相同的加药量下，絮凝的效果随着温度的增加而降低。与PAC相比，絮体少且稳定。但是，处理效果差，成本高。当温度和加药量相同时，PAC和CPAM的絮凝效果随着残余HPAM含量增加显著降低。在37℃下，废水中HPAM残余量从100mg/L增加到600mg/L，采用600mg/L的PAC加药量处理，透过率从96.4%降低到70%，采用150mg/L的CPAM时，从87.3%降低到50.0%。商业药剂PAX和PIX可去除95%的HPAM，最低有效剂量为200mg/L，污泥产量为378~578mg/L，溶液中TOC约为10mg/L。

选择不同的三价盐[$FeCl_3$和$Al_2(SO_4)_3 \cdot 18H_2O$]作为混凝剂，两种聚合物作为絮凝剂，处理浮顶罐废水。硫酸铝去除污染物的能力更强，在6.5的最佳pH值下，加入180mg/L的$Al_2(SO_4)_3 \cdot 18H_2O$，COD、油和色度的去除率分别达到了87%、95%和97%。

采用混凝/絮凝/沉淀(CFS)修复石油砂工艺废水。铝盐、阳离子聚合物(二甲基二烯丙基氯化铵)作为混凝剂和助凝剂，优化工艺提高环烷酸和浊度的去除效率。铝盐的投加量为250mg/L时，浊度、环烷酸和氧化环烷酸的去除率分别为96%、10%~37%和64~86%。通过吸附在氢氧化物表面，实现电荷中和，颗粒物脱稳。对絮体表面官能团进行了分析，确认去除了环烷酸。

油砂采出水中的TDS和DOM浓度很高。在利用蒸汽的SAGD(蒸汽辅助重力排油)过程中，这一浓度增加高达5倍。蒸汽发生器内DOM更稳定，包括大量具有羧基和酚基的极性化合物。BBD(锅炉排污水)水样与多数SAGD采出水非常相似，相应的pH值、DOM、HoA(疏水性有机酸)组分、硅、TDS高。表4.3为3个BBD采出水处理厂的进水水质。采用商业PAC(聚合氯化铝)和铝盐进行了BBD采出水混凝试验，PAC对有机物的去除率高于铝盐。当有机物去除率最大时(高混凝剂投加量和低pH值)，对于3种BBD采出水样品，PAC和铝盐的效果基本上相同，比仅酸化时略好一些。厂3进水的pH值略高，TOC去除率约为70%，高于厂1和厂2(约40%)；高含盐量也可能使得PAC和铝盐的混凝效率提高。此外，溶解物组成的差异也可能造成TOC的去除率不同，混凝对厂 3 进水的 HoA 去除率高于其他 2 个样品。pH 值是混凝过程中的重要参数，影响有机物沉淀与去除效率。pH 值越低，混凝剂的正电荷越大。当 pH 值较高时，DOC 或 HoA 去除率低，当酸化到 pH 值为 8 时，投加量较低，混凝效果显著改善。

表 4.3　室温下检测的 BBD 进水水质

水质项目	厂 1	厂 2	厂 3
电导率，mS/cm	15.4	32.0	58.8
pH 值	11.9	11.6	12.2
浊度，NTU	53	51	0.2
TDS(105)℃，mg/L	14900	19000	36200
色度，CU	28800	63900	18500
S_{UVA}，L/(mg · mol)	2.38	4.15	3.30
TOC，mg/L	2890	5060	2480
DOC，mg/L	2524	4940	2330
HoA，mg/L	940	1000	1250
SDI	6.62	6.64	3.88
TSS，mg/L	2.0	2.2	16
碱度，mg/L$CaCO_3$	3230	95500	3635
钙，mg/L	490	<1.0	<1.0
总铁，mg/L	11.4	4.92	0.71
镁，mg/L	212	<0.25	<0.25
总硅，mg/L	331	402	439
钠，mg/L	2980	3200	35300

某油田排入地中海盆地的采出水(PW)化学需氧量(COD 375mg/L)和总有机碳(TOC 93.83mg/L)高，通过红外分析确认其中存在高浓度的多环芳烃(PAH)，总浓度约为 3.243mg/L。在 pH=2 的强酸性介质中通过浮选处理，加入中性聚结剂(Tween 80)0.5%，约 20min 内去除效率达 93.67%，且不产生污泥。强碱性(pH=11)条件下，总 PAH 的去除率最大(94.01%)，产生大量含有机和无机污染物的沉淀物和污泥。

4.4 化学沉淀与沉降分离

4.4.1 化学沉淀

化学沉淀将溶解性物质转化为非溶解形态颗粒物，通过沉降、气浮、介质过滤等分离，必要时增加微滤(MF)或超滤(UF)操作。化学沉淀用于废水处理的不同阶段，如直接在源头使用，可非常有效地去除重金属，避免稀释后无法检出；可用于去除磷酸盐、硫酸盐和氟化物，如在生物处理后去除磷酸盐。常用的化学药剂包括石灰(用于除去重金属)、白云石(用于除去重金属)、氢氧化钠(用于除去重金属)、苏打(用于除去重金属)、钙盐(不包括石灰，用于除去硫酸盐和氟化物)、硫化钠(用于除去汞)、聚合有机硫化物(用于除去汞)。

石灰沉淀可避免废水含盐量增加，改善污泥沉降性能，缩短污泥脱水时间，降低运行成本，但储存与使用环境条件差。与石灰相比，硫化钠产生的污泥量少(约为30%)，药剂用量少(约为40%)，出水的金属浓度低，不需要预处理或后处理，去除悬浮和溶解固体的效率高。

液/固分离效率通常受多种因素影响，如pH值、混合程度、温度、沉淀时间等。对于重金属、磷酸盐、氟化物，采用硫化物时的pH值范围为9~12，酸性条件会产生硫化氢。若形成络合物，也会影响重金属的沉降，如铜、镍。沉淀物必须作为污泥处理。

炼厂废水处理厂絮凝池沉淀处理硫化物，加入铁盐(沉淀剂)和$Ca(OH)_2$、$CaCO_3$(助剂)，硫化物和COD的去除率分别为62%~95%和45%~75%。高pH值下Fe^{2+}沉淀硫化物更经济，接近中性时Fe^{3+}去除效果更好。

4.4.2 沉降/澄清

沉降或澄清，即通过重力分离悬浮颗粒。沉淀固体从底部以泥的形式去除，上浮物质通过水面刮渣撇除。如果颗粒太小、密度与水接近或者形成胶体，需加入特殊的化学药剂使固体沉淀，如硫酸铝、硫酸铁、氯化铁、石灰、聚合氯化铝、聚合硫酸铝、阳离子无机聚合物等，使胶体或小的悬浮颗粒脱稳(如废水中的黏土、硅、铁、重金属、有机固体、油)。絮凝需要增加混合池，采用格板或慢速混合器，形成水力混合，絮体部分回流可改善絮体结构，优化絮凝效果。

沉降停留时间长，挥发性物质会释放出来，需要覆盖沉淀池，或者至少覆盖混凝或絮凝装置，并将废气引入处理系统。也可能需要设置适当的安全系统，如氮气系统，防止爆炸。

在石灰软化过程中，天然有机物(NOM)的去除与镁的去除明显相关。循环固体/污泥中氢氧化镁吸附 NOM，强化了共沉淀作用，这也是软化过程协同去除 NOM 的主要机理。还有一种可能，循环固体作为成核点，促进氢氧化镁形成胶体。胶体颗粒的比表面积大，对溶解性有机碳(DOC)的吸附更强。根据去除 TOC 的要求，可依次采取软化污泥循环、投加含镁量高的石灰、投加氯化镁和阳离子聚丙烯酰胺(CPAM)。

Actiflo®是一种高负荷化学和物理澄清工艺，依托一种载体颗粒(细砂)形成悬浮固体，然后在斜板中沉降，如图 4.4 所示。对于多雨区域的水处理来说，这是一种成熟的技术，但也用于一级处理和三级处理。首先，水流进入混凝池，与混凝剂快速混合，悬浮固体脱稳，然后溢流到细砂投加池。细砂作为“种子”促成絮体，增大与悬浮固体结合的比表面积。固体可以更快地沉淀出来，与常规澄清相比，占地面积小。

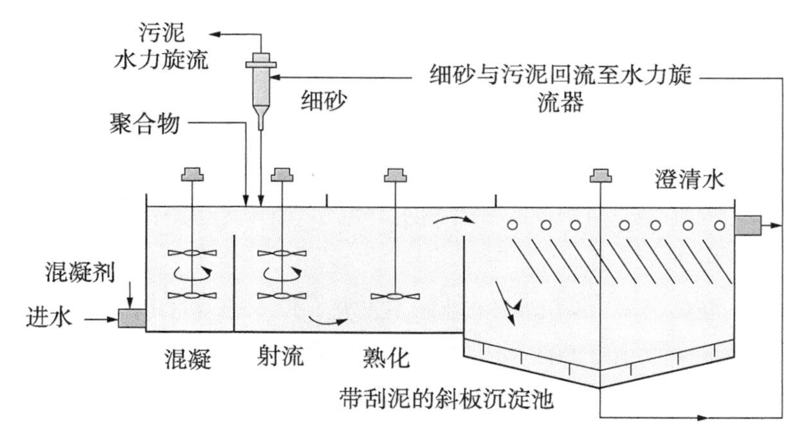

图 4.4　Actiflo®高负荷澄清池和浓缩器工艺流程图

DensaDeg®工艺也是一种高负荷化学和物理澄清工艺，结合了污泥载体澄清和斜板沉淀两种成熟工艺，如图 4.5 所示。投加混凝剂，使悬浮颗粒脱稳，在混凝池进行快速混合，然后溢流进入絮凝反应器池，加入污泥和聚合物。提升管和混合器充分混合废水、回流污泥及加入的化学药剂。污泥作为形成絮体的种子，提供较大的表面积，与悬浮固体结合，可更快地沉淀，占地比常规澄清池小。

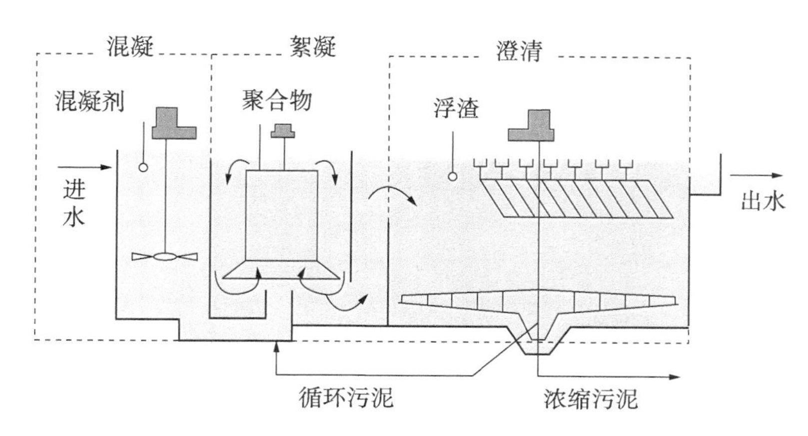

图 4.5　DensaDeg®工艺流程

采用磁粉和聚合物进行澄清处理。聚合物将悬浮固体附着在磁粉上，形成密实的磁粉絮体，快速沉淀，通过重力和磁力分离水与磁粉絮体，原位净化和回收磁粉。

4.5　浮选技术

4.5.1　浮选原理

水中通入溶解气，悬浮颗粒物和油滴附着在气泡上，上升到水面，形成泡沫，一般通过刮渣去除。溶解气可以是空气、氮气或其他惰性气体。溶气气浮也可用来去除挥发性有机物、油和脂。基于产生气泡的方式和气泡尺度，浮选技术可分为溶气气浮(DAF)和诱导气浮(IGF)。如图 4.6 所示，在 DAF 装置中，气体(通常是空气)通过溶气系统进入浮选腔，在腔的内部通过形成真空或快速的压降，气体释放出来。图 4.7 为 IGF 示意图。IGF 技术采用机械剪切或桨板形成气泡，由浮选腔的底部进水。浮选工艺的效率取决于液体和污染物的密度差，也受油珠尺度和温度的影响。混凝可作为浮选的预处理。溶气浮选可去除 25μm 的颗粒物，如果有混凝预处理，也可去除尺度为 3～5μm 的污染物。混凝剂，如铝盐和铁盐、活性硅和各种有机聚合物，通常用于浮选，除了混凝和絮凝作用，也会形成一种表面结构，吸附或捕捉气泡。在水中加入表面活性剂后，可将最低饱和压力从 3atm 降低到 2atm。

工艺应用方面，常用的有以下几种方式：(1)絮凝—浮选(FF)，包括紊流式“絮凝器”和固/液、固/液/液或液/液分离装置。由于高分子聚合物、气泡、高剪切力、大水头损失的作用，絮凝反应器(之字形或静态混合器)中形成较轻的絮体，而 100μm 级气泡起到晶核作用，迅速包覆在絮体内，减少了聚合体的密度，上升速度(超过 130m/h)比单纯的气泡(30~40m/h)高很多。(2)大罐浮选，用于现有设施的改造，在水平容器的隔墙上部分开孔，复杂的流线几乎可以完全避免短流。(3)立式罐多腔浮选(2 腔和 4 腔)，停留时间 60~90min，可代替过去的 IGF。

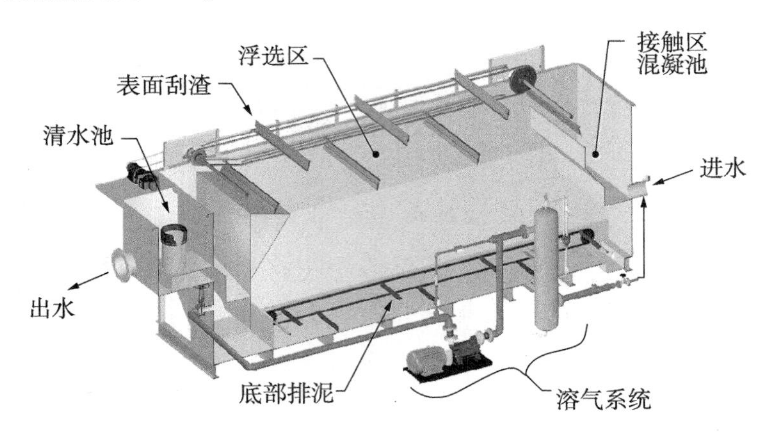

图 4.6　溶气气浮(DAF)示意图

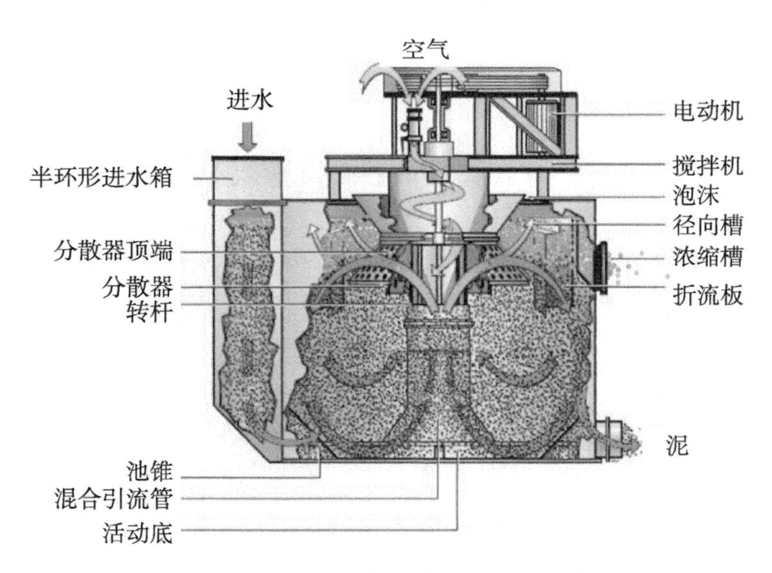

图 4.7　WEMO 诱导浮选(IGF)示意图

采用 DAF 时，水力负荷通常为 96.8L/m^2(不包括循环流量)。水力停留时间是更重要的工艺参数。固体负荷高时，也不一定要增加气量来保持气固比，可以考虑增加停留时间。增加回流比，除油率降低，这是因为降低了停留时间，也减少了气泡和油珠之间的接触时间。

4.5.2　改进浮选

紧凑浮选是常用的去除油和气的一种方法，如图4.8所示。这种技术结合了水力旋流器和气浮的特点，使用的气体为氮气。在这一过程中，微小的油滴聚结，有利于从水中分离。分离过程通过腔内的折板实现，释放水中的残余气体，形成附加的气浮作用。通过位于容器顶部的出口管道，连续分离去除油和气。采用单级紧凑浮选分离，可将油含量降低到20mg/L。2个紧凑浮选装置串联，可将水中含油量降低到10mg/L以下。这种技术的主要特点是设备占地小，处理水量大，如528gal(2.4m^3)容器处理水量为1570bbl/h(270m^3/h)。

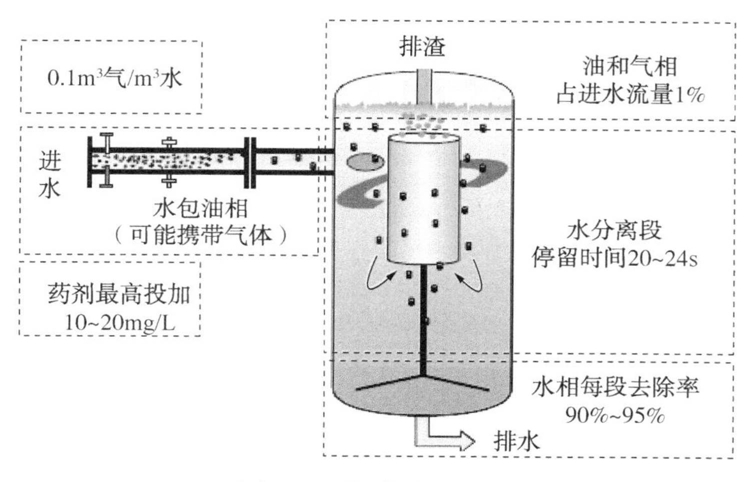

图4.8　紧凑浮选工艺

ERIEZ空化浮选系统由离心循环泵、浆体分布汇管和一系列鼓泡器组成，产生空化和形成微气泡。图4.9为ERIEZ空化管浮选系统示意图。运行时，从反应器中抽出部分底流，通过循环泵输入汇管，在空化管之间等量分布。在空化管的进口加入空气，增加浮选溶气。两相混合物通过空化管鼓泡器注入反应器的底部，空气释放为微气泡。专门设计的空化管是水动力学曝气系统的集成组件，可形成超细空气气泡。微气泡由液流携带到高压区域。微气泡附着在疏水颗粒上，起到二次“聚结器”的作用，提高气泡—颗粒附着率，改善浮选效果。在采出水

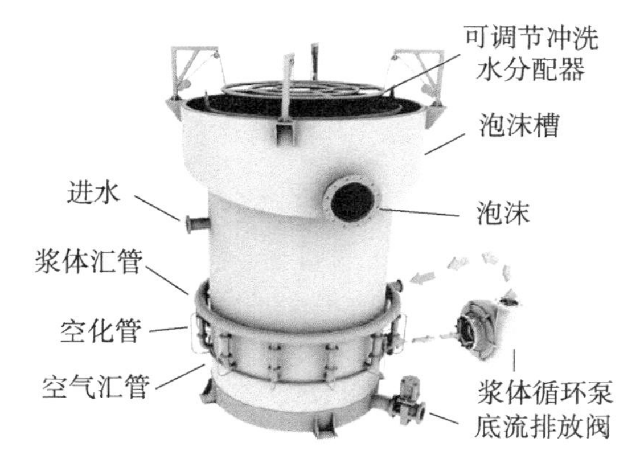

图4.9　ERIEZ空化管浮选系统

稀释油砂尾矿的先导试验中，采用 ERIEZ 空化管将空气引入浆体，水力停留时间为 3min，可回收油砂尾矿中的大部分沥青(96%)。

20 世纪 60 年代后期，在浮选和快滤池串联预处理成熟技术的基础上，开发了一种滤池内的 DAF 工艺，称为溶气浮选过滤工艺(DAFF)。浮选直接在滤池上进行，减少了占地面积。有效水深为 2.5m，通过进水堰墙的导流作用，将气浮滤池水区分成相对独立的两个区域，即 0.8～1.0m 水深的气浮区和 1.2～1.5m 水深的过滤区。20 世纪 60 年代至 80 年代 DAFF 开始用于给水处理，20 世纪 90 年代以来，国外开始大规模应用。在国内给水处理和污水处理工程中，DAFF 均有成功的应用案例。

4.6 机械过滤

常用的过滤器类型包括：颗粒介质过滤器，用于过滤低含量固体；旋转真空过滤器，非常适于涂膜过滤，用于含油污泥脱水和污油破乳；袋式过滤器，主要用于污泥脱水，也用于液固分离；压滤机，通常用于污泥脱水，也用于液固分离，适于固体含量高的污泥。机械过滤，用于沉降之后分离絮体、重金属氢氧化物、活性污泥及污泥和浮渣脱水。采用转鼓过滤器，投加聚合物，可回收游离油。颗粒过滤器(如砂过滤器)的反洗物可回流到工艺的前端，如沉淀池或活性污泥池。其他过滤器的截留物可回收，或作为废物排放，或进一步处理。过滤可采用各种不同类型的介质，如核桃壳、砂、无烟煤和其他材料。过滤广泛用于含油废水的处理，特别是去除油和脂的核桃壳过滤器。但由于前端浮选技术的应用，重力分离已经达到了很高的水平，具有“保安过滤器”作用的核桃壳过滤已经不是工艺流程的必要组成部分，两级介质过滤有时显得“冗余”。

微介质过滤器是一种可反洗过滤器，采用长寿命介质，包括粗介质(除油通常使用核桃壳)和下层专有的非常密实的惰性材料微滤料(即非常小的颗粒)。水先通过粗介质，去除大量的小粒径颗粒物，微介质起到“精细”处理的作用，达到亚微米的尺度。2012 年，在美国加利福尼亚州 8 个重油生产现场，进行了采出水过滤验证，微介质过滤器的颗粒物去除率达 99.8%，常规过滤器只有 75%。微介质过滤器性能接近膜过滤器。

4.7 化学氧化

化学氧化是通过化学氧化剂将污染物转化为危害程度低的化合物，或者转化为短链、易于生物降解的有机物。常用的化学氧化剂包括氯、次氯酸钠或次氯酸钙、二氧化氯、臭氧(有/无紫外照射)、双氧水/紫外照射、双氧水/铁盐(芬顿试剂)。处理含有难降解有机物的废水时，化学氧化主要是将这些化合物转化为更容易降解或危害小的化合物，实际的效果不仅是氧化工艺对污染物的去除效率，而是与后续处理工艺结合达到的污染物整体去除率。

化学氧化用于处理含有不易降解或不可生物降解的污染物的废水(如无机化合物)，其中的污染物会影响下游的生物或物理化学处理，不能排入常规污水系统，如油与脂、酚类、多环芳烃(PAH)、有机卤化物、染料、杀虫剂、氰化物、硫化物、亚硫酸盐、重金属络合物等。在特定条件下，可采用氯或次氯酸钠去除有机污染物，甚至卤化有机物。例如，SOLOX®工艺去除(提高压力和温度)表氯醇生产废水的COD/TOC和AOX。但是，由于产生有机卤化物的风险，必须慎重选用氯和次氯酸盐。表4.4为原位化学氧化使用的氧化剂的形态、稳定性、发展阶段和氧化电位。

表4.4　原位化学氧化使用的氧化剂的形态、稳定性、发展阶段和氧化电位

序号	氧化剂及其形态	反应性物质	持久性	反应	电极电位(Eh)，V	发展阶段
1	高锰酸盐(粉末/液体)	MnO_4^-	>3个月	$MnO_4^- + 4H^+ + 3e^- \longrightarrow MnO_2 + 2H_2O$	1.7V	开发
2	芬顿(液体)	$\cdot OH$，$\cdot O_2^-$，$\cdot HO_2$，HO_2^-	几分钟到几小时	$H_2O_2 + 2H^+ + 2e^- \longrightarrow 2H_2O$	1.8	实验/新兴
				$2 \cdot OH + 2H^+ + 2e^- \longrightarrow 2H_2O$	2.8	
				$\cdot HO_2 + 2H^+ + 2e^- \longrightarrow 2H_2O$	1.7	
				$\cdot O_2^- + 4H^+ + 3e^- \longrightarrow 2H_2O^-$	2.4	
				$HO_2^- + H_2O + 2e^- \longrightarrow 3OH^-$	-0.88	
3	臭氧(气体)	O_3，$\cdot OH$	几分钟到几小时	$O_3 + 2H^+ + 2e^- \longrightarrow O_2 + H_2O$	2.1	实验/新兴
				$2O_3 + 3H_2O_2 \longrightarrow 4O_2 + 2 \cdot OH + 2H_2O$	2.8	
4	过硫酸盐(粉末/液体)	$\cdot SO_4^{2-}$	几小时到几周	$S_2O_8^{2-} + 2e^- \longrightarrow 2SO_4^{2-}$	2.1	实验/新兴
				$\cdot SO_4^- + e^- \longrightarrow SO_4^{2-}$	2.6	

高级氧化(AOP)采用不同的反应剂体系，包括光化学降解工艺(UV/O_3、UV/H_2O_2)、光催化(TiO_2/UV、光芬顿)和化学氧化工艺(O_3、O_3/H_2O_2、H_2O_2/Fe^{2+}、H_2O_2/Fe^{3+})，但AOP都产生羟基自由基($\cdot OH^-$)，反应性非常强，没有选择性。常用高级氧化技术的羟自由基形成机理的简要总结和对比见表4.5。

表 4.5　常用高级氧化技术的羟自由基形成机理

工艺	反应机理	运行条件和要求	说明	局限
臭氧氧化	$HO^- + O_3 \longrightarrow O_2 + HO_2^- \longleftrightarrow H_2O_2$ $HO_2^- + O_3 \longrightarrow HO_2 \cdot + O_3^- \cdot$ $HO_2 \cdot \longleftrightarrow H^+ + O_2^- \cdot$ $O_2^- \cdot + O_3 \longrightarrow O_2 + O_3^- \cdot$ $O_3^- \cdot + H^+ \longrightarrow HO_3 \cdot$ $HO_3 \cdot \longrightarrow HO \cdot + O_2$ $HO \cdot + O_3 \rightarrow HO_2 \cdot + O_2$	需高 pH 值条件（碱性溶液）；需要加入臭氧和分配的专门的解释器；环境温度和压力	反应基于碱性水溶液中的臭氧的化学性质。在臭氧氧化过程中，也产生 H_2O_2，在处理过程起作用。加入 H_2O_2 也可强化 O_3 分解，形成 OH·	反应程度受到臭氧在碱性溶液中寿命短的限制。当臭氧氧化的活性物质是共轭碱性 HO_2^- 时，pH 值的影响明显，后者严格取决于 pH 值
芬顿和光芬顿	芬顿： $Fe^{2+} + H_2O_2 \longrightarrow Fe^{3+} + OH^- + OH \cdot$ $OH \cdot + H_2O_2 \longrightarrow HO_2 \cdot + H_2O$ $Fe^{3+} + HO_2 \cdot \longrightarrow Fe^{2+} + O_2 + H^+$	芬顿工艺：低 pH 值(2.7~2.8)	芬顿工艺：废水中的铁离子非常多，双氧水易于处置、环境安全	需要严格的 pH 值控制，会产生污泥，存在处置的问题。 由于 H_2O_2 与 Fe^{3+} 的吸收的 UV 范围相同，可能与芳族污染物的羟基衍生物竞争
	光芬顿： $Fe(OH)^{2+} + h\upsilon \longrightarrow Fe^{2+} + OH \cdot$	光芬顿工艺：低 pH 值、UV、可见光波长大于 300nm	光芬顿工艺：Fe^{3+} 络合物光解，可再生 Fe^{2+}。量子量低，0.14(313nm 和 0.017(360nm)	
	UV/Fe^{3+}-草酸盐/H_2O_2： $[Fe^3(C_2O_4)^3]^{3-} + h\upsilon \longrightarrow [Fe^2(C_2O_4)^2]^{2-} + C_2O_4^- \cdot$ $[Fe^3(C_2O_4)^3]^{3-} + C_2O_4^- \cdot \longrightarrow [Fe^2(C_2O_4)_2]^{2-} + C_2O_4^{2-} + 2CO_2$ $C_2O_4^- \cdot + O_2 \longrightarrow O_2^- \cdot + 2CO_2$	UV/Fe^{3+}-草酸盐/H_2O_2：UV-可见波长大于 200~400nm，且加入 H_2O_2	UV/Fe^{3+}-草酸盐/H_2O_2：可连续提供芬顿试剂源，所需能量只是典型光芬顿系统的20%左右。量子产率 1.0~1.2	
光解和化学氧化	Mn^{2+}/草酸/臭氧： $Mn(III)(AO^{2-})_n + O_3 + H^+ \longrightarrow$ $Mn(II) + (n-1)(AO^{2-}) +$ $2SO_2 + O_2 + OH \cdot$		通常用于强化臭氧产生 OH 自由基的分解	

续表

工艺	反应机理	运行条件和要求	说明	局限
光解和化学氧化	H_2O_2/UV $H_2O_2+h\upsilon \longrightarrow 2OH\cdot$	要产生 H_2O_2 的均匀分解，需要低于 280nm 的 UV 波长。需要碱性 pH 值	水分子可能将初始的量子产率降低到 0.5。反应受 pH 值影响，随着 pH 值增加，摩尔消光系数增加。这可能是由于 254nm 处 HO_2^- 的摩尔消光系数高，为 $240L\cdot mol^{-1}\cdot cm^{-1}$	254nm 处 H_2O_2 的摩尔消光系数低，为 $18.6L\cdot mol^{-1}\cdot cm^{-1}$，只有较少的光得到利用。可能与其他有机基质竞争，起到一种内部"过滤器"的作用，使 UV 光衰减
	O_3/UV $O_3+h\upsilon \longrightarrow O^1(D)+O_2$ $O^1(D)+H_2O \longrightarrow H_2O_2$ $H_2O_2+h\upsilon \longrightarrow 2OH\cdot$	需要 254nmUV 光；碱性 pH 值下运行效率高	254nm 处 O_3 的摩尔消光系数为 $3600L\cdot mol^{-1}\cdot cm^{-1}$，比 H_2O_2 高得多。由于反应过程中产生 H_2O_2，工艺综合了 H_2O_2/UV 和 O_3/UV 的化学特性	
光催化	TiO_2光催化 $TiO_2+h\upsilon \longrightarrow e^-+h^+$ $e^-_{CB} \longrightarrow e^-_{TR}$ $h^+_{VB} \longrightarrow h^+_{TR}$ $e^-_{TR}+h^+_{VB}(h^+_{TR}) \longrightarrow e^-_{CB}+$热 $(O_2)_{溶解}+e^- \longrightarrow O_2^-\cdot$ $OH^-+h^+ \longrightarrow OH\cdot$ $R-H+OH\cdot \longrightarrow R\cdot+H_2O$ $R+h^+ \rightarrow R^+\cdot \longrightarrow$中间产物/最终产物 $O_2^-\cdot+OH^- \longrightarrow HOO^-$ $HOO^-+e^- \longrightarrow HO_2^-$ $HOO^-+H^+ \longrightarrow H_2O_2$	UV 照射波长 < 385nm。连续照射、曝气搅拌悬浮催化剂、电子消除剂(浆体反应器)、只有电子消除剂(固定床反应器)。环境温度和压力。在 pH>PZC(半导体)时运行好	可用于回收废水中的一些贵金属。由于快速的电子空穴重新组合，造成量子效率低	处理效率通常受到催化剂颗粒和废水中污染物之间传质问题的限制。 废水处理后催化剂颗粒的后分离困难

AOP 可分为同相或异相，同相过程中没有固相催化剂，均相过程中 H_2O_2、溶解 O_3 等氧化剂在水相中产生羟基自由基，氧化溶解有机物。臭氧与羟基自由基降解不同有机物时的反应速率常数对比如表 4.6 所示。异相过程采用一种产生自由基的固体催化剂相或表面，典型的例子是通过 UV 在固体上产生空穴形成自由基。异相过程可进一步分为由外部能源驱动的过程和不依靠外部能源运行的过程。这类能源包括 UV、太阳能、电化学、超声(声解)、微波、热和伽马照射。AOP 已经作为处理水污染的多功能技术，一些案例报告了 AOP 可完全矿物化水中的生物异源物有机污染物。但很多研究只是报告了 AOP 的效率，没有确定中间产物或溶液中的最终产物。需要特别注意的是，最终产物可能含有 AOP 难以处理的毒性更强的有机物。多相固体催化剂，如用铁和铜氧化物浸渍的活性炭、树脂的 Fe(Ⅱ)或 Fe(Ⅲ)、铁涂层沸石颗粒、硅酸盐固定铁等，其中的 Fe(Ⅲ)“固定”在催化剂内部空间内，会存在有限的铁离子渗出，经 H_2O_2 作用产生羟基自由基，防止产生氢氧化铁沉淀，反应之后催化剂很容易恢复，可作为各种 pH 值范围下类芬顿反应的中间体。但这些催化剂，特别是 Fe(Ⅲ)，需要紫外照射加快 Fe(Ⅲ)还原为 Fe(Ⅱ)。新的催化剂采用纳米尺度颗粒，比表面积大，可加快类芬顿反应，不需要紫外照射。

表 4.6 臭氧与羟基自由基的反应速率常数 单位：$(mol \cdot s)^{-1}$

化合物	O_3	OH^-	化合物	O_3	$\cdot OH^-$
氯烯烃	$10^3 \sim 10^4$	$10^9 \sim 10^{11}$	芳烃	$1 \sim 10^2$	$10^8 \sim 10^{10}$
酚	10^3	$10^9 \sim 10^{10}$	酮	1	$10^9 \sim 10^{10}$
氮和含氮有机物	$10 \sim 10^2$	$10^8 \sim 10^{10}$	醇	$10^{-2} \sim 1$	$10^8 \sim 10^9$

过硫酸盐是最新形态的氧化剂，在非催化条件下，氧化性最强，氧化电极电位为 2.6V，接近臭氧+双氧水和芬顿催化氧化的 2.8V。与 H_2O_2、O_3 和自由基中间产物相比，过硫酸盐更为稳定，$\cdot SO_4^-$ 比 $\cdot OH^-$ 更稳定。用 0.0357mg/L 的过硫酸盐氧化 PAH(<200mg/L，17 种 EPA PAH，过硫酸盐/有机物为12g/g，温度 70℃)，反应时间 3h，16 种 PAH 整体降低 0~80%，其中 2 环和 3 环 PAH 为 0~85%，4 环、5 环和 6 环为 0~75%。一些污染物并非完全易于氧化的化学物质，需要在还原转化之后与 AOP 相结合进行降解。表 4.7 总结了不同污染物氧化转化的适用性。

表 4.7　各种污染物氧化转化的适用性

污染物	氧化剂																			
	MnO_4^-				芬顿(H_2O_2/Fe)					$S_2O_8^{2-}$(1)	·SO_4^-(活化过硫酸盐)①			臭氧				臭氧/H_2O_2(双氧水)②		
	评级来源																			
	a	b	c	d	a	b	c	d	e	a	a	b	c③	a	b	c	d	a	b	e
石油烃	G④				E④					G/E④	E④			E④						
BTEX		E④	E④	E		E	E④	E	E			E	E④		E	G④	E		E	E
苯	P④	G④	P④		E④		E④		E	G④	G/E④		E④	E④	G④					E
酚	G	E	E		E	E	E	E	E	P/G	G/E	E	E		E	E	E	E	E	E
多环芳烃(PAH)	G	E	E	E	E	G	G	E	E	G	E	G	G/E	E	G	E	E		G	E
甲基叔丁醚(MTBE)	G				G	E			E	P/G	E	E		G	E				E	E
叔丁基乙醇						E			G			E			E				E	G
氯乙烯	E	E	E	E	E	E	E	E	E	G	E	E	E	E	E		E		E	E
三氯化碳	P	P	P		P/G	G	P		P	P	P/G		P/E	P/G	P				G	P
氯仿		P	P			P	P		P				G/E		P				P	P
甲基氯			P			G	G		P				G/E		G				G	P
氯乙烯⑤		P		P	G/E			P	P	P	G/E			G			P			P
三氯乙烷⑤ 二氯二苯三氯乙烷		P	P			E	P		P				P/E		P				E	P
二氯乙烷⑤			P			G	G		P				G/E		G				G	P
氯苯			P			E	E		E			E	E		E				E	E
多氯联苯(PCB)	P	P	P	P	P	G	P	P	E	P	P	P	P/E		P	E	P	G	G	E
炸药(RDX, HMX)	E				E					G	E			E						
炸药		E	E			E	G					G	G/E		E	E			E	
杀虫剂		G	G			P	P		G/E⑥			G	G/E		P	E			P	G/E⑥
1,4-二氧己烷						E			E			E							E	E

注：对于可行性评级，不同的来源采用了不同的术语，总的来说，使用三种等级排序，用 P、G、E 代表。

a：P—差，G—好，E—非常好。

b：P—很难，G—难，E—可行。

c：P—很难，没有/低反应性；G—难，中等反应性；E—可行，高反应性。

d：P—难以处理，E—容易。

①进行了过硫酸盐/硫酸根自由基与 66 种有机化合物和同分异构体反应性的研究。

②臭氧和双氧水之间的反应产生·OH。因此，来源 E 对芬顿与 O_3/H_2O_2 采用相同的排序。

③来源 C 将 Fe–催化和加热—催化过硫酸盐分别排序，较低的排序用于 Fe–激活，较高的排序用于热—激活过硫酸盐。

④苯与 TEX 或石油烃分别排序，因此，BTEX 石油烃的排序没有包括苯。

⑤一些来源将 TCA 和 DCA 分别排序。其他来源将氯乙烷作为一类无机物。

⑥详细总结了杀虫剂与·OH 的二级反应速率常数。

⑦目前的试验结果表明，高锰酸盐、芬顿试剂、过硫酸盐可有效氧化 1，4–二氧己烷。

基于污染物与·OH 的二级反速率常数：非常好[$>10^9$L/(mol·s)]、好[10^8~10^9L/(mol·s)]、差[$<10^8$L/(mol·s)]。

4.8 还原/水解

化学还原常用于处理含不易去除或有害污染物的废水。通过化学还原将污染物转化为类似的但危害轻或无害的物质。常用的化学还原剂有二氧化硫、硫化钠/金属硫化物、硫酸铁、硫化钠和硫氢化钠、尿素或硫胺酸(低 pH 值)。在适当的 pH 值和浓度下，与废物接触进行还原反应。化学还原通常产生下游设施更易于处理的产物，如化学沉淀。目标污染物为无机化合物，对有机化合物无效。例如，将六价铬还原为三价铬，将氯或次氯酸盐还原为氯，将双氧水还原为水和氧，或采用尿素或磺胺酸在低 pH 值下还原亚硝酸盐。

化学水解通常是有机和无机组分与水反应，形成短链、分子量较小、易于生物降解的化合物。化学水解产物一般需要进入下游处理，如废水处理厂的集中生物处理单元。一般来说，化学水解在环境压力和温度下进行。有时需要高压加热，保证温度超过 100℃，压力达到 0.5～1.0MPa。化学水解用于处理不易生物降解或影响下游生物处理的废水，包括含有机卤化物、杀虫剂、有机氰化物、有机硫化物、有机磷酸盐、氨基甲酸盐、酯、酰胺等的废水。水解反应受污染物化学结构、pH 值、温度的影响很大，提高温度可加快反应速度，pH 值较低或较高时也能够提高反应速度，如在碱性条件下，磷酸酯、有机氯首先水解。此外，催化剂也可提高反应速度。

4.9 微滤/超滤

微滤和超滤是依靠跨膜压差分离液体的膜工艺，透过膜的形成透过液，没有通过的称为浓液。二者都是特殊的精细过滤，作为下游严格限制进水固体含量设施的预处理工艺(如反渗透)，需要根据颗粒尺度选择微滤或超滤工艺。微滤和超滤使用的膜为“开孔”膜，溶剂和分子尺度的颗粒物可通过，悬浮颗粒、胶体颗粒、病毒甚至大分子被截留下来。材料为合成聚合物或陶瓷，结构为卷式、中空纤维管式。其中聚氯乙烯膜的优点是可用强酸、苛性钠、漂白剂清洗。微滤的孔径为 0.1～1μm，运行压力 0.02～0.5MPa，去除尺度>100nm，透过流量 50～100L/(cm^2·h)，错流流速 2～6m/s；超滤的相应数据依次为孔径 0.001～1μm，运行压力 0.2～0.1MPa，去除尺度 10～100nm，透过流量<50～100mL/(cm^2·h)，错流流速 1～6m/s。滤膜过滤分离效率高，使用灵活的模块化系统。缺点是容易化学损坏、堵塞和污染，运行压力高，没有任何机械

稳定性。膜处理产生的浓缩液约为进料的10%，浓度是进料的近10倍，需要进一步处置。膜工艺的透过水可再利用或循环使用，减少用水量和排放量。

在没有生物、化学、氧化过程参与的情况下，膜分离只是通过物理屏障截留废水中的有机物，不能去除低分子量溶解性组分。虽然出水油含量很低，但COD依然普遍较高。一个极端的例子是反渗透，根据海上平台的试验结果，供货商可以保证出水的油、悬浮物达到未检出的水平，TOC和COD却分别为20mg/L和71mg/L。这进一步说明，采出水中非石油烃有机组分占相当的比例，且分子量极小，不可能单纯通过物理分离去除。

采用超滤膜处理配制的油田注聚废水。实验显示，当运行通量低于临界通量时，只存在浓差极化现象，膜污染的阻力可以忽略。一旦运行通量超过临界通量，出现膜污染，阻力增加速率加快，过滤出水越来越少。根据临界通量变化平均速率的对比结果，对临界通量影响程度的顺序为HPAM浓度>油浓度>SS浓度，在油田聚合物驱废水中贡献的百分比分别为84.58%、14.36%和1.06%。SEM图像表明，在稳定的次临界通量下，没有任何膜污染形成。相反，在始终超过临界通量时，膜被膜表面的一层滤饼覆盖，颗粒和膜孔之间的相互作用造成孔隙变窄、限制和堵塞。

陶瓷膜耐化学药剂(有机溶剂、清洗剂等)，适合各种性质的进水。机械和热稳定性能高，可承受各种压力和温度，受微生物降解的影响小，长时间运行稳定性高。采用蒸汽灭菌，易清洗，采用定时高频次反向脉冲和反洗减少污染，可再利用、膜寿命长。陶瓷膜最主要的局限在于投资高，膜容易损坏，更换成本高，膜清洗和恢复费时。陶瓷膜与高分子膜对比如表4.8所示。对于含油废水，陶瓷膜的性能好于高分子膜。陶瓷膜渗透性比高分子膜高得多，膜阻力低得多。由于陶瓷膜的膜阻力小，相同量的产水所需的压力也相应较低。因此，处理同样的水量，需要的陶瓷膜少。虽然陶瓷膜投资成本高，但寿命长。

表4.8　陶瓷膜与高分子膜对比

膜种类	纯水渗透性 L/(m^2·h·Pa)	膜阻力 1/m	材料成本 美元/ft^2	材料成本 美元/单位产水
陶瓷膜	1.3±0.1	$2.2\times10^5 \pm 0.2\times10^5$	180	60
高分子膜	0.87±0.08	$2.3\times10^6 \pm 0.2\times10^6$	40	20

A&M进行了三年的广泛现场试验，评估脱盐预处理技术去除悬浮固体和烃的效果。微滤可有效去除悬浮固体，运行压力30~50psi，循环模式运行的效率为80%，平均电耗低于0.006美元/bbl。长期使用后螺旋卷式微滤过滤器会

受到污染，中孔纤维膜的污染可以接受，但通量非常低。可采用海绵球清洗中空纤维膜。在相同的条件下，陶瓷膜流量高出 5 倍多。两种过滤器出水的浊度均低于 2NTU。

4.10 纳滤/反渗透

纳滤(NF)和反渗透(RO)可去除所有颗粒物，小至有机分子的尺度甚至离子。如果进液不含颗粒物，膜主要用于完全回收透过液或浓缩液。纳滤膜孔径为 0.01～0.001μm，运行压力为 0.5～3.2MPa，去除尺度为 2nm（200～1000g/mol），透过液流量<100L/(m^2·h)，错流流速为 1～2m/s。反渗透膜孔径<0.001μm，运行压力为 2～100MPa，去除尺度<1000g/mol，透过液流量 10～35L/(m^2·h)，错流流速<2m/s。材料均为聚合物不对称膜或复合膜，膜结构为螺旋管状。NF 用于去除较大的有机分子和多价离子，可回收或再利用废水，或者在减少体积的同时浓缩污染物，使之能够适于后续去除工艺。RO 工艺分离水和溶解组分，用于需要高品质净化水的工况，分离出的水相可回收或再利用。RO 还用于脱盐、去除没有生物处理时的可降解组分、重金属等。

对于有机物，提高浓度可改善后续氧化工艺的条件。对于无机物，浓缩阶段可作为回收过程的组成部分。在两种情况下，膜工艺的透过液可再利用或循环使用，减少用水量和排放量。NF 的无机汞、有机汞、镉化合物去除率>90%。NF/RO 的分离效率高，模块系统使用灵活，可回收透过液和浓液，运行温度低，可全自动运行。缺点是堵塞和污染，运行压力高，透过通量低。

2008 年，国际脱盐学会发布报告(BAH03-156)对比了市政废水二级(COD 约 30mg/L，悬浮物低于 20mg/L)、三级(介质过滤后，悬浮物低于 10mg/L)出水对微滤(MF)/反渗透(RO)性能的影响。二级出水 MF 系统清洗间隔为 2～4 周，5 年内因不可逆转的污染必须更换 MF 膜，RO 清洗周期为 6～9 个月。采用三级出水时，RO 的清洗周期也延长到 1 年以上。微滤和超滤可有效降低生化出水颗粒有机物(pE_fOM)、大的胶体和细菌细胞，不能去除低分子量微量有机物；纳滤和反渗透的膜孔径更小，可有效去除大量的溶解性有机物(dE_fOM)中的低分子量化合物。在膜过滤工艺中，dE_fOM 的去除可通过多种机理实现，当有机物主要为易于吸附的疏水性或强氢键键合性物质时，去除主要通过吸附实现。美国膜工业协会(AMTA)推荐了 RO 进水主要控制指标的最大值：浊度 0.5NTU，TOC2mg/L，铁 0.1mg/L，锰 0.05mg/L，油和脂 0.1mg/L。同时指出系统的设计和运行参数对膜污染和结垢起重要作用，一些耐污染膜可承受更大的参数范围。如果RO膜每年清洗3~4次，膜元件寿命超过5年，产率和脱盐率在预计的范围内，则可以认为预处理充分。频繁的清洗可消除预处理差造成的影响，但是考虑到停产时间、药剂成本和膜过早老化(降解)等问题，从生命周期的角度来看并不合理。MF/UF作为独立的系统，本身要考虑膜污染，但不能解决RO的污染问题。一些预处理中使用的阳离子表面活性剂还可能与带负电荷的阻垢剂共沉淀，增加污染趋势。

由于严重的污染和明显的通量下降(>30%)，多数采出水透过试验的持续时间不超过3个月。结垢沉淀和有机物吸附是膜污染的主要原因。有机物质会牢固地黏附在RO膜表面，造成通量显著下降。其中的有机物包括脂肪酸(C_2—C_5)、酚、芳烃和脂肪族化合物。表面电荷、膜材料选择、表面形态等对有机物的吸附和后续的污染都起到关键作用。例如，多数聚酰胺膜带有很强的负电荷，强烈排斥离子污染物(如脂肪酸)。另外，表面光滑的亲水膜比疏水和粗糙的膜更耐污染。在采出水中，相当数量的溶解性有机物(>60%)平均分子量<50000，超过15%的小分子的分子量低于3500。纳滤是试验中唯一有效的工艺，可将RO膜的寿命延长到6个月以上。

为保持通量的稳定性并有效去除锅炉排污水(BBD)中的溶解有机物和盐，以原水pH值进行死端过滤纳滤(720Da MWCO)是最佳处理方案，处理效果如表4.9所示。可以60L/(m^2·h)(LMH)的高通量运行，回收率高达85%，同时保持高达80%的溶解有机碳(DOC)和45%的总溶解固体的去除率。相比而言，预混凝和预酸化都不能提高溶解有机物或盐的去除率，始终导致膜表面污染增加和通量下降。

表4.9　在线混凝pH值对DOC和电导率去除的影响

水样	BBD源	压力 bar	pH值	电导率 mS/cm	电导率去除,%	DOC mg/L	去除率 %
没有调整的BBD进水	1	10.3	11.9	13.5	—	2410	—
没有调整的BBD透过液			12.0	8.11	39.9	363	84.9
没有调整的BBD进水	2	14.8	11.6	33.7	—	5160	—
没有调整的BBD透过液		11.5	16.4	51.3	790	84.7	
没有调整的BBD进水	3	27.4	12.2	59.4	—	2490	—
没有调整的BBD透过液			12.2	38.1	35.8	243	90.2
BBD+1000mg/L PAC(85mg/L Al)：进水	1	11.4	11.6	13.1	—	2510	—
BBD+1000mg/L PAC(85mg/L Al)：进水	2	16.2	10.4	34.8	—	4960	—

续表

水　　样	BBD源	压力 bar	pH值	电导率 mS/cm	电导率去除,%	DOC mg/L	去除率 %
BBD+1000mg/L PAC(85mg/L Al)：透过液			11.6	6.87	47.6	375	85.1
BBD+1000mg/L PAC(85mg/L Al)：透过液			10.4	16.7	52.0	715	85.6
BBD+1000mg/L PAC(85mg/L Al)：进水	3	20.0	11.6	59.1	—	2350	—
BBD+1000mg/L PAC(85mg/L Al)：透过液			11.6	40.5	31.5	266	88.7
BBD(pH_0=8)：进水	1	17.9	8.0	13.8	—	2580	—
BBD(pH_0=8)：透过液			7.7	5.18	62.5	310	88.0
BBD(pH_0=8)：进水	2	21.7	8.0	35.2	—	4800	—
BBD(pH_0=8)：透过液			8.0	14.8	57.9	605	87.4
BBD(pH_0=8)：进水	3	41.4	8.0	59.4	—	2400	—
BBD(pH_0=8)：透过液			8.0	28.5	52.0	218	90.9
BBD(pH_0=4)：进水	1	24.1	4.0	15.1	—	1820	—
BBD(pH_0=4)：透过液			4.5	4.46	70.5	1000	45.0
BBD(pH_0=4)：进水	2	37.9	4.0	38.6	—	3270	—
BBD(pH_0=4)：透过液			4.0	8.4	78.2	1380	57.8
BBD(pH_0=4)：进水	3	30.3	4.1	61.6	—	1130	—
BBD(pH_0=4)：透过液	4、2	31.2	49.4	633	44.0		

4.11　正向渗透

正向渗透(FO)成功地应用于海水和咸水的脱盐、填埋场渗滤液浓缩、废水处理、食品和饮料的加工。FO作为生产高品质水的中间预处理工艺及利用稀释提取液的单独工艺，进行了几乎所有规模的研究。采用乙酸和机油配制模拟采出水，研究FO对采出水中溶解性有机物的去除效果，并与RO进行了对比。FO对乙酸的去除率可达90%，高出反渗透10%，去除率不受含油(30mg/L)的影响。进液TDS在500~35000mg/L之间时，FO膜能够运行，可去除所有的颗粒物和几乎所有溶解成分(TDS的去除率超过95%)。这些特点使FO能达到很高的理论回收率，同时减少能源和化学药剂用量。FO的另一个优势是工艺自发进行，不需要加压。因此，FO膜表面的污染层易于清除，通过增加侧流流速、渗透反洗等清洗，可减缓不可逆转的通量下降趋势。

研究FO处理SAGD模拟锅炉进水(BFW)(TDS和TOC分别为2000mg/L和550mg/L)，NaCl作为提取液，采用具有嵌入聚酯网支撑的半透、聚酰胺薄膜(TFC)复合膜，通过Taguchi实验设计，研究了所有重要因素(温度、pH值、提取液浓度、进水和提取液流量)对水通量的影响。TOC的去除率在85%~96%之间，去除率没有任何特定的趋势，或者说不受运行条件的影响。由于膜两侧的浓差极化作用，提取液浓度、进液和提取液流量及温度对通量有正面作用。pH值从8.5提高到10.5，通量略有增加，但之后没有任何变化。通量随温度增加而增加(25~55℃)，主要因为温度较高时水黏度和聚合物膜材料更为松散。可以推测，FO通量受提取液浓度和进液温度影响很大。推荐采用高温、高提取液浓度、高进液和提取液流量、原液pH值为10.5等条件优化工艺性能。与RO和NF相比，FO运行时膜污染较轻，所需的进液处理少，采用相同的膜可保证运行时间更长，降低维护成本。FO工艺中分离提取液溶质与溶剂需要能源，因此标准压力驱动工艺耗能低于混合FO系统。但是，FO可采用废热运行，而不是高品质电能。

自2010年以来，研究报道了两种不同的“绿色机器”。第一代采用20~280个垂直、直径8in(0.2m)、长40in(1.0m)的螺旋卷式FO膜元件，处理液量8~170gal/min(30~640L/min)。系统以渗透稀释的模式运行。高浓度的NaCl提取液稀释到低于7%(约70000mg/L)，废水浓缩三倍以上(水的回收率超过70%)。试验结果表明，系统使用不到20gal(75L)的柴油，能够回收超过125000gal(473m^3)的含油废水。2012年，根据过去实验研究和先导试验的结果，优化了系统，开发了第二代“绿色机器”。第二代FO系统采用24支水平、直径8in、长40in的螺旋卷式FO膜元件，置于机动膜橇上的压力容器内，与RO系统结合，浓缩NaCl提取液。

4.12 结晶浓缩

结晶与沉淀非常相近，是一种颗粒形成反应系统，使用“种子”材料，如流化床工艺中的砂子和矿物质。颗粒逐渐长大，向反应器底部移动，工艺的动力是反应剂和pH值调整，不会产生废污泥。结晶设备主要组成为柱形反应器，底部进水、顶部出水；种子材料为流化床内的颗粒过滤器砂或矿物；通过40~120m/h的进水流速保持颗粒的流化状态。流化床提供非常大的结晶面积(5000~10000m^2/m^3)。在快速和受控的反应中，几乎所有阴离子和金属在颗粒表面结晶。部分颗粒从底部排出，需要补充新的种子材料，通常每天进行一次。循环系统的原理是将进水与阴离子或金属浓度低的循环流混合，反应器工作更加灵活，容易消除进水流量和组分的波动，只需要简单地调整循环比，可适合 10~100000mg/L 的各种浓度的废水(废水越浓，需要的循环比越高)；如果没有废水进入，也可保持颗粒的流化。如果必须达到严格的要求，出水可采用常规砂过滤器或膜过滤，可以位于循环回路内，或者设在出水，过滤去除残余物可用酸溶解或酸化，回到反应器。

多数情况下，结晶用于去除废水中的重金属，然后回收利用，也可处理氟化物、磷酸盐、硫酸盐。从原理上来说，通过结晶可去除废水中的所有重金属、准金属和阴离子，产生溶解度低的盐，金属或阴离子快速形成颗粒盐。金属通常以碳酸盐、重碳酸盐、氢氧化物、硫化物、硫酸盐、氟化物的形式分离出来，阴离子通常以钙盐的形式去除。对于金属镍，进水浓度 50~250mg/L 或更高时，采用苏打、苛性钠、pH=10 的条件，出水可达到 1mg/L。

4.13 固相吸附

吸附将废水中的溶解性物质(溶剂)转移到固体、高孔隙颗粒(吸附剂)表面。对于每种要去除的化合物，吸附剂具有一定的吸附容量。容量耗尽时，要用新材料替代。废吸附剂可再生或者焚烧。由于吸附剂活性表面通常易于堵塞，进水应尽可能不含固体，通常需要过滤预处理。

4.13.1 吸附原理与吸附剂

表 4.10 为常用吸附剂及其性质。其中，最常用的是颗粒活性炭(GAC)吸附，用于去除难降解、有毒、有色、有臭味的有机污染物，以及残留的无机污染物，如氮化合物、硫化物、重金属等。典型的有机污染物包括二甲苯、醇类、苯、间苯二酚、硝基芳烃、多环芳烃、氯酚、甲酚、苯酚。表 4.11 为 GAC 吸附典型有机物的处理效果。GAC 通常采用热再生，再生温度 900~1000℃。粉末活性炭(PAC)吸附与 GAC 适用的污染物相同，作为浆体投加到废水中，在后续的沉淀或过滤工艺中去除。PAC 可与无机凝聚剂在同一位置投加，利用现有沉淀和过滤设施去除有机物。另一种应用是应急，去除进入沉淀池、活性污泥池的难降解、有毒、有害物质；PAC 吸附剂也可加入活性污泥系统的曝气池，通过吸附强化微生物过程。褐煤焦的处理和应用与 GAC 相似，在净化作用要求较低时，可替代 GAC，价格低，但吸附效率低，需要的吸附剂数量多，或频繁再生。活性氧化铝用于吸附亲水物质，如氟化物和磷酸盐，受

到有机物污染时，在750℃下进行热再生；受到无机物污染时，采用化学再生。吸附剂树脂目标是去除疏水和亲水有机污染物，如用于有机化合物的回收。在吸附有机物的过程中，树脂会膨胀。吸附树脂用溶剂进行化学再生，如甲醇或丙酮。沸石只对非常低浓度的废水有效(最高40mg/L)。

表4.10　常用吸附剂及其性质

吸附剂	形态	比表面积，m^2/g	孔隙体积，cm^3/g	堆积密度，g/L
活性炭	颗粒	500~1000	0.3~0.8	300~550
	粉末	600~1500	0.3~1.0	
焦炭	颗粒	200~250	<0.1	约500
γ-氧化铝	颗粒	300~350	0.4~0.5	700~800
吸附树脂	颗粒	400~1500	35%~65%	650~700

表4.11　GAC吸附典型有机物的处理效果(进水浓度100mg/L)

序号	有机物	去除率,%	含量，mg/g	序号	有机物	去除率,%	含量，mg/g
1	苯	95	80	8	氮苯	47	95
2	乙苯	84	19	9	二乙醇胺	28	57
3	乙酸丁酯	84	169	10	单乙醇胺	7	15
4	乙酸乙酯	51	100	11	乙醛	12	22
5	苯酚	81	161	12	甲醛	9	18
6	甲乙基酮(MEK)	47	94	13	异丙醇	22	24
7	丙酮	22	43	14	甲醇	4	7

氧化钒—硅凝胶为泡沫状结构，具有疏水和亲水点，羟基表面基团具有亲水性，$CH_2CH_2CF_3$基团具有疏水性。表面积大($100m^2/g$)，密度低(0.2g/mL)，孔隙率高(90%以上)。吸附水中有机物的性能好于活性炭，吸附甲苯为活性炭的32倍，吸附乙醇为42倍，吸附氯苯为131倍，吸附TCE为9倍。疏水凝胶不能去除酚和羧酸。

生物吸附利用细菌、真菌、酵母、藻类等吸收重金属和有机物的性质，降低溶解污染物浓度，是处理大量低浓度重金属或持久性有机化合物废水的一种理想的替代方法。与常规的处理方法相比，生物吸附具有以下优点：对于低浓度的吸附效率高、选择性强，节能，pH值和温度的运行范围宽。

吸附的去除率高(不包括褐煤焦)，可去除难处理或有毒有机化合物。通常所需空间小，可自动运行，也可回收化合物。有机化合物的混合物会显著降低吸附容量，大分子化合物含量高导致效率降低，可能造成不可逆转的活性点堵塞；在活性污泥装置中的摩擦作用也会产生侵蚀问题。废吸附剂必须再生(高能耗)或处置(产生的废物要焚烧)。

4.13.2 吸附在石油行业中应用

在采出水处理行业中，常用的吸附材料包括表面改性沸石、活性炭和有机黏土。有机黏土可吸附 TPH 和其他溶解性有机物，不受液滴尺寸和冲击负荷的影响，处理的 TPH 可达到 120~25mg/L。对于低分子量的酚化合物，有机黏土的效率高于活性炭，吸附量可达其质量的 60%~70%，去除率是活性炭的 7 倍。与有机黏土相比，活性炭单位装置体积吸附有机物量少，孔隙容易被低溶解度的大分子烃类堵塞，可以再生和重新使用，但不能达到新活性炭的吸附容量。有机黏土和颗粒活性炭吸附油和脂与苯的结果对比如表 4.12 所示。经表面活性剂改性(SMZ)后，沸石可去除水相溶液中的多种溶解污染物，特别是 BTEX，是一种低成本的吸附剂，采用空气再生，废气通过气相生物反应器降解。有机黏土和活性炭有时串联使用，TPH、油和脂可降低到未检出的水平，BTEX 的浓度很低。在美国通常将石油烃饱和的有机黏土列为非危险废物，不需要再生，可作为燃料使用。有机黏土中的表面活性剂会进入水相，增加水中有机物的含量。两种商品有机黏土的使用浓度分别为 100mg/L 和 300mg/L 时，水中检测到的表面活性剂平均浓度为 10.8mg/L 和 18.2mg/L。石油焦(PC)可去除环烷酸和可萃取有机组分(EOF)，采用 200g/L 的 PC，接触 16h，EOF 和环烷酸的去除率分别达到 60%和 75%。分析表明，有机物吸附在 PC 的表面，环烷酸和 PC 之间的疏水作用是主要吸附机理。PC 吸附量为 1.0mg/g，而 GAC 和 PAC 分别为 51mg/g、71mg/g，PC 比表面积为 7.7m^2/g，GAC 和 PAC 分别为 912m^2/g 和 800m^2/g。实验有机黏土床的 BTX 吸附容量分别为 0.43mg/g、0.44mg/g 和 0.60mg/g。包括活性炭在内的其他吸附剂对 BTEX 的吸附水平相当，所有吸附剂对乙酸的吸附量均低于 0.5mg/g。

表 4.12 有机黏土和颗粒活性炭吸附油和脂与苯

样品号	含量，mg/L					
	油和脂			苯		
	进水	有机黏土吸附后	颗粒活性炭吸附后	进水	有机黏土吸附后	颗粒活性炭吸附后
ETV1A	151.0	<1.0	1.2	3.14	2.85	<0.50
ETV2A	18.0	<1.0	1.4	1.81	2.01	<0.50
ETV3A	7.4	<1.0	1.1	0.90	<0.50	<0.50
ETV4A	79.0	<1.0	<1.0	0.73	<0.50	<0.50

油砂工艺废水(OSPW)总酸可萃取有机物浓度为63mg/L，加入22%(质量分数)的石油焦吸附后，降低到5.7mg/L，COD从250mg/L降低到44mg/L。采用20%(质量分数)的石油焦吸附OSPW后环烷酸浓度降低85%。$Z=-2$(1环)、-4(2环)和-8(4环)环烷酸分别降低了67%、84%和90%。$Z=-10$和-12的环烷酸去除率超过99%。对于$Z=-4$的环烷酸，与n(碳量)≤11(去除率≤39%)相比，$n=15$去除率非常高(93%)。对于$Z=-8$的环烷酸，$n\geq16$的去除率达到了100%。吸附试验表明，黏土矿物，如海泡石和蒙脱土，有可能作为去除原油中环烷酸的吸附剂。为了提高矿物黏土的吸附效率，金属氧化物、有机金属或有机金属复合物等材料，应加入黏土矿物的结构，强化产品的吸附性。SepSp-1(海泡石)和SWy-2(蒙脱土)对环烷酸的吸附量分别达到68mg/g和53mg/g黏土。相比之下，比表面积较大的纤维黏土矿物镁铝皮石(PF1-1，172.6m^2/g)对环烷酸的吸附容量小，约为38.9mg/g黏土，主要是由于内部孔道太小，环烷酸分子不能进入。碱和碱土金属氧化物将大量的环烷酸吸附到表面。例如，$2RCOOH+MgO \longrightarrow (RCOO)_2Mg+H_2O$，即1mol MgO可吸附2mol的环烷酸。在研究中，制备了0.098mol环烷酸-十二甲烷溶液，分别采用1.61mol、1.78mol、2.48mol的Na_2O、CaO和MgO吸附。经过24h，去除了所有溶液中的环烷酸。氧化铝Al_2O_3的比表面积为155m^2/g，可有效吸附环烷酸，吸附量为116.5mg/g。表面改性沸石(SMZ)处理的进水BTEX浓度约为10mg/L，出水的最大浓度接近5mg/L；主要有机阴离子是乙酸盐，进水浓度为120~170mg/L之间，SMZ几乎没有去除作用。

筛选试验使用了三种不同的介质：活性炭，Cecarbon(Ceca)和Filtrasorb 400；天然沸石，ZS500RW、WID和Cabsorb SOS820；表面活性剂改性沸石，Bowan SMZ、Zeoloc SMZ和ZeoSand SMZ。采用35g/L NaCl盐水，配制了模拟采出水，进行吸附试验。结果表明，少量表面活性剂(HDTMA)从表面活性剂改性表面释放出来。非改性天然沸石对新鲜水和盐水溶液中的乙酸吸附量最低，而活性炭的酸吸附量最大，选择性最低。由于存在与乙酸离解产物竞争相同吸附点的氯离子，盐水中乙酸的吸附量减少。在北海采出水通常的pH值(6~7.7)下，有机酸高度离解，主要的物质种类为通常不会被带负电荷表面的非改性天然沸石大量吸附的阴离子。但是，表面活性剂改性沸石具有带正电荷的表面，可吸附这些阴离子。与沸石相比，有机黏土对BTX的吸附性更好，对乙酸的亲和低，在吸附较少的乙酸时，BTX的吸附量增加，反之亦然。这表明BTX化合物和乙酸之间存在对固定在黏土表面季胺疏水链的竞争。随着pH值的增加，由于分子形态酸更易于被改性黏土吸附，乙酸的吸附量成比例降低。有机黏土吸附的增加顺序为：苯<甲苯<对二甲苯。这种现象表明，有机黏土对BTX化合物的吸附是通过分配机理，随着水溶液中的溶解度降低而增加。在NaCl浓度从0增加到70g/L时，BTX的吸附量增加，这可由盐析作用解释。另一方面，乙酸的吸附量随着含盐量增加而降低。由于影响溶质的溶解度，BTX和乙酸的吸附随着温度升高而降低。每克活性炭吸附0.5mg乙酸，有机改性黏土吸附的BTX大约是天然沸石的2倍，在所有pH值下有机黏土吸附的乙酸量少于天然沸石。

采用一种十六烷三甲基溴化铵(HDTMA)改性的天然沸石(丝光沸石)，增加更有效的腐殖酸(HA)吸附点。天然沸石(NZ)的比表面积为23.99m^2/g，而表面改性沸石(SZM)为11.8m^2/g，总孔隙体积分别为0.039cm^3/g和0.026cm^3/g，改性之后NZ的比表面积和孔隙体积显著减少。SMZ的去除率和吸附容量几乎比NZ高出90%，主要机理是SMZ的疏水作用和氢键结合。提高pH值，通过羧基去质子化，HA可能带负电荷，导致NZ对HA吸附容量更大。加入75%的SMZ，在2BV/h的流量和pH=10时，HA的去除率最高(出水HA浓度为6mg/L，吸附容量25~30mg/g)，采用2BV/h的进水流量的乙醇溶液足以完全再生SMZ和解吸HA。表面检测表明，表面活性剂在这些条件下形成单层，可优化HA去除率。

在20mL油砂工艺废水(OSPW)中分别加入不同的吸附剂100mg，平衡2h，评估分离环烷酸组分的效率。AC去除率最高(92%)，其次是BC-1(稻壳炭，24%)，生物炭样品(BC-2，低温树胶；BC-3，高温树胶)和针铁矿(约15%)相近，聚苯胺(PANI)的去除率为9.5%，纤维素和磁铁矿的去除效果可以忽略。AC吸附平衡时的吸附量和吸附速率常数分别为9.07mg/g和0.0500g/(mg·min)。AC对环烷酸的吸附有一定程度的选择性，随着双键水平和环数增加而降低。采用20mL溶剂甲醇可有效解吸，从第一个周期开始去除率逐渐降低4.4%，第四个周期去除了88%。

“环烷酸的去除和转化”专利描述了一种方法，废水与一种沸石和活性炭吸附剂(或者是废催化剂)接触，过滤含氧有机分子，饱和后的吸附剂与液体烃接触，萃取出有机分子，然后干燥吸附剂再生，萃取剂和萃取物加氢为含环烷酸的柴油，可以加氢脱氧、脱羧基将环烷酸转化为柴油组分。实验室试验验证了一种典型的吸附方法，3.5L的实验水中含3.5g环烷酸，经过过滤床(39.9gFFC沸石废催化剂)，去除了2.09g环烷酸。

4.14 离子交换

离子交换器用于去除不需要的离子和离子类物质，如低浓度 Cr^{3+} 或其化合物，高浓度的 CrO_4^{2-}；无机离子化合物，如 H_3BO_3。还可去除溶解态、离子或离子型有机化合物，如羧酸、磺酸、某些苯酚、胺盐、季铵、硫酸酯、有机汞等。离子交换器可作为一种末端处理工艺，但最大的价值是回收能力。通常作为废水处理的组成部分，如回收冲洗水和工艺药剂。通常的进水浓度在 10～1000mg/L 之间。为了防止堵塞，进水悬浮颗粒物应低于 50mg/L，重力或膜过滤是适当的预处理。从原理上讲，离子交换可从水溶液中去除所有的离子和离子类物质，对流量波动不敏感，效率高，可回收有价值的材料。树脂表面细菌生长、沉淀或吸附会造成污染，废水中的竞争离子形成干扰，由于再生或物理影响还会造成树脂颗粒磨损。离子交换再生产生少量的浓酸或盐溶液，含有从树脂中去除的离子。浓液必须单独处理，如利用沉淀法去除重金属。离子交换的优点是废水 pH 值没有任何变化，工艺非常可靠、稳定和化学安全，但缺点是树脂易污染和再生问题。

阳离子交换树脂（IEX）去除天然有机物（NOM）的效率受 NOM 浓度、NOM 组成、IEX 树脂的类型、空床接触时间和 IEX 装置配置的影响。弱碱树脂对 NOM 的去除不如强碱树脂有效，树脂的颗粒尺度、水停留时间、树脂的容量和官能团也影响去除效率。阴离子交换树脂（AER）能够去除各种水相材料中带负电荷有机化合物和非离子分子。AER 去除有机物的两种机理可能是：（1）离子交换，涉及树脂相平衡离子的替代和离子基团之间的静电相互作用；（2）物理吸附，涉及有机分子的非离子（疏水）部分和树脂聚合物骨架之间范德华相互作用。AER 去除有机物的效率取决于树脂（强碱或弱碱）和水相材料的性质（pH 值、离子浓度等），以及有机化合物的组成和浓度。MIEX 树脂为磁性氧化铁颗粒分散的大孔聚丙烯酸颗粒，可用于去除溶解性有机物（DOM），官能团为季铵（即三甲胺官能团），采用氯作为迁移平衡离子。MIEX 树脂的颗粒尺度大约为 200μm，比常规的阴离子交换树脂小 2～5 倍。由于颗粒尺度小并具有磁性，MIEX 用于完全混合流反应器（CMFR），树脂循环使用，部分树脂再生。大部分 MIEX 树脂的应用数据基于 NaCl 作为再生剂，将 NaCl 废盐水排放到污水管道，受纳水体可能存在钠过量的问题。MIEX 树脂和非磁性聚丙烯酸阴离子交换树脂的 DOC 去除率相近，大于聚苯乙烯树脂。MIEX 树脂的一个主要优势是作为混凝的预处理，混凝剂的投加量可减少50%~75%。MIEX去除dE_fOM的亲水组分(分子量345~688)、腐殖酸类和富里酸类组分、芳族有机物(分子量大于10^4),即降低SUVA的效率高。应当注意的是,由于需要较低的进水负荷和较高的运行压力,离子交换在废水处理厂中的应用受到了限制。强碱性阴离子树脂对酚的吸附容量大,但是,树脂不会释放出离子,机理是吸附而不是交换,主要是通过伯胺点、仲胺点和季铵点吸附酚,而叔胺树脂则不然。红外光谱表明胺和酚结合,采用甲醇析出可去除树脂中的酚。

4.15 溶剂萃取

萃取是将溶解性污染物从废水相转移到溶剂中,适用的溶剂应具有以下特点:在水中的溶解度低,如轻质原油、甲苯、戊烷和己烷;对污染物的溶解能力高于水;溶剂和水容易分离,如密度差大;污染物容易分离,如蒸馏时蒸发热低。萃取后,采用液—液分离和蒸馏工艺,实现最后的分离。当溶剂选择合适、污染物浓度不是太低时,溶剂萃取适应于各种有机污染物和金属复合物的处理。在低浓度时,萃取效率不如吸附或生物处理。通常作为吸附或生物处理的预处理工艺,如去除苯酚;回收金属,如锌;去除含氯芳烃等。萃取时,废水应几乎不含悬浮固体或使溶剂乳化的乳化剂。溶剂损失会造成成本和环境影响,溶剂再生也会非常复杂,费用高。采用溶剂萃取工艺,可有效回收主要污染物。萃取工艺广泛用于各种有机废物处理,如酚、有机羧酸、有机磷、有机磺酸、有机胺等。溶剂萃取可有效处理底物、污泥和主要含有机污染物的土壤,如PCB、VOC、卤化溶剂和石油废物。

液液萃取废水中的酚,采用逆流萃取塔,溶剂(如乙酸丁酯)循环回到萃取塔,回收率可大于99%或萃余液浓度低于1mg/L。采用这种技术,处理含酚>1%的废水,出水酚含量低于1mg/L(效率大于99%)。酚含量大于1%时单位成本效率高。处理27.2m^3/h含酚6%的废水,在4塔系统中进行溶剂萃取操作,酚的总回收率为99.3%。

反应性萃取综合化学(溶质和萃取剂反应)和物理作用(系统组分的扩散和溶解),可用于回收羧酸。反应性萃取受各种参数影响很大,如分配系数、萃取程度、负荷比、络合平衡常数、络合物的类型(1∶1、1∶2等)、萃取剂反应速率常数、溶剂的性质(萃取剂和洗脱剂)等。羧酸的萃取分为三类:(1)采用含碳、氧萃取剂的溶解萃取(惰性的脂肪烃和芳烃、被替代的同系物);(2)含磷、氧萃取剂的溶解萃取;(3)通过离子转移或形成离子对的酸萃取,萃取剂是大分子量脂肪胺。图 4.10 为分离羧酸的膜基溶剂萃取系统流程图。

MPPE 是一种液液萃取技术，萃取液固定在大孔聚合物颗粒中。颗粒直径约 1000μm，孔隙直径 0.1～10μm，孔隙率 60%～70%。MPPE 已经用于海上油气平台的采出水处理，最初设计用于吸附水中的油，后来用于处理采出水。2002 年，第一个商业 MPPE 装置成功安装于北海平台上，去除溶解性和分散烃，如 BTEX 和 PAH，进水脂肪烃浓度约 300～800mg/L，出水 BTEX、PAH 的去除率>99%。C_{20}以下的脂肪烃去除率可达到 91%～95%。在 MPPE 装置中，2 个塔分别萃取与再生，可连续运行。MPPE 可耐受含盐、甲醇、乙二醇、缓蚀剂、阻垢剂、硫化氢去除剂、破乳剂、消泡剂和溶解性重金属的进料。在采出水进入 MPPE 装置之前，必须通过水力旋流器或浮选方法进行预处理。

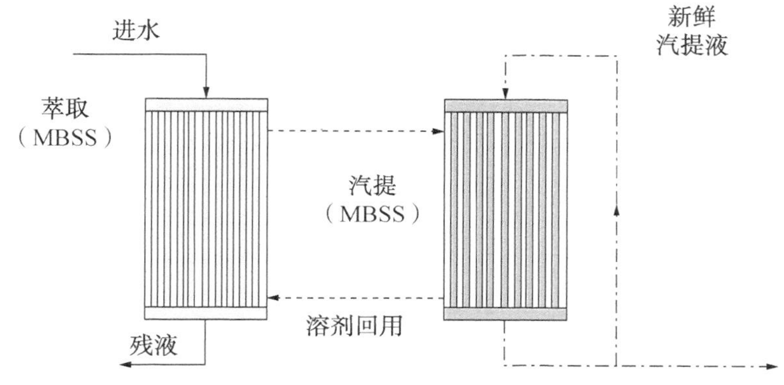

图 4.10　分离羧酸的膜基溶剂萃取系统

4.16　蒸馏/精馏

蒸馏或精馏将污染物转为蒸气相从废水中分离出来，之后通过冷凝收集。在真空条件下，降低沸点。蒸馏和精馏在塔内进行，配有塔盘或填料，后设冷凝装置。为了避免局部过热，通常直接加入蒸汽。废水的蒸馏或精馏通常作为一种综合工艺，从母液中回收原材料或产品，也可以去除难处理或有毒有机化合物。

蒸馏或精馏可从废水中回收溶剂，如从甲基纤维素生产废水中分离甲醇，在废水萃取后回收溶剂，处理油乳化物等。表 4.13 精馏/蒸馏的效果为精馏/蒸馏技术处理特征污染物的效果对比。作为预处理工艺，蒸馏或精馏也可从废水中回收污染组分，但需要废水和污染物的沸点温度差足够大，排放废水时仍要进一步处理。蒸馏需要规模化应用，才能体现经济性。此外，如果馏出物不能分离，共沸混合物需要辅助分离。蒸馏/精馏必须防止可能影响或损害工艺的固体进入反应塔，也必须避免溶剂损失进入环境。

表 4.13　精馏/蒸馏的效果

项目	去除率,%	排放水平，mg/L	说明
苯酚	96	2000	进液 50g/L
甲醇	97.5	2000	进液 80g/L
氯甲代氧丙环(ECH)	90	700	进液 7g/L
苯胺	97.5	100	进液 4g/L
氯苯	90	10	进液 100mg/L

4.17　废水蒸发

废水蒸发属蒸馏工艺，废水作为挥发物质，浓缩物作为底物进行处置。如果需要后续处理，蒸汽在冷凝器中冷凝为水。在真空条件下运行，降低沸点。蒸发器通常串联运行，后一级的冷凝热加热前一级的废水。

膜蒸馏(MD)是一种新兴的热驱动膜分离工艺，利用低品位热源通过疏水、微孔膜实现传质，驱动力是进水溶液和馏出液之间的蒸气压梯度。MD 是唯一可保持工艺性能的膜工艺(即水通量和溶质的去除率)，几乎不受进水溶液 TDS 浓度的影响。与常规蒸馏工艺相比，MD 最有可能以较低的费用生产超纯水。但是，当化合物的挥发性强于水时，如 BTEX 和其他有机化合物，通过膜的扩散比水更快。

4.18　气提转移

在气提过程中，废水与一种大流量气相流接触，将挥发性污染物从水相转移到气相。去除的污染物可回收或再利用。根据污染物的易分解性、是否回收污染物、可用蒸汽、安全条件(只适于高负荷 VOC)等，采用空气或蒸汽气提。气提可分离水中的多种挥发性污染物：氯化烃类，如三氯乙烯、四氯乙烯、三氯甲烷、二氯乙烷、三氯乙烷等；氨和硫化氢，挥发性受温度和 pH 值影响很大，pH 值是关键控制参数(对于氨，pH>9.5；对于硫化氢，pH 为 2~3)；有机溶剂、石油、汽油、低芳烃、苯酚、硫醇等与氨和硫化氢同时存在时，采用两级蒸汽气提。空气气提可以采用加热气提塔，主要用于高挥发性或易于分解化合物的处理。需要的热能通常由工艺热提供。蒸汽气提替代空气气提，用于处理不易挥发或不易分解的化合物。蒸汽通常由产汽设备提供，或者来源于废热。如果没有产汽设备，蒸汽气提经济上可能不具可行性。

气提的去除率高，可回收物质，压降低，能耗少。污染物浓度高(如炼厂酸性水)时(铁>5mg/L，水硬度>800mg/L)，需要加入抗污染剂。气提不作为单独使用的工艺，至少需要下游的废气处理工艺，如气洗、吸附、热或催化氧化。一般来说，气提气的处理是关键步骤，有时比气提更为复杂。为了达到整体有效处理，气提和气提气处理必须相互适应。表4.14为废水中主要污染物的气提效果。

表4.14　废水气提效果

污染物	去除率,%		排放水平，mg/L		说　明
	空气	蒸汽	空气	蒸汽	
氨			<5		炼厂：进液浓度低，优化条件(如酸性水汽提)
		99		<50	进液10g/L
	>92		70		活性污泥处理滤液500~1200mg/L，流量19~24m^3/h
NH_4-N				5	炼厂：2级工艺，进水1372mg/L
总无机氮				7	炼厂：2级工艺，进水1373mg/L
挥发性有机物	99				进液1m^3/h，浓度2g/L(二氯甲烷、三氯甲烷、苯、甲苯、对二甲苯、酯、醚)
甲醇		97			流量6m^3/h，浓度>200mg/L
氯甲烷				<1[1]	流量4m^3/h，浓度5g/L
二氯甲烷		99			填料塔，气水比5~35：1
四氯化碳	90~98				填料塔，气水比5~35：1
1，2-二氯乙烷	65				填料塔，气水比4~30：1
三氯乙烯	69~92				填料塔，气水比4~30：1
	90				喷淋曝气
四氯乙烯	95				填料塔，气水比5：1
	90				喷淋曝气
甲缩醛		99			流量4m^3/h，浓度30g/L
烃				1.1	炼厂：2级工艺，进水98mg/L
BTX		>99			进液500~1000mg/L
硫化氢			<20		炼厂：酸性气气提
硫醇			<20		炼厂：酸性气气提
酚		99~99.6	50~200		进水7~8m^3/h，浓度20~40g/L
			0.1		炼厂，2级工艺，182mg/L
硫化物			0.5		炼厂：2级工艺，进口硫化物1323mg/L
COD			37		炼厂：2级工艺，进水14400mg/L COD

氮气气提可用于气提废水中的苯和其他芳烃化合物。混合气用活性炭床处理，去除有机物，净化的氮气可循环至废水气提塔。炭床采用蒸汽原位再生：解吸的有机蒸气和蒸汽冷凝分离为有机物和水。某炼厂采用这种系统，处理含苯50mg/L、甲苯100mg/L和其他烃类液体100mg/L的1895L/d的废水，回收装置将苯稳定降低到500ppb以下，每年回收大约35000kg烃液体。这一技术也可用于去除MTBE，美国不同的炼厂有超过15个系统规模从800L/min到12000L/min。与空气相比，氮气气提有以下优势：避免气提塔生物污染，降低回收装置混合物爆炸风险。

可采用蒸汽吹脱的方法去除乙二醇再生冷凝水中的烃类。污染水进入填料塔，与蒸汽充分接触(吹脱)，可去除溶解油(如BTEX)，也可去除脂肪烃。由于烃的浓度高，蒸汽和烃蒸气冷凝后容易分离。BTEX的去除效率非常高，可从500~4000mg/L降低到<1mg/L，脂肪烃从40mg/L降低到<1.5mg/L。天然气可吹脱一些挥发性成分，但不能去除苯和重金属。如果采用空气，也可去除大部分BTEX。

4.19 湿式氧化

湿式氧化(WAO)是通过加入空气和补充蒸汽，在高温下进行溶解氧液相水热氧化。氧化的效率与温度相关，运行范围根据目标污染物确定(无机物温度低，有机物温度高)。运行压力取决于要保持的氧气分压，WAO技术相应地分为低、中、高压(LP/MP/HP)湿式氧化。由于处理效率高，没有污泥产生，减少了空气污染，得到了广泛应用，是美国环境署推荐的技术之一(BAT)。催化湿式氧化装置中采用催化剂降低运行温度，提高氧化效率。

WAO的典型操作条件从180℃/2MPa到315℃/15MPa，停留时间可从15到120min，化学需氧量(COD)和总有机碳(TOC)的去除率通常为75%~90%。非溶解有机物转化为简单的溶解性有机物，不会排放NO_x、SO_2、HCl、二噁英、呋喃等。由于一些低分子量氧化产物不易氧化，特别是乙酸、丙酸、甲醇、乙醇和乙醛，不可能通过WAO实现废物流的完全矿物化，通常作为一种液体废物的预处理。催化湿式氧化(CWAO)可采用温和的反应条件，运行成本大致是非催化湿式氧化的一半。虽然均相催化剂非常有效，如溶解性铜盐，但由于具有毒性，需要其他分离步骤去除或回收出水中的金属离子，因此运行成本增加。异相催化剂不需要分离步骤，广泛研究的各种固体催化剂包括贵金属、金属氧化物、混合氧化物，可用于水相污染物的催化湿式氧化。为了进一步降低反应温度和压力，加入强氧化剂，形成湿式过氧氧化(WPO)。COD高于20g/L废水可进行自热湿式氧化。

湿式空气氧化用于处理不易生物降解或影响下游生物处理系统的废水，或者是危害程度高、不能进入排水系统的废水。处理酚和环烷烃衍生物时，温度125~150℃；进行氯化芳烃催化工艺转化时，温度120~190℃。采用低压参数，有机氮化合物转为氮，有机硫转化为硫酸盐；采用高压参数，有机氯化物转化为盐酸。液相或废气(一氧化碳，低浓度烃)工艺出流，必须在下游处理，如废水的生物处理、吸附、废气净化、生物过滤、热/催化氧化等。COD浓度比较低时，这一技术不具有优势，推荐用于COD范围为5000~50000mg/L。

超临界水氧化(SCWO)是一种异位、高温和压力技术。在超临界水中，有机物完全溶解，无机物完全沉淀，完全氧化的反应时间为30~60s，完全转化有机物，即有机碳转化为二氧化碳，有机和无机氮转化为氮气，有机和无机卤代烷转化为相应的酸，有机和无机硫转化为硫酸。该工艺破坏挥发性固体，最大限度地氧化重金属，分离出所有惰性材料为细小、非渗滤的灰分。超临界范围时，即温度超过374℃、压力超过22.1MPa，水中发生氧化反应。废水经过高压泵达到超临界压力，用反应出水进行预热。在启动或废水的有机物浓度低于4%时，进料必须进一步加热达到超临界温度。在进料中加入氧时，温度将达到600℃。SCWO适用于处理化工、石油化工、医药行业的可生物降解性低或高毒性的污染物，有机化合物的去除率大于99%。可消除二噁英和PCB，在较低的400~600℃时进行，不会产生NO_x(即氮氧化合物，不包括N_2O)。工艺产生的废气含有微量笑气和乙酸，有机卤化物的降解也会产生卤酸，需要在下游废气处理设施中进一步处理。

研究了温度(140~160℃)和氧气分压(2~9bar)对活性炭(AC)连续催化湿空气氧化(CWAO)去除水溶液中酚(初始浓度为10.8gCOD/L)、邻甲苯酚(9.5gCOD/L)、2-邻氯苯酚(7.5gCOD/L)的影响，空间流行时间0.12h，小时空间流速为8.2h^{-1}。结果表明，污染物去除、COD去除、TOC去除和生物降解性(易于生物降解COD的比例,%COD_{RB})提高，对温度非常敏感，但不受氧气分压(P_{O_2})的影响。相比之下，活性炭受温度和压力影响很大。温度从140℃提高到160℃，P_{O_2}为2bar，CWAO对酚转化率从45%提高到78%，酚的去除率从33%到65%，TOC去除率从21%到62%，易于生物降解的COD_{RB}从4%到36%。对于其他试验的酚化合物，虽然顽固性不同，但发现了类似的效果。

废水COD最高浓度为(9500±50)mg/L，形态为对苯甲酚，活性炭催化湿空气化处理后为(4160±30)mg/L。对总COD有主要贡献作用的AC/CWAO中间产物是：对苯甲酚(32%)、乙酸(25%)、酚(13%)、丙酸(7%)、水和乙醛酸(5%)、苯邻二酚(3%)、甲酸(2%)、对苯二酚(2%)、间苯二酚(1%)、丙二酸(1%)，以及没有确定的化合物(6%)。其他中间产物，如对苯醌、4-羟基苯甲酸(4-HB)、乙二烯二酸、水杨酸(2-HB)，对总COD的贡献低于1%。AC/CWAO出水易于生物降解，COD_{RB}为22%。先导规模的市政污水处理厂能够处理占进水COD约30%的AC/CWAO出水，OLR高[0.59mg/(L·VSS·d)]、COD去除率高(98%)、沉淀性好。

AquaCat® 工艺采用超临界水氧化，可回收异质或均质废催化剂中的稀有金属，将含碳材料转化为低毒性的化合物，稀有金属转化为氧化物。废催化剂为含水滤饼，颗粒直径5~500μm，加入水和表面活性剂进行搅拌循环，形成均质的分散液。之后约含5%废催化剂的水基浆体进入超临界水氧化(SCWO)装置，温度374℃，压力221bar。反应器产物先预热进料，之后进入蒸汽锅炉。产品气冷却到环境温度，分离出燃烧气。稀有金属氧化物和其他微量元素需要进一步精制。工艺中CO_2排放量低，反应完全无NO_x排放，液相中的硫可转变为硫酸盐，无SO_x排放，由于有效的氧化不产生二噁英和呋喃，放热反应用于预热和产汽，能源效率高。如果进料含盐量高，SCWO工艺不适用。

4.20 生物方法

不同的微生物处理过程涉及好氧、厌氧和缺氧，可去除构成生物需氧量(BOD)的溶解有机物。由于好氧微生物反应通常比厌氧微生物反应快10倍，通常是减少生物污水中BOD的主要方法。但是，与厌氧工艺相比，好氧工艺的主要缺点是产生大量污泥。由于好氧微生物的生物质产率高，是厌氧生物产率的4倍。反应器出流污泥中含残余的BOD，需要其他工艺进一步降低，最终必须作为固体废物处置。虽然受到反应器(不同生化工艺)形式、反应条件(时间、生物质浓度、营养物、温度)的影响，但是，生物降解效果主要取决于基质的可生物利用性(降解性)。

生物处理出水中的有机物(E_fOM)包括颗粒和溶解有机化合物，通常将小于0.45μm的颗粒划分为溶解性有机物(dE_fOM)，超过这一限值的颗粒划分为胶体或颗粒出水有机物(pE_fOM)。在E_fOM中，由于在活性污泥中不完全转化，纤维素纤维构成大部分pE_fOM。其他pE_fOM组成包括藻类、原生动物、细菌絮体、单个细胞、细菌废弃产物和其他各种残片。

通过适当分割反应空间，调整运行条件，如厌氧、缺氧、好氧和有机物的分布，在去除有机物的同时，各种生物氧化工艺均可实现同步生物脱氮除磷(去除营养物BNR)。国外对34座采用成熟技术的污水处理厂曾进行了生命周期(LCIA)量化赋值评价，在出水TN<10mg/L、TP<1mg/L时，厌氧+生物脱氮除磷活性污泥(An+BPho)、MBR(膜生反应器)的成本最高，MLE(生物脱氮除磷活性污泥)和氧化沟(Ditch)的全生命周期成本(包括污染物和温室气体排放)最低。当只基于全成本、出水质量和工艺适应性评价时，排序会有所不同。出水水质指数(EQI)为出水一年污染负荷的权重和，包括TSS、COD、BOD、TKN、硝酸盐和TP。总费用(TC)包括可变费用、人工、维护和年投资费用。对比三种规模(3000万人、30000万人、300000万人)、4种气候、10种工艺[A^2O、AO、生物脱氮除磷(Biodenipho)、生物脱氮(Biodenitro)、高负荷活性污泥(HLAS)、低负荷活性污泥和生物除磷(LLAS)、LLAS+预沉池、氧化沟+生物除磷(OD-bioP)、氧化沟—化学除磷(OD-simP)、UCT]，LLAS的费用最低，EQI最大；OD-bio和A^2O的EQI最小，费用较高；HLAS的费用最高，环境绩效较差；生物脱氮的TC最低，但EQI高，出水水质不好。

在中国3508座废水处理厂中，采用的技术多数为AAO、氧化沟，平均运行负荷大约82%，大约28%的废水处理厂达到了市政废水处理厂Ⅰ级-A排放标准。平均氨氮去除率约为80%，大约50%的废水处理厂不能达到总氮排放标准。能耗递增顺序为常规活性污泥<SBR<A^2/O(A/O)<氧化沟。

在过去十年中，生物脱氮技术有了突破性进步，可显著降低以曝气耗电为主的运行成本：ANAMMOX采用二氧化碳作为碳源，产生$CH_2O_{0.5}N_{0.1}$和NO_2^-，不仅作为氨氧化的电子受体，也是二氧化碳还原的电子供体。亚硝酸盐和羟胺被部分还原，与氨进一步反应，形成N_2H_4，N_2H_4再转化为N_2。氧化提供了亚硝酸盐还原平衡的必需条件。图4.11为厌氧氨氧化(SHARON-ANAMMOX)脱氮工艺原理示意图。在“SHARON® -ANAMMOX® 混合工艺”或“自养脱氮工艺”的一级好氧反应器，约有50%的氨部分硝化为亚硝酸盐，在二级厌氧反应器中产生的亚硝酸盐还原为氮气。在理想的一级反应器中，亚硝酸盐和氨的混合比为50∶50。第一级的运行条件是：pH=6.6~7.0，温度30~40℃，HRT=1d，无污泥停留。外源强化投加外源硝化菌，而原位强化则是强化工艺内部功能，增加硝化菌的活性，丰富生物种群，前者的优点是加快主工艺的硝化进程、与好氧SRT无关，后者的优点是接种硝化菌时不需要考虑接种硝化菌的活性降低。

世界各地100个全规模的部分氧化/厌氧氨氧化(PN/A)装置(截止到2014

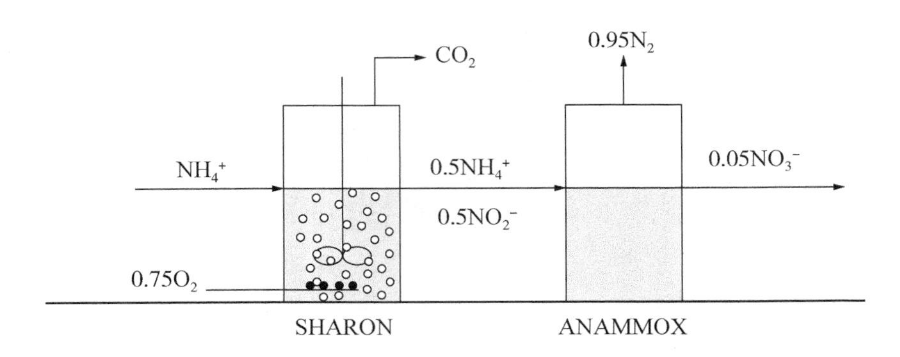

图 4.11 厌氧氨氧化脱氮工艺原理

年)的调查表明，50%以上为序批反应器，88%为单级系统，75%用于市政废水的旁流系统。其中 14 个全规模装置的深度调查表明，在运行控制和故障排除时，输入固体、曝气控制和硝酸盐积累是主要的运行难题。

好氧颗粒污泥工艺(AGSP)可改善沉淀性能，提高固液分离效率。由于生物质的停留时间长、生物活性强，反应器可在高体积负荷下运行。AGSP 反应器作为 SBR 运行，必须达到形成好氧活性颗粒污泥的条件。与常规使用的 SBR 概念相似，AGSP 反应器的处理周期有 4 个明确的阶段，分别是进水、混合/曝气、沉淀、滗水。Nereda® 好氧颗粒生物质技术已经用于处理市政与工业废水，目前世界各地 30 多个市政和工业废水处理装置已在运行或建造，运行装置的数据验证了系统处理效果、能效和成本效率的优势。另外，可以从好氧颗粒污泥中提取藻酸盐之类的细胞多糖(ALE)，具有可持续再利用的可能性。

4.21 废水焚烧

废水焚烧是在常压下用空气氧化有机和无机废水污染物，同时伴有水相蒸发，设计温度 730~1200℃，使用催化剂时温度会低一些。在化工行业，废水焚烧通常单独进行，有时在废物焚烧厂联合焚烧。与污染物相关，反应产物为二氧化碳、水和无机化合物(氮氧化合物、卤化氢、重金属化合物)。如果有机负荷足以保证蒸发和水加热的能量(COD>50g/L)，废水燃烧可以自持。如有机负荷低，需要降低水的含量，以减少附加燃料。为了满足处理需求而其他技术无效或不经济时，废水焚烧是最佳选择，特别适用于有机组分不能再利用或回收无利可图；污染物是多种组分的化合物，浓度和混合比不断变化；废水生物降解性差或具有毒性；焚烧可回收不能降解的进料(如盐)，或生产有价值的产品。适于焚烧的废水流量通常为2~30m³/h，COD浓度50000~100000mg/L。低燃烧热的废水可进入回转窑进行废物的联合焚烧。

焚烧是处理各种来源污染物应用最广泛的技术之一，包括一些持久性污染物(POPs)，属于高温(870~1200℃)消除处理。废物或污染的土壤在受控的条件下进入焚烧炉，高温和氧气使得污染物挥发并燃烧成无害的物质。多数焚烧器设计为旋转窑，燃烧室配有后燃烧器、急冷塔和大气污染控制系统，可达到超过99.99%的去除效率。对于PCB和二噁英，高温焚烧器可实现99.9999%以上的去除率。通常认为现代焚烧炉可非常有效地消除杀虫剂、PCB和类似的化学物质。但是，最近的试验表明，焚烧炉达到的消除效率低于某些非燃烧技术。另外，一些焚烧POP(如杀虫剂和PCB)和其他废物的焚烧炉会将没有消除或新形成的POP(如二噁英和呋喃)扩散到周围环境，污染空气、土壤和植被。

4.22 电化学法

(1)原理与分类。

电化学工艺的机理非常复杂，通常认为存在三种可能的机理：电絮凝(EC)、电气浮(EF)和电氧化(EO)。电解废水处理是基于阳极的金属溶解形成氢氧化物，污染物通过电极之间空间内的吸附、絮凝和其他过程去除。电絮凝以通电电极在废水中施加电荷，使各种颗粒物表面的电荷脱稳，产生混凝反应，去除水中的污染物。与常规的絮凝和沉淀工艺相比，电絮凝技术去除COD更有效。电絮凝工艺“原位”产生混凝剂，产生离子之后，阳极周围的颗粒电泳浓缩，胶体颗粒吸引离子，电荷中和，发生凝聚；阴极释放出氢气，与颗粒反应，引发絮凝、气浮。在直接阳极氧化中，污染物快速吸附在阳极表面，经阳极电子转移反应消除；在间接氧化中，电化学产生强氧化剂，如次氯酸/氯、臭氧和双氧水。

电絮凝的工艺性能受溶液的pH值影响很大。对于只有单核的物质，可计算一定pH值时溶液中的总铝浓度。分布图表明，水解程度取决于总的金属浓度和pH值。pH值上升时，Al^{3+}转化为$Al(OH)_4^-$，在混凝反应中不会沉淀，而是保留在溶液中。在酸性(pH<4)或碱性(pH>9)介质中，主要为阳离子或阴离子的单体铝物质；pH=5~9时，主要的物质为铝的聚合复合物和非晶体的氢氧化铝沉淀。在相同电流试验系统中，发现不同的电极间距的去除效率没有任何差异，电极之间的距离只是成本优化的一个因素。废水的电导率影响电解电压和电耗，电导率高可减少能源消耗，但并不影响污染物的去除效率。随着温度增加到60℃，铝电极的效率提高，之后效率降低。但是，电导率随着温度提高而增加，减少电阻和电耗。增加溶液的温度，可提高去除效率。在阳极和阴极产生氧气和氢气微气泡，上升到表面，与絮体碰撞吸附之后，将悬浮的颗粒和杂质挟带到上方(浮选/电浮选)。与直流(DC)相比，交流(AC)的最大优点是电极损耗较低。表4.15和表4.16分别为电气浮和电絮凝在交流和直流条件处理废水的对比。

表4.15　电气浮处理工艺数据

项目	含油废水	交流	直流	项目	含油废水	交流	直流
pH值	6.7	8.3	8.2	酚，mg/L	0.5	<0.1	<0.1
浊度，NTU	840	2	2	硫化物，mg/L	2.8	<0.5	<0.5
色度(Abs.400nm)	0.46	0.02	0.01	氨氮，mg/L	36.0	3.7	1.5
含盐量，mg/L	279	340	1210	油和脂，mg/L	60000	18	22
电导率，μS/cm	580	702	2238	电流，A		2.5	2.5
TDS，mg/L	408	498	1680	电压，V		11.0	8.5

表4.16　废水的交流和直流电絮凝试验结果

项目	含油废水	交流	直流	项目	含油废水	交流	直流
pH值	5.9	6.3	6.3	硫化物，mg/L	2.8	<0.5	<0.5
浊度，NTU	1000	10	16	氨氮，mg/L	36.0	2.9	2.7
色度(Abs.400nm)	0.63	0.03	0.05	油和脂，mg/L	60000	30	35
含盐量，mg/L	50.8	46.0	47.2	电极质量，g	—	0.16	0.23
电导率，μS/cm	91.5	72.4	75.3	电流，A	—	2.5	2.5
TDS，mg/L	64.9	59.6	59.6	电压，V	—	1.5	2.0
酚，mg/L	0.5	<0.1	<0.1				

电絮凝的优点是不需要加入混凝剂，但由于水化学性质的复杂性和变化性，需要现场专家根据不同情况做出调整，包括选择正确的阳极材料、调整流量、调节电流、调整pH值、清洗电极等。在电絮凝中，阴极被还原，直接导致电极的污染。必须保留备用电极，部分电极可进行离线清洗。优点是模块化，可方便地组合成小装置。自20世纪90年代中期，已经用于压裂返排液处理，可减少TSS、金属和细菌，不降低硬度和钡含量，成本低至中水平，容易

组装展开和拆解。

采用含硼金刚石(BDD)阳极的电—芬顿工艺有机物氧化能力更强，反应性·OH 量大于只是 BDD 的工艺。电—芬顿工艺的进一步发展方向是集成工艺，如光电—芬顿、声电—芬顿和过氧电混凝方法。虽然实验室和先导规模试验成功，但是，由于能耗高，这些电化学氧化方法的工业应用依然有限。

(2)应用案例。

OriginClear™专利技术用于前端油水分离器之后，目标是 1~25μm 尺度的油滴和悬浮固体，并氧化和共沉淀特定的溶解离子。专有的电絮凝采用了独特的电极配置和阳极、阴极材料，减少用电，易于维护。压力反应器传质性强，可保持溶液中的气体。将电絮凝集成到电浮选中，浮选腔压力释放立即扩散气体，水完全与微气泡接触，在线絮凝油和悬浮固体。进行了三种不同的采出水和返排水实验(气井、油井、重油井)，系统产量 1000bbl/d。采用螺旋水自清洗过滤器，电絮凝去除 90%以上非溶解污染物，如表 4.17 所示，超滤精细处理到未检出的水平。

表 4.17　OriginClear™试验的独立实验室数据

项　目	进　水	螺旋水自清洗过滤器出水	OriginClear 出水
BOD，mg/L	20	7.2	5.9
COD，mg/L	530	110	41
TSS，mg/L	100	64	3(检测限)
TRPH(己烷可萃取材料)，mg/L	142	9	<5.0(检测限)
柴油范围有机物，mg/L	108	6.4	0.7
汽油范围有机物，mg/L	0.46	0.19	0.063
机油范围有机物，mg/L	196	8.8	1.03

采用一种电混凝装置处理含环烷酸的废水，至少可去除废水中 80%的环烷酸，也可同时去除废水中 80%以上的硅。采用铝电极电混凝处理 250g 盐水样品，环烷酸的含量为 265mg/L，处理大约 2min 后环烷酸含量降低 92.6%。采用铁作为阳极，pH=6~7，电流密度 1.0mA/cm^2，初始表面活性剂(月桂硫酸钠)浓度为 100mg/L，NaCl 浓度为 1.5g/L，25℃下电解时间 10min，表面活性剂的去除率为 99%，电耗为 0.5kW·h/kg 表面活性剂。

在连续和序批电混凝反应器中，处理炼厂废水(进入 CPI 之前)中 COD、油和硫化物，铁电极性能好于铝电极。评估了电流密度和温度对电混凝工艺的影响，COD 和油的去除符合一阶动力学，而硫化物的去除为不同量级的动力学，如表4.18所示。COD去除最为缓慢，去除率为52%，所有情况下的COD均没有降低到100mg/L以下，因为不能去除废水中的溶解性有机物(如酚)。

表4.18 不同电流密度的COD去除速率常数、能耗和停留时间

电流密度δ，A/m^2	COD去除速率常数，min^{-1}	能耗，$kW \cdot h/m^3$	停留时间，min
30	0.036	0.20	94
40	0.048	0.27	73
60	0.060	0.45	53
90	0.081	0.74	39
120	0.090	1.3	37
450	0.22	7.6	16

连续电絮凝工艺采用铝电极，处理高浓度COD炼厂废水，在电流强度40mA/cm、pH=8、反应时间5h的最佳条件下，COD去除率达到57%(原水COD为5604mg/L)。电絮凝比化学混凝成本低、效率高，其对比如表4.19所示。

表4.19 化学混凝和电混凝的能源消耗对比

参数	化学混凝	电絮凝
有效流量	12.5L/h	12.5L/h
年规模	$110m^3$	$110m^3$
使用的材料1	NaOH	Al
材料1成本	0.36美元/L(1mol/LNaOH溶液)	5.75美元/kg(Al板)
使用的材料2	40L(1mol/L NaOH溶液)/m^3	1kg(Al)/m^3
材料2成本	14.37美元/m^3	5.75美元/m^3
年材料成本	1581.05美元	632.23美元
用能	60W·h(搅拌器，泵)	125W·h(电絮凝反应器)
能耗	4.8美元/(kW·h·m^3)	10美元/(kW·h·m^3)
年用能成本	152.32美元/a[0.28美元/(kW·h)]	316.02美元/a[0.28美元/(kW·h)]
年处理成本	1732.37美元	948.21美元
处理成本	15.21美元/m^3	8.62美元/m^3

采用原油、去离子水、表面活性剂和NaCl配制废水(COD、BOD_5、TPH分别为1114mg/L、300mg/L、956mg/L，浊度96NTU，电导率4mS/cm)，具有典型炼厂废水(PRW)的性质，采用铝电极电解反应器处理，检测Zeta电位和

颗粒尺度，分析乳化物的稳定性的变化。设置电极间距 1cm、电流密度 60A/m^2、电解时间 30min，COD 和浊度去除率分别为 83.52%和 99.94%，相应的出水数据为 96mg/L 和 0.5NTU，能耗为 0.341kW · h/m^3 出水，同时消除了毒性。由于 Al^{3+} 的电荷中和(油滴脱稳)，电解过程中 Zeta 电位降低(-105mV 到 11.5mV)，混凝的油/铝聚结为更大的絮体(中值 1182μm)。

表 4.20 为炼厂脱盐出水的性质，在采用含硼金刚石(BDD)阳极的电化学氧化过程(EOP)中，发生直接和间接氧化作用。通过总有机碳(TOC)和荧光光谱分析，评估了主要运行参数(pH 值、电流密度和离子组成)对有机污染物氧化和羟基自由基(· OH)产生的影响。采用叔丁基醇(50mmol/L)作为 ˙OH$^-$ 的消除剂，评估了每一种氧化路径的主要机理。结果表明，与活性氯化物(ClO^-、$HClO^-$ 和 Cl_2)、氯氧化物自由基(ClO ·，ClO_2 · 、Cl · 和 HOCl ·)和氯化物阴离子自由基(· Cl_2^- 和 · $HOCl^-$)相比，˙OH$^-$ 的作用很小，在最佳运行条件(pH = 8.5、电流密度 100mA/cm^2 和反应时间 3h)下，根据 TOC 结果，矿物化率达到 98.2%。间接电化学氧化是主要的反应路径，可实现高氧化效率。

表 4.20　电脱盐出水的物化性质

项　目	参　数	项　目	参　数
总酚，mg/L	4.68	pH 值	8.50
油和脂，mg/L	69.30	TOC，mg/L	265.02
BOD_5，mg/L	1077	电导率，mS/cm	6420
COD，mgO_2/L	1706.87	碱度($CaCO_3$)，mg/L	549.70
硫化物，mg/L	60.04	溶解固体，mg/L	3030
硝酸盐氮，mg/L	0.1035	可沉淀固体，mg/L	0.10
氨氮 mg/L	271.51	总悬浮固体，mg/L	40.00
氰化物，mg/L	0.0217		

采用萘(10mg/L)和 BTEX(各 10mg/L，总计 40mg/L)配制模拟采出水，以不锈钢阴极和二氧化钛纳米颗粒阳极进行电解。萘对电解电流不敏感，经 8.5h，萘的去除率为 60%。在电流 500mA 时，去除了 72%的苯、93%的甲苯、93%的二甲苯和 93%的对二甲苯。加入自由基的对比实验表明，两种有机物的电解氧化去除机理均是直接氧化，而不是羟基自由基的作用。由于反应比表面积大，纳米电极可提高去除率。

4.23　其他技术

在实验室规模的污染消除系统中，光可有效减少有机(如卤代烃、苯衍生物、洗涤剂、多氯联苯、杀虫剂、炸药、染料、蓝藻毒素等)和无机(如 N_2、NO_3^-和 NO_2^-、硫氰酸脂、氰酸盐、溴酸盐等)污染物/杂质，将其转化为无害的物质。羟基自由基(·OH^-)和超氧自由基(·O_2^-)阴离子是光催化氧化过程的主要氧化物质。在不同的反应条件下，研究了大量有机污染物的光催化降解，确定具体的反应动力学，鉴别系统产物。

超声波能量通过环境中的分子振动传递，波在环境中扩散，在极短时间内(毫秒)出现空穴，破裂时压力可达到 500~10000atm，温度可达到 3000~5000K。在这种极端的环境下，通过水和氧的热离解，形成羟基自由基。自由基进入水中，氧化水中的溶解性有机化合物。由于·OH 和·HO_2自由基的重新组合，形成双氧水。超声波技术在水处理工艺中的应用包括膜过滤，去除浊度和总悬浮固体，去除藻类、消毒工艺，水软化工艺和其他污染物的去除，如卤代甲烷、DDT。由于成本因素，更多的是进行了实验室规模研究，全规模应用仅限于藻类去除。不同功率强度超声照射降低废水的 TSS 研究表明，照射 30min，所有功率强度的 TSS 降低率都显著增加，最高去除率为 84%，对应 0.024W/cm^3、120min；而最低去除率为 60%，对应 0.06W/cm^3、60min。

第5章　炼厂水污染防治技术的应用

炼厂普遍采用分质处理(装置区等分散处理)与集中处理(综合废水处理厂)的方式处理废水，前者适当预处理工艺废水，达到装置内外回用或进入废水处理厂的水质要求；后者采用通用的重力分离(沉淀、浮选)、生物降解和脱盐等技术，达到排放标准或更高的废水回用水质标准。分质处理的优点包括：生产装置对污染排放具有处理与监管责任；更灵活应对条件变化；源头处理更适当，效果更好；与集中生物处理相比，不产生(或很少)需要处置的剩余活性污泥；避免不同废水混合，处理效率更高；成本/效益比更好。不同装置废水性质完全不同时，优先采用分质处理(分散处理)系统：

(1)乳化物影响污水处理系统稳定运行，最好在排放源处去除。悬浮固体(包括重金属化合物)可能造成下游处理设施损害或故障时，需要提前去除。

(2)重金属是一种化学元素，不能消除，回收或再利用是防止排放到环境的唯一方式；另一种方式是在不同的介质、相态中转换，如废水、废气和填埋场等处置。应尽可能隔离含重金属化合物的废水，在与其他废水混合前处理，尽可能回收。适用的技术包括沉淀(或气浮)、过滤(微滤或超滤)、结晶、离子交换、纳滤(或反渗透)。

(3)废水中的无机盐(或酸)含量会影响受纳水体的生态环境，也影响污水系统运行，造成管道、阀门、泵的腐蚀或下游生物处理系统故障。在这种情况下，要控制无机盐的含量，优先在源头控制，并尽量选择能够回收的控制技术。适当的处理技术(不包括处理重金属或铵盐)为蒸发、离子交换、反渗透等，微生物作用也可去除硫酸盐。

(4)不适合生物处理的污染物，如难以降解的有机物或毒性物质，会抑制生物作用，因此要避免排入生物处理单元。在特定的处理厂中，这种抑制通常取决于发挥作用的微生物对特定污染物的适应性，但难以预计哪些污染物对污水处理厂的生物有抑制作用。应充分采用必要的技术，处理主要含有不可生物降解成分的废水。可选择的回收物质的技术包括纳滤或反渗透、吸附、萃取、蒸馏/精馏、蒸发、汽提；当无法采用回收技术时，可以选择没有附加能源的消除技术，包括化学氧化(慎重使用含氯化学物质)、化学还原、化学水解，消除毒性或抑制作用；没有其他选择时，也可采用消耗大量能源的处理技术，包括湿式氧化(低压或高压)、废水焚烧等。

在炼厂的五种主要加工工艺中，即原油脱盐、原油常减压蒸馏、加氢处理、焦化和流化催化裂化，原油脱盐产生高含盐的原油冲洗废水，后 4 种产生蒸汽与烃直接接触的低含盐凝结废水，受到不同程度的酸、碱、硫化物、酚和溶解固体污染。酸性凝结废水分为加氢工艺的非含酚废水和流化催化裂化、焦化等工艺的含酚废水，可以分别处理。在脱盐工艺回用酸性水汽提净化水时，可通过原油吸收去除酚，降低废水处理厂的酚负荷。炼厂装置区工艺废水处理情况如表 5.1 所示。

表 5.1　炼厂装置区工艺废水处理情况

装置类别	采用的技术	装置类别	采用的技术
原油脱盐	酸性水汽提净化水补充脱盐用水	催化重整	颗粒活性炭去除 CDDs/CDFs.
常压/减压蒸馏	塔顶酸性水先用于脱盐，之后进入酸性水汽提	溶剂精制	通常不预处理
热裂化	酸性水汽提	加氢精制	通常不预处理
催化裂化	酸性水汽提	脂生产	通常不预处理
加氢裂化	酸性水汽提	干燥和脱硫	采用酸或 FCC 装置再生烟气中和
聚合	中和	润滑油精制	通常不预处理
烷基化	酸回收、中和	混合和包装	通常不预处理
异构化	通常不预处理	设备清洗和泄漏	隔离、污油罐

5.1　油罐底水

进入炼厂的原油通常含水和沉淀物(泥)，经过一定时间沉降后，原油罐底水通常排入污水处理系统或单独排出分离固体。定期排放采用界面指示器，如高频电磁检测，避免排出游离烃。需要指出的是，底水和底泥并没有严格的界限。图 5.1 为原油罐排水示意图。原油罐沉淀物和水污染物浓度见表 5.2。

表 5.2　原油罐底物和底水污染物

污染物	预计浓度，mg/L	污染物	预计浓度，mg/L
化学需氧量(COD)	400~1000	悬浮固体	高达 500
游离烃	高达 1000	硫化物	高达 100

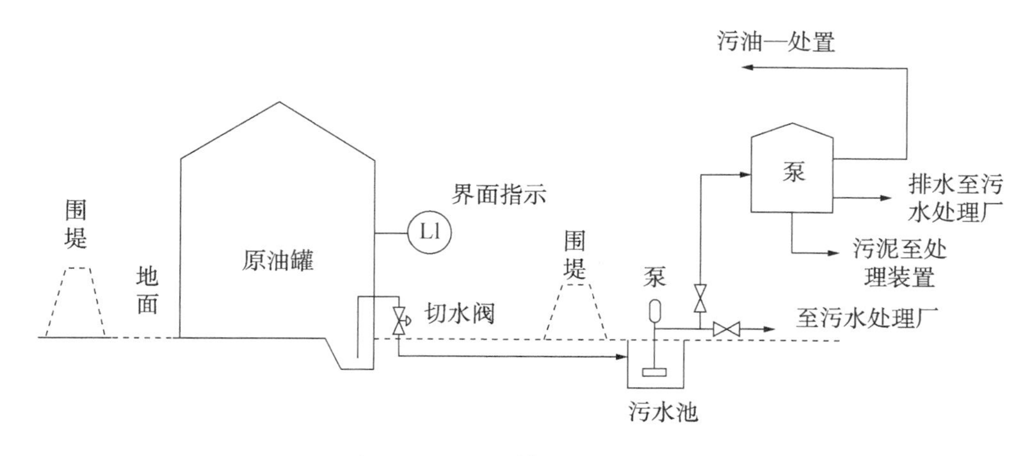

图 5.1　原油罐排水示意图

5.2　电脱盐废水

5.2.1　脱盐工艺控制

脱盐的基本原理是用水冲洗出原油中的盐，冲洗水与进料以 5%~9%的比例混合，加热溶解或挟带出原油中的盐和固体。混合之前通常需要调整冲洗水的 pH 值，设置进水 pH 值为 5~6 可控制环烷酸所致的电脱盐罐中的乳化层。油/水混合物中加入破乳剂，采用静电方法分离，盐进入水相。泥浆冲洗回收沉积的罐底固体。电脱盐可去除 85%的原油固体，去除 90%以上的大于 0.8μm 的颗粒物。pH 值、原油黏度和冲洗水量影响脱盐效率。在脱盐工艺中，必须保持混合强度、冲洗水质、破乳剂投加和其他参数之间的稳定平衡，优化盐的去除条件，避免形成影响系统脱水脱盐的强乳化物。电脱盐控制方面的常见错误概念是假定油和水相之间的界面清楚。实际上，油水间的乳化层始终动态伸缩。该系统可实时检测乳化层的变化，基于电流输出与 0~100%的含水量成比例，操作人员可及时根据输出数据了解乳化层的变化方向，准确控制液位，确定应采用破乳技术的类型及强度。

采用沥青稳定指数（ASI）和实验室模拟预测电脱盐问题，发现冲洗水 pH 值超过 7 时，环烷酸钠和硫化钠会造成乳化。对于多数原油，pH 值应保持在 8.0 以下，以 6~8 的 pH 值运行最好，pH 值接近 6 时脱水最好。经常加入润湿剂改进固体的水润湿性能，减少电脱盐罐下方的原油挟带。在进入电脱盐罐前 2h 加入破乳剂/消泡剂/澄清剂，烷氧基酚和硫酸盐是最常用的润湿剂。极性组分造成分散水滴聚结的屏障，如沥青质、胶质、蜡质、环烷酸，破乳剂可使界面膜脱稳。油溶性破乳剂和水溶性破乳剂的组合可达到更好的油水分离效果。交流电场和直流电场可用于聚结油/水乳化物，交流电场强度为16000~35000V时，电耗为0.01~0.02kW·h/bbl。减少电脱盐盐水TSS负荷的一种方案是源头处理，石油环境研究论坛(PERF)名为“减少电脱盐环境影响”项目(2004—2006年)进行了全面实验，利用膜过滤去除固体与油的先导试验取得成功，水力旋流和微波分离作用不大。

如果原油总酸值(TAN)高，但金属含量低，通常认为不需要去除金属。但是，在处理原油时，环烷酸钙会加剧乳化，降低脱盐和脱水效率，同时增加盐水的油含量，造成非常显著的环境风险。可采用一种金属去除剂结合常规破乳技术，在电脱盐冲洗水中加入这种产品，与原油彻底混合，与环烷酸钙反应，形成水溶性金属盐，控制界面的乳化。这在理论上合理，但实际上会更加复杂。某炼厂处理高酸值原油与高含硫原油，电脱盐罐内部形成很厚的乳化层。由于含H_2S，加入常规的金属去除剂控制乳化时，形成黑色的非溶解颗粒，沉积在电脱盐罐表面，反冲洗时进入盐水，对废水处理厂的负面影响非常大。为了解决这一问题，Dorf Keta设计了一种新的产品，跳过产生黑色不溶解物的反应路径，达到盐在水中的最佳溶解度，避免废水处理的问题。这种用于H_2S环境金属去除工艺的专利应用已经得到批准。US Gulf Coasrt炼厂使用混合致密油，含大量的固体、金属和环烷酸钙，电脱盐排水周期性地挟带油，钙和铁离子影响FCC装置处理减压渣油的能力。采用模拟电脱盐验证了适合的破乳剂和金属去除剂，大幅度压缩乳化层。试验运行了90d，去除了80%的可过滤固体、75%的铁和70%的钙，电脱盐出水的油和脂含量由平均160mg/L降低到56mg/L。

欧洲某炼厂，进料的API度低，严重影响脱盐效率，造成下游催化剂污染和结焦的问题。金属会形成环烷酸皂，导致电脱盐罐形成乳化层。炼厂出现了恶性循环：一方面，渣油处理量增加，下游裂化装置负荷增加，也增加了酸性水的污染负荷，使得汽提酸性水pH值升高；另一方面，酸性水汽提净化水作为炼厂电脱盐冲洗水，导致碱性环境下电脱盐罐界面乳化物更加稳定，脱盐效率降低。为了解决这一问题，采用了一种独特配方的金属破乳剂，专门用于重质原油混合物(<22°API)，可有效控制乳化。

5.2.2 电脱盐废水预处理

如果污水处理厂一级处理能力有限，电脱盐废水需要适当的预处理，主要为脱盐废水油水分离罐。脱盐废水进入控制VOC排放的浮顶罐，一般停留时间为 1d，起到均衡、缓冲的作用。沉降分离后，撇出的油进入污油系统，水相排至污水处理厂。底泥输送至污泥处理厂或焦化装置。采用汽提(蒸汽/天然气)可控制 VOC 的排放，如图 5.3 所示，由于油和固体的浓度高，如果不经过预处理和缓冲，会污染或堵塞汽提设备内件。

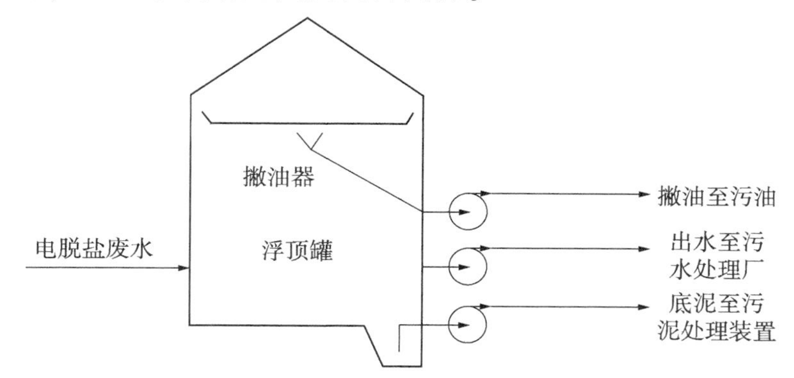

图 5.2　脱盐废水油水分离罐

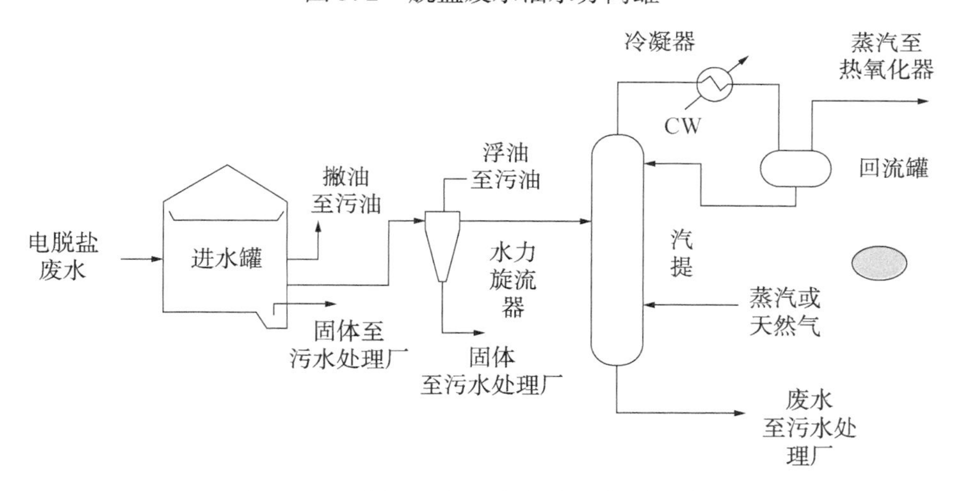

图 5.3　脱盐废水汽提处理系统示意图

西加拿大油砂重质原油的沥青质、总酸值、硫含量高，电脱盐出水中含油固体、底泥和水挟带物、稳定的乳化物、不稳定的沥青、可滤出固体和结晶盐等含量高，进入废水处理厂后含油固体积累，降低生化池 DO 水平，导致生物装置故障，出水污染物超过排放限值。可滤出固体主要是氧化铁、硫化铁、砂、黏土、粉砂、垢、盐晶体等。该炼厂电脱盐装置冲洗水 pH 值为 5~8，硬度<150mg $CaCO_3$/L，悬浮固体<30mg/L，氨<35mg/L。重质原油需要更大的冲洗水量，当冲洗水量为 3% 和 9% 时，脱盐原油的底泥和水分别为 1.2% 和 0.2%。电脱盐运行温度 110~155℃，较高温度使得原油黏度降低，水的分离效率随之增加，电导率也随着温度增加，但高温时沥青会稳定，水溶解性更

强。电脱盐罐底部固体快速积累，且随着时间延长不断硬化，通常需要每天反冲洗。电脱盐排水中的油和固体浓度增加，加大了废水处理系统的负荷，影响处理性能。选用了增加电脱盐废水一级分离系统的方案，只处理电脱盐盐水的乳化部分，进行初步的油、固体和水三相分离，如图 5.4 所示。为提高回收的“游离”油的质量，不使用聚合物或絮凝剂，其出水可进入苯汽提装置，几乎不会产生挥发性污染，还能减少污油的产生量和固体污染物，降低非溶解性的 COD 和 BOD，减少废水处理厂的总有机负荷。

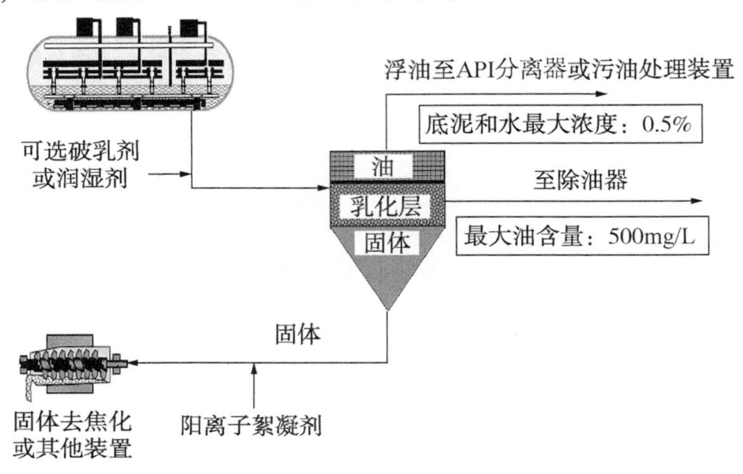

图 5.4　西加拿大油砂重质原油炼厂脱盐废水一级分离的方案

电脱盐罐的底部安装一种定期去除固体的“泥浆冲洗”系统，包括部分脱盐水回流和搅拌。由于没有完全破乳，冲洗排水含油量大，是油损失的最大单一来源。VESP® 的振动膜系统膜表面以极高的频次振动，可消除膜堵塞；振动产生剪切波，排斥和洗出膜表面固体。对于连续和非连续排泥的电脱盐运行方式，VESP® 处理所有脱盐出水或只处理冲洗排水，浓缩污泥进入焦化装置。3 个工业规模的VESP® 单元采用超滤膜，处理 240gal/min 工艺废水。浓水含大约 13.3%的 TSS，进入焦化装置回收油和烃。VSEP® 产生大约 192gal/min 的渗透液，进入现有废水处理厂。渗透液中 TSS 含量约低于 1mg/L，相应的去除率>99%。

5.3　酸性废水

5.3.1　常规酸性水汽提工艺

几乎所有炼厂工艺都有蒸汽注入，强化蒸馏或分离过程，会产生含氨和硫化氢的酸性水，也受到烃的污染。表 5.3 为酸性水的主要来源。酸性水应进入酸性水汽提装置进行处理，除非可直接利用，应隔离催化裂化、焦化等产生的含酚酸性水，在专门的酸性水汽提装置中处理。含酚的酸性水汽提净化水应优先用于电脱盐冲洗。酸性水汽提后需要冷却，避免高温影响生物处理系统。采用油水分离罐替代进水罐，可减少进入酸性水汽提塔的烃。

表 5.3 酸性水来源

装置	产生位置	通常去向	说明
常压蒸馏	常压塔顶罐	酸性水汽提或电脱盐	一些炼厂直接用作电脱盐冲洗水，不经过汽提，会造成乳化，影响油水分离
减压蒸馏	塔热井	酸性水汽提或电脱盐	一些炼厂直接用作电脱盐冲洗水，不经过汽提
催化裂化	分馏塔高架罐	酸性水汽提	会造成乳化，影响油水分离
延迟焦化	分馏塔塔顶罐和排污罐	酸性水汽提设备	酸性水含酚和氰化物，汽提不能去除
减黏裂化	分馏塔塔顶罐和排污罐	酸性水汽提	酸性水酚和氰化物含量增加，汽提不能去除
加氢装置	冲洗水分离器	酸性水汽提	汽提出水作为冲洗水
加氢裂化	冲洗水分离器	专用酸性水汽提设备	加氢裂化装置通常需要非常洁净的冲洗水，为避免其他装置酸性水中的杂质进入，采用专用酸性水汽提
硫黄厂	尾气处理	酸性水汽提设备	

酸性水中的主要污染物及其浓度如表5.4所示。多数炼厂酸性水系统含非常少的CO_2，但H_2S含量非常高，是H_2S与氨之间酸—弱碱反应的直接结果。为了避免不可接受的污染水平，必须将酸性水中的H_2S处理到较低浓度。在类似的系统中，HCN为弱酸，也与氨接触，进入碱性环境溶液。酸性水通常分为含酚和不含酚两类。含酚(或更广义的非HDS)废水通常含热稳定盐(HSS)、HCN、酚和碱。HSS造成永久性的氨质子化，完全为非挥发性，不能汽提出来。在这种情况下，可加入少量的碱(NaOH)，将铵离子(NH_4^+)转化为NH_3。

表 5.4 酸性水中的污染物

项目	浓度，mg/L	项目	浓度，mg/L
化学需氧量(COD)	600~1200	苯	0
游离烃	<10	硫化物	<10
悬浮固体	<10	氨	<100
酚	200		

多数酸性水汽提塔为单级，只需要一个汽提塔。工艺装置的酸性水收集到酸性水收集容器中，通过进水/出水换热器，将酸性水泵入汽提塔塔顶。酸性水由逆流的蒸汽汽提，注入蒸汽或由重沸器产生蒸汽。塔通常为逆流，减少酸性气体中的含水量。塔的运行压力在0.5~1.2bar之间。必要时控制pH值，最大程度去除 H_2S 或 NH_3。含硫化氢和氨的酸性水形成弱碱和弱酸系统，酸性组分包括HCN和酚，氨是唯一的碱。加入强酸或强碱，可平衡出水的pH值。加入强酸导致弱挥发性酸 H_2S 和HCN释放(酚不视为挥发性酸)，氨盐保留在液相中。加入强碱会导致氨释放到蒸汽相，酸性化合物 H_2S、HCN和酚则保留在液相中。汽提硫化氢的最佳pH值低于5，汽提氨的pH值最好大于10。由于这种差异，一些炼厂使用2个汽提塔处理污染物。如果采用一个汽提塔，通常将pH值控制为8，两种污染物的去除均达到可接受水平[234]。两级酸性水汽提不同于单级汽提塔，第一个塔以低pH值(6)、更高的压力(9bar)，在顶部去除 H_2S，在底部去除 NH_3/水，第二级以高pH值(10)运行，从顶部去除 NH_3，在底部出水。第一级汽提只是产生酸性尾气，不含高浓度的 NH_3，可进入硫回收装置，不会出现氨沉积造成严重的克劳斯反应波动。两级SWS的 H_2S 和 NH_3 的总去除率可分别达到98%和95%，汽提出水中残余浓度范围分别为0.1~1.0mg/L和1~10mg/L。

图5.5为DuPont酸性气和酸性水处理工艺示意图。表5.5为两级酸性水汽提的性能。酸性汽提水可显著降低废水处理厂的硫化物和氨负荷，避免增加专门的脱氮处理段(如硝化/反硝化)。但是，作为生物废水处理中生物生长必需的一种营养物，需要一定水平的氮。适当预处理后，两级SWS工艺产生的氨可在炼厂利用，特别是减少 NO_x 排放。汽提装置尾气可引入硫黄回收装置、焚烧炉或酸性气火炬。由于尾气直接进入焚烧炉或火炬会显著增加炼厂 SO_2 (高达40%)和 NO_x 排放，应优先引入硫黄回收装置。

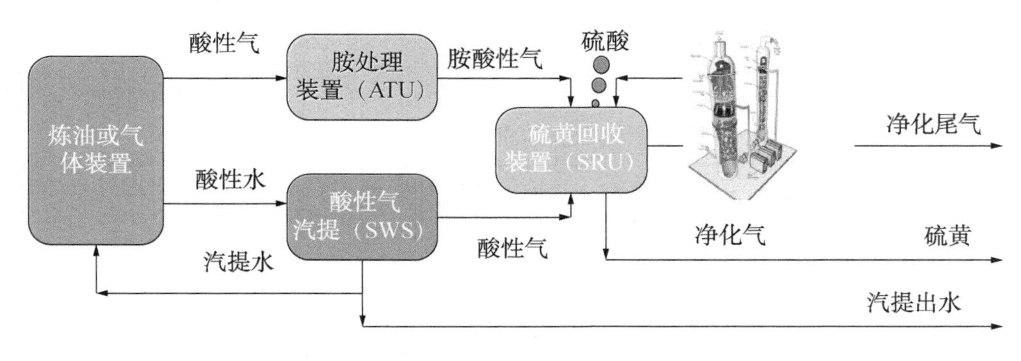

图5.5　DuPont酸性气/水处理技术

表5.5　两级酸性水汽提的性能

项目	塔1进，mg/L	塔2出，mg/L	项目	塔1进，mg/L	塔2出，mg/L
COD	14400	599	NH_4^+-N	1372	5
烃	98	4	酚	182	141
总无机氮	1373	6	硫化物	1323	5

5.3.2　酸性水汽提工艺优化

由于结垢物质、非活性生物材料、表面活性剂、非可净化烃、酸性气体、腐蚀产物和其他固体物进入汽提工艺流，闪蒸罐中悬浮固体和烃含量高，而储存罐不足以完成相分离。因此，为避免堵塞在线过滤器(100μm)、板式换热器和汽提塔的塔盘沉积严重、孔眼堵塞、压降大，需要经常通入蒸汽解堵。塔顶温度低，回流罐凝结液pH值低、水乳化，重沸器因沉积而旁流，塔底冷却器出现腐蚀和换热管泄漏。因此，投加推荐的化学药剂。酸性水化学处理运行4个月后的效果如表5.6所示。避免了接收罐沉积，在线过滤器孔径减少到40μm也无堵塞，汽提塔盘和喷嘴没有堵塞，重沸器正常运行，汽提塔塔顶回流管道和回流系统没有堵塞，闪蒸罐没有腐蚀，Fe^{2+}从5mg/L降低到约2mg/L，回收回流罐的凝结液，回流到汽提塔，汽提塔(底)出水不含颗粒物和HC。

表5.6　酸性水化学处理运行4个月的效果

处理目标	没有处理	处理后效果			
	2015年5月	2015年6月	2015年7月	2015年8月	2015年9月
投加药剂(ME-101，102，103)	没有运行	运行	运行	运行	运行
接受罐/进口TSS	高	高	高	高	高
微过滤器出口TSS	高	高	中	中	中
微过滤器孔径	100μm	100~40μm	40μm	40μm	25μm
汽提塔顶温度	60℃	65~75℃	115℃	115℃	115℃
回流罐分离	否	否	是	是	是
凝结液回流到汽提塔	否	否	是	是	是
重沸器运行	否	否	是	是	是
处理后SW的TSS	中	低	低	低	低
处理后SW中的烃含量	低	非常低	非常低	非常低	非常低

5.3.3 其他酸性气/水

油页岩是一种特殊的石油资源，主要加工工艺为干馏，产生的酸性水COD可从几千毫克每升到15000mg/L以上，电导率从15000μS/cm到200000μS/cm，主要含酚、羧酸、烃和顽固性富里酸和腐殖酸，主要组成分析如表5.7所示。进行了一定规模的酸性水处理试验：首先，采用硫酸酸化酸性水，然后在3相分离器中脱气和除油，去除二氧化碳和硫化氢，降低pH值会释放出一些溶解油。硫化氢和二氧化碳也通过酸化从水中释放出来，二氧化碳气泡起到汽提气的作用。油、含硫气体和VOC的去除降低15%的COD。酸性水原水中的溶解盐主要是碳酸氢铵，通过酸化和脱气转化为硫酸铵。然后，经过空气气提去除80%的碳酸盐碱度、97%硫化氢和90%以上的挥发性有机物，如苯和丙酮。酸性水曝气也造成酸度显著增加近200%，这是由于特定有机物的氧化，如酚和甲酚氧化为醌。MBR实验表明，水力停留时间为20h时，达到了80%的COD最高去除率，大约20%的COD不可生物降解。COD超过40000mg/L的酸性水造成MBR性能显著下降，某些生物形态突然消失(原生动物)。通过稀释进水，性能快速恢复；超滤/纳滤去除不可生物降解COD，最有效膜规格1000MWCO，酸度去除率达55%，盐的去除率只有10%；最终COD去除所需的PAC投加量为3gPAC/gTOC或1gPAC/gCOD；铵盐浓缩反渗透以20bar运行，盐去除率大于99%，出水氨浓度小于10mg/L，适于冷却塔补充水或类似的再利用。酸性水处理的进水条件如表5.8所示。

表5.7 油页岩干馏酸性水分析

物　质	单位	总量(加热模式)	物　质	单位	总量(加热模式)
TSS	mg/L	40	丙酮	mg/L	127
TPH(C_{10}—C_{28})	mg/L	1512	BTEX	mg/L	30
TDS	mg/L	6000	总酚	mg/L	250
pH值		8.7	碳酸氢盐	mg/L	18100
NH_4^+-N	mg/L	6197	$CaCO_3$	mg/L	3593
H_2S	mg/L	500	总碱度	mg/L	21729
TOC	mg/L	15129	氯化物	mg/L	890
腐殖酸TOC	mg/L	3000	硫酸盐	mg/L	1940
TIC	mg/L	3127	硫化物	mg/L	200
COD	mg/L	35000	亚硫酸盐	mg/L	400
BOD_5	mg/L	14100	总凯氏氮(TKN)	mg/L	7829
总羧酸	mg/L	6070	总氰化物	mg/L	8.90

表 5.8 酸性水进水条件

总流量，lb/h(1lb≈0.45kg)	150000	二氧化碳,%(摩尔分数)	0.1
温度,°F	135(≈57.2℃)	氨,%(摩尔分数)	2.0
压力，psi(1psi≈0.69MPa)	70	甲酸盐，mg/L	200
水,%(摩尔分数)	96.4	硫氰酸盐，mg/L	100
硫化氢,%(摩尔分数)	1.5		

与炼厂含酚酸性废水污染特性类似，煤气化废水(CGW)含有各种有机(酚或其他多环芳烃)和无机氰化物(CN^-)、硫氰酸盐(SCN^-)、铵(NH_4^+-N)化合物，会严重抑制生物废水处理过程中活性污泥(AS)的微生物活性。酚和氨回收工艺可去除 H_2S 和 CO_2 等酸性气体，进而回收有价值的资源，如氨和酚。世界各地煤化工行业广泛应用的酚和氨回收工艺包括蒸馏、溶剂萃取和吸附等，差别在于萃取溶剂、酚萃取设备与种类，酚和氨回收顺序等。煤气化废水酚和氨回收工艺对比如表 5.9 所示。酚的去除率低，特别是多酚，与多酚在 DIPE 萃取剂中的分配系数低密切相关。在酚和氨回收处理后的 CGW 废水中，COD、总酚和氨浓度分别为 2000～4000mg/L、300～800mg/L 和 100～300mg/L。

表 5.9 煤气化废水酚和氨回收工艺对比

工　艺	技术特点	处理效果	工业应用
Lurgi Phenosolvan-CLL	酚回收装置位于氨回收装置之前，优化酸性气体萃取液的 pH 值。5 个萃取器(混合器—沉淀器)串联，采用 DIPE 萃取剂	出水的废水水质指标如下：COD<3000mg/L，单酚<20mg/L，游离氨<50mg/L，多酚萃取率 85%，总酚萃取率>99%	南非气化厂和煤液化设施
双塔去除酸性气体—酚—氨工艺	酚回收装置位于氨回收装置之前。转盘萃取塔。碱性条件下溶剂萃取酚。采用 DIPE 萃取剂	废水水质指标如下：COD>6000mg/L，挥发酚>600mg/L，非挥发酚>600mg/L，游离氨 50～100mg/L，固定氨 200～300mg/L	中国煤气化厂
单塔去除酸性气体—氨—酚工艺	氨回收装置位于酚回收装置之前。在酸性条件下溶剂萃取酚、填料或转盘萃取塔。DIPE 或 MIBK 萃取剂	废水出水水质指标如下：(DIPE 萃取剂)：COD < 4000mg/L，TP < 600mg/L，氨氮<300mg/L 废水出水水质指标如下：(MIBK 萃取剂)：COD < 2000mg/L，TP < 300mg/L，氨氮<300mg/L	中国煤化工、煤化肥项目
双塔去除酸性气体—氨—酚工艺	氨回收装置位于酚回收装置之前。在酸性条件下溶剂萃取酚。填料转盘萃取塔。DIPE 萃取剂	废水出水水质指标如下：COD < 4000mg/L，TP < 800mg/L，氨氮<200mg/L	气化厂 75t/h 酚和氨回收装置改造，煤制天然气项目

5.3.4 酸性水汽提运行现状

笔者调查了28套酸性水汽提装置，如表5.10所示，废水来源有所不同，如含硫污水、加氢/非加氢(焦化、催化裂化)等。处理工艺普遍为单塔蒸汽汽提。虽然装置进水污染物含量相差很大，但出水浓度普遍很低，进水中硫和氨氮的最大值、最小值、中值分别为15060mg/L、1000mg/L、5898mg/L和14854mg/L、1300mg/L、4350mg/L，出水硫和氨氮的相应值分别为29.41mg/L、0.03mg/L、1.60mg/L和146.00mg/L(只有一个数据)、0.88mg/L、30.00mg/L。只有7组COD和含油量的数据，与硫和氮的含量正相关。进水COD检测值可能包括无机氮和硫需氧量，不能代表真实的有机物污染水平。相比之下，出水中氮和硫含量很低，尤其是硫，因此COD更多应源于有机物。出水中石油烃含量的最大值、最小值和中值分别为113mg/L、17mg/L和50mg/L，对应的COD为823mg/L、64mg/L、309mg/L，说明非烃有机物的COD相应贡献较大(按1mg/L石油烃贡献大约3.5mg/LCOD估算，非烃有机物的贡献在50%左右)。尽管多数汽提酸性水回用于其他装置(中值为60%)，但废水中的污染物主要在废水处理厂去除，尤其是溶解性污染物。按出水中污染物含量，计算了汽提酸性水的装置COD、氨氮、硫化物和输出量与相应的炼厂废水处理厂的输入进行对比(石油类数量很少，没有列入)，如表5.11所示。根据有限的数据，酸性水汽提出水对相应废水处理厂水量和污染物负荷的贡献从不到10%到接近100%(其中硫负荷中的110.7%数据应是由于系统的损失或数据之间硫平衡定义不一致导致)。可以肯定的是，酸性水汽提出水应是炼厂废水中氮、硫、COD的主要来源。上述COD中值(309mg/L)与炼厂进水的COD通常值(物化之后、生物处理之前的“溶解”COD为400mg/L左右)相当。例如，一个炼厂的酸性水汽提水量为废水处理厂输入水量的22%，COD和氨氮的贡献率分别为54%和70%。

表5.10 酸性水汽提装置运行数据

处理工艺	处理量 10^4t	回用去向	回用量 10^4t	回用率 %	COD		硫化物			氨氮			石油类	
					进口 mg/L	出口 mg/L	进口 mg/L	出口 mg/L	去除率 %	进口 mg/L	出口 mg/L	去除率 %	进口 mg/L	出口 mg/L
汽提	192	空冷注水等	115	60	19247	823	6364	0.13	99.90	6523	30.00	99.5		
单塔侧线抽氨汽提	60	炼油	24	40		559	15060	7.20	99.90	14854	21.50	99.8		113

续表

处理工艺	处理量 10^4t	回用去向	回用量 10^4t	回用率 %	COD		硫化物			氨氮			石油类	
					进口 mg/L	出口 mg/L	进口 mg/L	出口 mg/L	去除率 %	进口 mg/L	出口 mg/L	去除率 %	进口 mg/L	出口 mg/L
单塔汽提测线抽氨	72		0	0										
单塔加压侧线抽出蒸汽汽提	33		5	15										
单塔侧线抽氨汽提	105							20.00			60.00			
低压汽提	96							2.00			17.00			50
低压汽提	82							6.00			27.00			50
低压汽提	283		135	48										
双塔汽提+氨回收	59	加氢和常减压蒸馏装置	32	55										
单塔侧线抽出+氨回收	54	加氢和常减压蒸馏装置	32	59										
单塔低压汽提	130	加氢和常减压蒸馏装置	101	78										
单塔低压汽提	243		165	68										
常压汽提	25	1#焦化、电脱盐	24	98			11020	15.00	99.86	3431	50.00	98.54		
常压汽提	29	2#焦化、电脱盐	29	98				15.00			50.00			
常压汽提	54		53	98										
单塔汽提	117	常减压蒸馏装置	58	50					99.68			99.4		
双塔汽提	44	净化水回用	44	100					99.96			99.58		
单塔汽提	126	常减压蒸馏装置、火炬气柜回收	61	49					99.71			92.5		
单塔汽提	286		164	57										
单塔低压汽提技术	107	常减压、加氢	80	75			1000	0.36	99.96	1300	11.00	99.15		
单塔低压汽提技术	85	常减压、加氢	52	61			9500	0.03	99.99	7200	8.00	99.88		

续表

处理工艺	处理量 10^4t	回用去向	回用量 10^4t	回用率 %	COD		硫化物			氨氮			石油类	
					进口 mg/L	出口 mg/L	进口 mg/L	出口 mg/L	去除率 %	进口 mg/L	出口 mg/L	去除率 %	进口 mg/L	出口 mg/L
单塔低压汽提技术	192		132	69										
蒸汽汽提	13	常压烟气脱硫	13	100		309	1469	29.41	98.00	2353.695	81.13	96.55	111	
常压汽提														17
单塔低压汽提	77													
汽提	46	电脱盐	15	33			5898	1.00	99.99	8829	146.00	98.35		
汽提	85	电脱盐	65	76			5469	2.60	99.99	2795	44.00	98.43		
汽提	131		80	61										
单塔抽氨	57		57	100	3000	64	1500	1.60	99.89					
单塔抽氨	54		54	100	3000	64	4000	1.60	99.96					
单塔抽氨	111		111	100										
单塔汽提	83	电脱盐	53	64			8000	0.50	99.99	14000	30.00	99.79	35	
单塔汽提	118		55	46			3290	0.06	100.00	1530	5.17	99.66		
单塔汽提	57		32	56			13900	0.05	100.00	4350	0.88	99.98		
单塔汽提	175		87	50										
有效数据数量			29		7	7	13	17	16	11	15	14	6	7
最大值				100	19247	823	15060	29.41	100.00	14854	146.00	99.98	111	113
最小值				0	3000	64	1000	0.03	98.00	1300	0.88	92.50	35	17
中值				61	3000	309	5898	1.60	99.96	4350	30.00	99.45	73	50

表 5.11 酸性水汽提装置与炼厂废水水量和污染物负荷

酸性水汽提								废水处理厂			
处理量 10^4t/a	处理量与废水处理厂负荷比 %	COD		硫化物		氨氮		年处理水量 10^4t	污染物输入负荷，t/a		
		输出负荷 t/a	输出负荷与废水处理厂输入负荷比%	输出负荷 t/a	负荷与废水处理厂总负荷比，%	输出负荷 t/a	负荷与废水处理厂总负荷比，%		COD	硫化物	氨氮
192	22	1582	54	0.25	2	58	70	869	2945	11	82.2
60	11	335	7	4.32	111	13	8	568	4771	3.9	167.6
72	52							139			
33	21							158			
283	32			27.84		101		895			
243	44							548	3289		
54	28					27		193			
117											

续表

酸性水汽提								废水处理厂			
处理量 $10^4t/a$	处理量与废水处理厂负荷比 %	COD		硫化物		氨氮		年处理水量 10^4t	污染物输入负荷，t/a		
		输出负荷 t/a	输出负荷与废水处理厂输入负荷比%	输出负荷 t/a	负荷与废水处理厂总负荷比，%	输出负荷 t/a	负荷与废水处理厂总负荷比，%		COD	硫化物	氨氮
286	54							533	4090		
192	87			0.41	3	19		222	1510	16	
13	41	39	26	0.44				31	149		
77	13							569	4100	191	
131				2.67	23			1200	6552	12	496
111	18			1.77				613	9075		164
83				0.42	46			252	2453	1	84
175	74			0.10	24			237	1713	0	39
有效数据量	13	5	3	20	6	12	2				
最大值	87		53.7		110.7		70				
最小值	11		7.0		2.3		8				
中值	32		26.5		23.2		39				

5.4 废碱处理

5.4.1 废碱的产生与组成

炼厂通常采用氢氧化钠碱洗溶液以去除酸性组分，如加工产品中的硫化氢、甲酚酸、硫醇和环烷酸。废碱含有害、有味或腐蚀组分。乙烯或 LPG(轻质石油气)产品碱洗产生硫化物废碱，含高浓度硫化物和硫醇。流化催化裂化工艺生产中清洗汽油产生甲酚碱，含高浓度酚和甲酚，可能也含硫化物和甲醇。煤油和柴油碱洗产生含环烷酸废碱液，含高浓度的多环脂族有机化合物，还会造成常规生物工艺产生有毒气体、pH 值变化、起泡或生物固体沉淀等问题。由于一些废碱污染物难以生物降解，通常需要高度稀释、酸中和后进入生物处理，或者采用深井注水、焚烧、湿空气/催化/双氧水氧化等其他工艺处理。废碱的恶臭主要由于 H_2S、硫醇、二硫化物、甲酚和苯硫酚等组分导致的，阈值极低($<1\times10^{-9}$)。以下几种措施可缓解气味问题：封闭/覆盖所有废

碱装置，避免直接流入排水系统，保持混合废水的碱性(pH 值 9~10)，避免 Na_2S 水解为 H_2S；在进入生物处理之前，保证废碱中没有任何硫化物。炼厂废碱的主要性质如表 5.12 所示。表 5.13 为废碱液的主要污染物和杂质，表 5.14 为不同废碱液的典型组分。

表 5.12　炼厂废碱的主要性质

项　　目	数据范围	项　　目	数据范围
无机硫化物,%	0~4	NaOH,%	1~15
硫醇盐,%	0~4	COD，mg/L	50000~400000
甲酚酸盐,%	0~20	pH 值	13~14
环烷酸盐,%	0~10		

表 5.13　废碱液的主要污染物和杂质

中间产品	污染物、杂质				
	H_2S	RSH	苯酚	HCN	其他
直馏 LPG	×	×			×
轻直馏石脑油		×			×
FCC C_3+C_4(LPG)(产生苯酚废碱液)	×	×	×	×	×
FCC 汽油(产生苯酚废碱液)		×	×	×	
焦化 C_3+C_4(LPG)(产生苯酚废碱液)	×	×	×	×	×
煤油/航空燃料	×		×		×

表 5.14　不同废碱液的典型组分

组　　分	磺酸废碱液	酚废碱液	环烷酸废碱液
氢氧化钠,%	2~10	10~15	1~4
无机硫化物,%	0.5~4	0~1	0~0.1
硫醇,%	0.1~4	0~4	0~0.5
甲酚酸,%	—	10~25	0~3
环烷酸,%	—	—	2~15
碳酸盐,%	0~4	0~0.5	—
pH 值	13~14	12~14	12~14

5.4.2　废碱的处理与处置原则

碱洗时，用于吸收和去除中间和最终产品流的硫化氢、硫醇和酚污染物产生的废碱量为 0.05~1.0kg/t 进料。如果一种处置装置中的“半废碱”可在另一个装置再利用，可降低湿法处理的总碱消耗量，如将催化裂化汽油去除 H_2S 或硫酚的再生碱用于非催化裂化汽油的预洗步骤。

废碱液含 H_2S、酚、有机酸、氰化氢和二氧化碳，从中间罐或产品罐中分离出来。通常采用分批的方式排入污水系统，会对污水处理厂造成不利影响。如果炼厂处理腐蚀性原油，如含酸量大的原油，在煤油/航空燃料油中环烷酸的浓度会较高。经碱处理后，形成环烷酸盐，难以进行生物处理。虽然普遍排入污水系统，但不是最佳作法。替代方案是单独处理酚废碱液，回收其中的有机物。深度中和(将 pH 值降至 4 以下)时，脱除 H_2S 和苯酚，但投资和运行费用高。环烷酸盐的含量很高时，应考虑湿式氧化处理(700psi，260℃)。废碱可销售给附近的企业，如纸浆厂、水泥厂。由于废碱液中甲酚、环烷酸、硫醇和其他有机物浓度非常高(COD>>50g/L)，焚烧可能是废水处理的适当替代方案。废碱的再生或氧化可采用双氧水处理、固定床催化剂、加压空气(120~320℃，1.4~20.4MPa)。环烷酸废碱的 COD 高(50000~150000mg/L)，搅拌或曝气会出现严重的起泡。

在设计碱处理工艺时，最佳的做法是产出最少的废碱量，同时保持工艺的有效性。以下措施有助于实现这一目标：(1)采用无碱工艺，可从源头上消除废碱，包括投加氨和有利于硫醇氧化工艺装置；(2)两级清洗的第一级采用弱碱，之后采用强碱，可提高碱的利用率，第一级去除多数硫化物(H_2S)，第二级作为精细处理步骤，实现最大去除效率。但是，增加的投资成本可能与节约的碱相当。(3)应尽最大可能利用碱，同时防止烃产品的酸性组分超标，可根据分析数据和运行经验确定。(4)在碱洗之前进行氨处理。保证再生装置的高效设计和运行，去除大部分 H_2S，可减少碱洗装置的负荷，从而减少废碱的产生；乳化物形成会限制环烷酸的萃取过程，采用薄膜接触可促进传质，运行的碱浓度更高，碱用量更少，废碱的产生量相应减少。

废碱再利用的可行性与其碱度、残余的游离 NaOH 和污染物量有关，如苯酚钠、Na_2S 和其他弱酸的钠盐。可能性大的再利用环节在于使用新碱的装置。如果电脱盐罐的 pH 值控制不能提供排出盐水的最低碱度，会导致下游阀门和管道的腐蚀，需要在盐水管线中加碱，酚废碱适用。在电脱盐罐中加入碱，中和原油的酸度，保持最佳 pH 值，最大限度地破乳，通常使用 2%~3%的稀释碱溶液，保持低盐含量，控制原油中环烷酸造成的乳化，不推荐环烷酸废碱，由于没有足够的碱度，磺酸也不适于再利用。相反，酚废碱可有效中和环烷酸，形成溶解于原油的酚；通常在原油蒸馏塔进料加入碱，减少脱盐原油中残留水中的氯化钙、镁水解产生的盐酸(HCl)造成的腐蚀，酚废碱有效。由于环烷酸钠与 HCl 反应，也可使用环烷酸废碱。为了避免钠含量的波动，再利用应以受控的方式进行。含量低会造成 HCl 释放，导致塔顶腐蚀，含量高会增加残渣中的钠含量，造成下游工艺装置的碱腐蚀和催化剂失效。在使用废碱替代碱时，应确保增加蒸馏前的酸性污染物的含量影响不大。

采用更大规模的加氢工艺，可避免处理航空燃料、煤油和中质柴油的稀释废碱，但需要较高投资。经济投入通常源于低硫和超低硫燃料的强制要求，削减废水处理的环烷酸盐负荷则是这种投资的附加效益。

5.4.3 废碱处理技术

(1)主要处理技术对比。

炼厂内处理可能是回收有价值物质的一种方案，特别是游离碱、硫化物盐和环烷酸，可作为酚树脂、除草剂、溶剂、木材防腐剂、油漆和墨水干燥剂、燃料添加剂等的原料。但是，这种方式需要在运行前进行适当的成本效益分析。表 5.15 为不同废碱的处理方法。表 5.16 为常用废碱处理技术的工艺条件。典型的废碱化学处理方法如表 5.15 所示。

表 5.15 废碱处理方法的应用

处理方法	应用①			
	Ssc	Psc	Nsc	Msc
化学氧化	√	×	×	⊙
芬顿氧化	×	√	⊙	×
化学沉淀	√	×	×	⊙
中和	×	√	√	⊙
低压湿式氧化	⊙	×	×	⊙
中压湿式氧化	√	√	×	⊙
高压湿式氧化	○	√	√	√
催化湿式氧化	○	√	×	√
焚烧(热氧化)	×	√	√	√
生物处理	#	#	#	#

①建议(并非绝对)，取决于具体的性质和场址条件。

注：Ssc—磺酸废碱；Psc—酚废碱；Nsc—环烷酸废碱；Msc—混合废碱；#—稀释达到生物毒性的限值；√—适用；×—不适用；○—不适用或不需要；⊙—可能适用，与生物系统的限制有关。

表5.16 常用废碱处理技术和运行条件

处理方法和反应	运行条件	主要流程和设备	优 点	缺 点
化学氧化： $Na_2S_2 \longrightarrow Na_2SO_4+4H_2O$	pH值：8~9； *R*：<0.5h； 环境温度；常压	H_2O_2投加、储存	完全氧化硫化物，低CAPEX－投资费用	双氧水用量大（OPEX－运行费用），适用性可能差
芬顿氧化	pH值：2~4； *R*：<1h； 催化剂：铁； 环境温度；常压	H_2O_2投加、储存	氧化有机物，低CAPEX	不适于去除硫化物，使用腐蚀性硫酸，产生化学污泥
化学沉淀： $3FeSO_4 \cdot 7H_2O+1.5Cl_2 \longrightarrow Fe_2(SO_4)_3+FeCl_3+21H_2O$	pH值：9~11； *R*：<1h； 环境温度；常压	投加$FeSO_4$和Cl_2、储存、加碱、污泥处置	完全去除硫化物，也去除乳化油和TSS，可在现有浮选装置中使用，低CAPEX	需要原位产生药剂，药剂量大，产生大量化学污泥，使用腐蚀性药剂，氯气泄漏的职业风险
中和： $2NaOH+H_2SO_4 \longrightarrow Na_2SO_4+H_2S$ $Na_2CO_3+H_2SO_4 \longrightarrow Na_2SO_4+CO_2+H_2O$	pH值：3~5； *R*：<2h； 环境温度；常压	投加H_2SO_4、大量储存、气提和酸性气处置（硫化物）	回收有价值的酚/酸	去除硫化物的CAPEX/OPEX高，需要气提、酸性气体处理系统，使用腐蚀性硫酸，会产生臭气问题
LP湿式氧化： $2Na_2S+2O_2+H_2O \longrightarrow Na_2SO_3+2NaOH$ $2NaSR+1/2O_2+H_2O \longrightarrow RSSR+NaOH$	*T*：100~120℃； *p*：2~7bar（1bar≈0.1MPa）； *R*：4~6h	空压机、蒸汽、冷却水	将硫化物转化为硫代硫酸盐，降低生物毒性，可使用工厂风	部分氧化，形成泡沫，CAPEX高，需要尾气处理
MP湿式氧化： $2Na_2S+2O_2 \longrightarrow Na_2SO_4$ $2NaSR+1/2O_2+H_2O \longrightarrow RSSR+NaOH$	*T*：200~220℃； *p*：20~40bar； *R*：2~4h	空压机、蒸汽、冷却水	将硫化物转化为硫酸盐，部分氧化有机物	不完全氧化有机物，CAPEX/OPEX高，可能形成泡沫
HP湿式氧化： $2Na_2S+2O_2 \longrightarrow Na_2SO_4$ $NaSR+2O_2 \longrightarrow NaHSO_4+CO_2+R'COONa$ $NaOOR+O_2 \longrightarrow R'COONa+CO_2+H_2O$	*T*：240~260℃； *p*：45~70bar； *R*：<2h	空压机、蒸汽、冷却水、镍合金材料	完全氧化硫化物/有机物，不需要进一步处理尾气	CAPEX/OPEX高，需要高压蒸汽

续表

处理方法和反应	运行条件	主要流程和设备	优　　点	缺　　点
催化湿式氧化 (与湿式氧化类似，但使用催化剂)	T：150~240℃； p：<2bar； R：<2h	空压机、蒸汽、冷却水	与湿式氧化相同，但温度和压力低，强化硫代硫酸盐氧化	CAPEX/OPEX高，使用催化剂
焚烧(热氧化) $2Na_2S+2O_2 \longrightarrow Na_2SO_4$ $C_6H_5OH+7O_2 \longrightarrow 6CO_2+3H_2O$ $2NaOH+CO_2 \longrightarrow Na_2CO_3+H_2O$	T：920~950℃； p：<0.2bar； R：2s	空压机、燃料、SS净化、烟囱	将硫化物/有机物完全氧化为硫酸盐、CO_2和H_2O	如果使用新燃料，CAPEX高，废燃料需要专门的投加器/雾化器

双氧水(H_2O_2)是广泛使用的氧化剂，其自由基具有非常强的氧化能力，可氧化多数无机物和有机物。碱性条件有利于将硫化物完全转化为硫酸盐。对于有机物的去除，通常在酸性介质中使用芬顿试剂(双氧水与Fe^{2+}催化剂)。图5.6为废碱液化学氧化示意图。

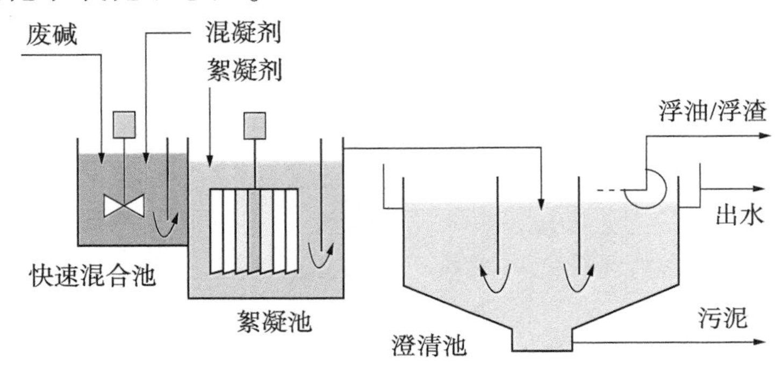

图5.6　典型的废碱化学处理流程图

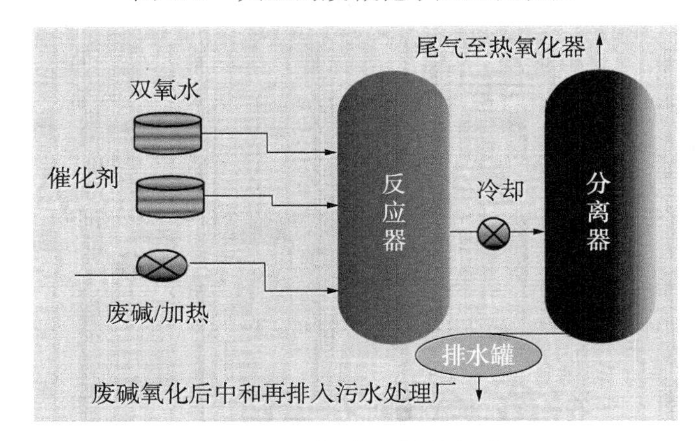

图5.7　废碱液化学氧化

在环境温度下常压硫化物氧化速率为0.3~0.6kg/(m^3·h)，需要19~85h(<4d)。由于常见的废碱液储存时间通常为7~15d，可采用储存罐进行常压氧

化。常压氧化装置流程图如图 5.8 所示。

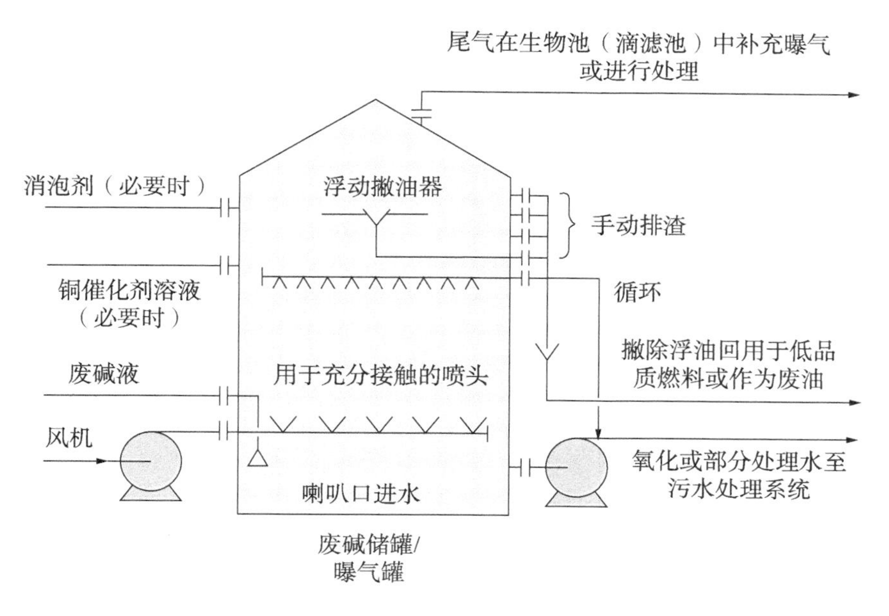

图 5.8　常压氧化装置流程图

在直接酸中和(DAN)处理工艺中，可使用硫酸(98%)或盐酸酸化废碱液，释放出可由碱性溶液吸收的酸性组分，也导致硫化物和硫醇释放出酸性气体，环烷酸上浮为油层，可以进入硫黄精制装置中处理或焚烧。酸中和与湿式氧化(WAO)的一个显著差别是前者仅去除废碱中的酸性组分，而不是损毁。因此，在某些情况下，酸中和后还需要更多的处理。另外，可收集和再利用废碱中的组分，如以下反应所示：

碱：$2NaOH+H_2SO_3 \longrightarrow Na_2SO_3+H_2S$；

硫化钠：$2Na_2S+H_2SO_3 \longrightarrow Na_2SO_3+2NaHS$；

碳酸钠：$2Na_2CO_3+H_2SO_3 \longrightarrow Na_2SO_3+2NaHCO_3$；

硫醇盐：$2NaSR+H_2SO_3 \longrightarrow Na_2SO_3+2RSH$；

酚酸钠：$2NaOR+H_2SO_3 \longrightarrow Na_2SO_3+2ROH$。

(2)典型废碱处理技术。

炼厂废碱进行 WAO 处理可消除硫化物、硫醇、有害的气体、H_2S、毒性组分、难处理有机物、起泡性质等，并分解大分子量有机物，出水可生物降解，适于典型的活性污泥处理。采用 ED(电渗析)回收氧化后废碱中的 NaOH，回用的浓度目标值为 10%，产品的成本低于商业采购。不需要酸中和，减少了酸的成本，降低了下游生物处理单元的 TDS。图 5.9 为湿式氧化处理装置流程简图。

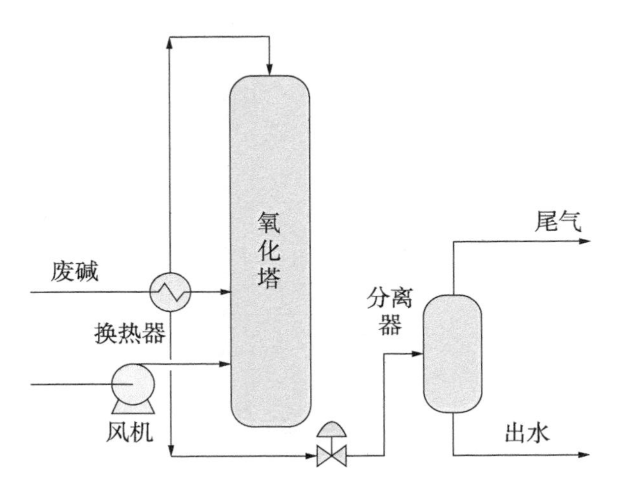

图 5.9 湿式氧化处理装置流程图

某炼厂废碱 WAO 处理设施采用了含甲酚和环烷酸盐废碱典型的处理条件，温度 260℃，压力 88bar，停留时间 1h。由于废碱浓度高，需要以 3 : 1 的比例加入稀释水，控制反应放热。稀释水首先在热油换热器中预热，并压入空气。之后直接进入鼓泡塔反应器中与废碱混合，反应器内温度升高，足以启动反应。在反应物向上通过立式鼓泡反应器时，反应放热提高了反应温度。在减压之前，反应器的高温流出物经冷却水换热器冷却。压力控制阀为耐腐蚀专用阀，将压力从进口的 90bar 降低到 3bar，之后在扩容器中进行相分离。液体出水中主要含硫酸盐和乙酸钠，引入生物处理系统。尾气排放入大气。大约去除了 80%的 COD、接近 100%的酚，硫化物的水平降低到低于检测限。该废碱 WAO 工艺性能如表 5.17 所示。高温、高压造成安全问题，消耗能源，设备需要高度耐腐蚀。

表 5.17 某炼厂废碱湿空气氧化(WAO)性能(246℃)

项　　目	反应器进口	反应器出水	项　　目	反应器进口	反应器出水
COD，mg/L	72000	15000	硫化物(以 S 计)，mg/L	2700	<1
COD 去除率,%		79.2	$—CH_3SH$，mg/L	2800	2
BOD/COD		0.515	硫代硫酸盐(以 S_2O_3 计)，mg/L	640	<26
酚，mg/L	1700	3	pH 值	13.43	8.24

在乙烯工艺中，形成的乙醛和乙酸乙烯酯被吸收到碱液中，发生如下反应：$CH_3CO+NaOH \longrightarrow Na(CH_2COH)$；$Na(CH_2COH)+CH_3COH \longrightarrow$ 聚合物。产生的这些物质称为“红油”，会显著增加废碱的 TOC 和 COD。表 5.18 为乙烯装置产生的废碱中主要的化合物。

表5.18　乙烯装置废碱中所含的化合物

化　合　物	浓度范围	化　合　物	浓度范围
NaHS	0.5%~6%	溶解油	50~150mg/L
Na_2CO_3	1%~5%	TOC	50~1500mg/L
NaOH	1%~4%	苯	20~100mg/L
NaSR	0~0.2%		

在WAO中，溶解氧与硫化物反应产生硫氰酸钠，进一步氧化为硫酸钠，在200℃下，有机化合物部分氧化，降低COD负荷。TOC浓度受到的影响不大，只有0~10%矿物化。但TOC的性质发生变化，COD有所降低，生物降解性提高。

笔者所调研的5套废碱液处理装置，均采用空气湿式氧化，废碱液的COD为10000~74300mg/L，其中一个炼厂的酚含量不超过8000mg/L。空气湿式氧化后可将COD降低到2000mg/L的水平，依然高于炼油废水处理厂的进水水质要求(约400mg/L)。

5.5　油水分离

几乎所有炼厂废水都需要经过适当的油水分离，多数是在废水处理厂进行的，称为一级处理，目标是去除游离油、乳化油和悬浮物(通过破乳或混凝)。有时在装置区进行，如污染严重的油罐底水、电脱盐废水等。一级处理通常包括平衡池、隔油池(API/CPI)、浮选(DAF或IGF)，有时也采用介质过滤。

5.5.1　物理除油

平衡池/调节池是废水处理的第一步，也是最重要的步骤，平衡污染物浓度的波动，调整废水流量和pH值，为后续处理提供最佳条件。平衡池通常不能处理高流量或高污染物浓度的废水，可引入辅助储存设施，满足条件时，缓慢引入处理系统。

API为敞口方形池子，配有刮渣/刮泥机，能够处理大量的油。斜板除油器(CPI)增加了有效沉降面积，不适合处理大量的油，通常后接浮选，需要混凝/絮凝。API也用于保护下游设备，控制上游运行失效时输入的大量油泥。如不加盖，油水分离器会显著排放VOC，产生臭气和健康风险。表面覆盖可减少50%的VOC排放。API可分离尺寸150μm及以上的油珠，斜板分离器、粗粒化除油器和水力旋流器分离精度更高，但适应的悬浮物含量范围小。CPI和PPI可实现有效地两相分离(油和水)，对第三相(固体)的分离没什么效果，固体会污染和堵塞平行板，需要经常维护。表5.19为油水物化处理效率对比。

表5.19 油水物化处理分离效率

参数	单位	未处理污水	API分离器			诱导浮选(IGF)/溶气浮选(DGF)		
		范围值	进口范围值	去除率,%	出口范围值	进口范围值	去除率,%	出口范围值
温度	℃	30~60	30~60		30~60	30~60		30~60
pH值		7~8	7~8		7~8	7~8		7~8
TDS	mg/L	150~5000	150~5000		150~5000	150~5000		150~5000
TSS	mg/L	300~800	300~800	67~75	100~200	100~200	80~75	20~50
O&G	mg/L	3000~5000	3000~5000	90.0	200~500	200~500	90.0	10~30
BOD	mg/L	300~500	900~1400	50.0	450~700	450~700	30.0	300~500
COD	mg/L	300~1200	1700~3400	50.0	850~1700	850~1700	30.0	600~1200
Cl^-	mg/L	50~2000	50~2000		50~2000	50~2000		50~2000
NH_3	mg/L	20~50	50~100		50~100	50~100		50~100
氰化物	mg/L	1~3	1~3		1~3	1~3		1~3
酚	mg/L	5~20	5~20		5~20	5~20		5~20
H_2S	mg/L	5~10	5~10		5~10	5~10		5~10

5.5.2 混凝—浮选

从20世纪50年代开始，浮选分离设备广泛用于去除浮油、乳化油、悬浮固体。DGF分离器可采用气密玻璃钢罩，防止VOC逸散。由于先进的设计，在密闭的腐蚀环境下，非金属和不锈钢集油器部件可长年运行。出于安全考虑，在需要控制VOC时，通常将氮气作为浮选气。

游离油自然浮选的一级处理可达到90%~99%的油和脂(O&G)去除效率，表面负荷为1.15~4.60$m^3/(m^2 \cdot h)$。油滴的上浮速率取决于油的性质，每个炼厂都不相同。根据某处理性能试验，达到了62%~72%的TSS去除率和34%~39%的COD去除率，出水O&G浓度低(47~62mg/L)，但残余的COD高于340mg/L。O&G和COD进一步的去除需要乳化物脱稳，采用无机混凝剂和聚合物(高分子量、高电荷密度的阳离子聚合物)组合工艺，可实现乳化物的脱稳。使用PAC时，COD的去除率高出常规混凝剂的65%，所需的投药量低于30%。无机混凝剂和阳离子聚合物组合工艺对O&G和COD去除率可分别达到93%~96%和89%~95%，比只采用混凝剂高出24%。只采用阳离子聚合物取得了类似的结果，污泥产率比混凝剂和聚合物的组合工艺低50%。因此，必须选择最佳乳化物脱稳药剂产品，确定最佳加药量。絮凝和溶气浮选的组合对O&G、COD(47%~92%)和TSS的去除效率高，出水中的O&G、TSS可低于50mg/L。试验表明，影响O&G、COD和TSS去除率的最重要因素是所选择的聚合物，其次是回流比；低饱和压、水力停留时间的影响较小。采用较低的压力(21~40pis，1pis≈0.7MPa)和0.1~0.2的回流比，处理效果最好。尽管COD去除率较高，但废水中的残余量仍较高，主要源于溶解性有机物。采用常规混凝剂($FeCl_3 \cdot 6H_2O$和$FeSO_4 \cdot 7H_2O$)处理炼厂油水分离器出水和加入硫化物的废水，不同pH值下，只加Fe^{3+}时硫化物和COD的去除率分别为62%~95%和45%~75%。

炼厂加工机会原油时，进入废水处理厂的原油尺度小于0.45μm，小颗粒物形成稳定的乳化物。某种新的有机聚合物对水包油乳化物具有反向破乳作用，可去除烃和固体。由于不含金属，有效pH值范围大(4.0~9.0)，可减少加入废水的无机盐量，腐蚀性低，且不含多胺、聚二甲基氨(DADMAC)、甲醛和其他毒性物质，可生物降解。该有机聚合物于2017年实现商业化应用，用于DAF，进行了现场试验，DAF产泥量从4.23gal/min降低到1.65gal/min，体积减小61%，O&G从进水的90~280mg/L降低到出水的20~40mg/L，TSS从100~250mg/L降低到低于50mg/L，最低为5mg/L。

采用实验室DAF系统，分析了工艺参数(混凝剂投加量、空气饱和压力、气水比和上升速度)对含油废水中COD、O&G、浊度和TSS去除率的影响。结果表明，与提高气水比相比，提高饱和工作压力和上升速度对系统的影响较小。发现油滴的脱稳、聚结只取决于聚合硫酸铝(PAS)的投加量。在pH=5、PAS投加量为10mg/L、上升15min、空气饱和压力300~500kPa和5%~15%气水比的最佳条件下，污染物的去除率超过80%。PAS投加量是最重要的工艺条件。因此，在这些最佳条件下，适当增加PAS投加量会提高DAF处理含油废水的效率。

2012年，Eastern Canadian炼厂的页岩油或致密油高固体原油进料造成电脱盐盐水的含油固体含量高，影响一级处理(油水分离器/DAF)的效果，对后续的生物处理产生破坏性影响。电脱盐改用GE's Embreak * 2W2030破乳剂，DAF投加KlarAid * 混凝剂、GE's PolyFloc * 絮凝剂，降低了电脱盐盐水的游离油、油包覆固体含量、DAF出水浊度，并减少了药剂用量，提高了污泥脱水性能。DAF进水浊度从163.38NTU降低到72.931NTU，出水浊度为30.49NTU(只投加混凝剂)和15.80NTU(投加混凝剂和絮凝剂)。

5.5.3　其他技术

磁性Janus颗粒分离水中微米尺度油滴的能力非常显著，通常在120s内达到99%以上的分离效率。理论和实验结果表明，这种磁性Janus颗粒能够捕捉微小的油滴，使之在分离过程中聚结为大的油滴。Janus颗粒可自行组合，密实包覆在较大油滴的界面。在350℃下将乳化含油废水加压到约2500psi，将乳化油分离为三层，油位于表层，固体位于底层，水位于中间层。但是，高压和高温的成本非常高。酸化破乳是一种低成本的方法，分离出油和酸性水，酸性水富含脂肪酸，pH=2~2.5。在电混凝浮选(EC/EF)中，阳极释放出金属离子(碳钢电极的Fe^{3+}或铝电极的Al^{3+})，与阴极释放出的OH^-反应，形成金属氢氧化物，与乳化物和其他金属沉淀出来，同时阴极释放的氢和阳极释放的氧产生气泡，起到浮选作用。但是，阳极会在几天内钝化(与碳酸盐相关)。微波照射油水乳化物，造成分子旋转和离子导电，并辅助加热。设定微波照射时间为20~200s，分别对50%~50%、30%~70%、10%~90%的油包水乳化物破乳，相应的升温速率分别为1.042℃/s、0.582℃/s和0.218℃/s。超声照射可降低原油黏度。原油处理量20L/h、温度80℃、注水体积分数5%、破乳剂含量30μg/g、混合压差0.4MPa，采用10kHz驻波超声、声功率150W、作用时间3~5min、电场强度6kV/cm，原油中盐含量从初始的42.9mg/L降至2.20mg/L，水的质量分数降为0.13%。

5.5.4 应用案例

调查的炼油装置区废水处理相对简单，主要采用旋流除油、隔油池/沉降，少数装置采用了溶气和涡凹浮选(与废水处理厂的常规物化处理功能重叠)。电脱盐废水经旋流分离后，含油量可从最高的500mg/L降低到50mg/L(表5.20)。

表5.20 调查的装置区油水分离运行数据

分离设施	COD，mg/L		石油类，mg/L	
	进水	出水	进水	出水
电脱盐旋流分离器			500	50
常减压隔油池	1420	133		
电脱盐污水沉降罐		1521	99	60
加氢隔油池		285		16
2#加氢含油污水隔油池		520		36
2#连续重整隔油池	2360	310	852	120
焦化隔油池		932		95

LH石化劣质重油加工污水预处理装置工艺路线为“水质调节—沉降除油—旋流油水分离—气浮”，处理水量为60m^3/h。装置进水为焦化吹气废水、电脱盐废水、重油原料罐脱水。调节水罐水力停留时间(HRT)为12h以上，有效容积为720m^3。沉降除油罐HRT在12h以上，有效容积为720m^3。旋流油水分离

器可有效分离平均粒径在 50μm 以上 SS、25μm 以上油滴，HRT 在 30s 以内。DAF 的 HRT 为 15min。表 5.21 为 LH 石化劣质重油污水预处理装置进出水水质。pH 值从普遍明显的碱性(8.19~8.48)降低到 6.40，碱度显著降低(从 530mg/L 以上到 326.36mg/L)，主要是由于处理过程中加入化学药剂的作用，酸性条件实际有利于降低乳化物的稳定性和极性溶解有机物的析出。进出水的 COD、BOD_5、总油、石油类、极性油、粒径中值($D_{0.5}$)、稳定性指标(如 Zeta 电位)的变化与物化处理的功能一致。进水出水的硝酸盐氮极低(南蒸馏电脱盐污水 0.12+0.05mg/L)或未检出，出水的总氮与氨氮相近(43.8mg/L 与 49.37mg/L)，总氮的去除率(进水为 39.09~60.3mg/L)与非溶解有机氮相关。进出水的硫化物的含量均低于 1mg/L，毒性金属离子，如 Cu^{2+}、Ni^{2+}、Cr^{6+}等极低或未检出(没有列出数据)，$S_2O_3^{2-}$浓度较高(出水 57.75mg/L，可检测为 COD)。由于酚的溶解性和相对非挥发性，进出水酚变化较小，出水为 39.76mg/L。就溶解性有机物而言，出水的 TOC、COD、BOD 应主要源于极性油和酚，与 GC-MS 谱图解解析结果一致(有机酸为 14.4%、酚为 32.8%)，相应的有机物种类、相对丰度(除了 O_4S 的进水 50.04%、46.15%、26.07%和出水的 6.94%)总体没有显著的变化。B/C 水平总体稳定在 0.53~0.67(出水)之间，废水易于生物降解。

表 5.21　LH 石化劣质重油污水预处理装置进出水水质

项　　目		(西蒸馏)低凝稠油电脱盐污水	(南蒸馏)混合油电脱盐污水	(焦化)超稠油电脱盐污水	出水
综合指标	pH 值	8.48	8.80	8.19	6.40
	碱度，mg/L	575.94	564.64	530.76	326.36
	COD，mg/L	1940	1812	2068	1171
	BOD_5，mg/L	1135	957	1435	787
	BOD_5，COD	0.58	0.53	0.69	0.67
	TN，mg/L	39.09	53.49	60.00	49.37
	氨氮，mg/L	17.73	38.85	41.33	43.80
	NO_3^-，mg/L	0	0.12	0	0
	NO_2^-，mg/L	0	0.05	0	0
宏观有机指标	总油，mg/L	230.46	445.51	277.67	119.11
	石油类，mg/L	47.88	281.80	74.33	40.41
	极性油，mg/L	182.58	163.71	203.34	78.71
	TOC，mg/L	528	534	656	367
	COD/TOC	3.67	3.39	3.15	3.19
	总酚，mg/L	17.85	13.95	141.41	39.72

续表

项目		(西蒸馏)低凝稠油电脱盐污水	(南蒸馏)混合油电脱盐污水	(焦化)超稠油电脱盐污水	出水
无机指标	硫，mg/L	0.28	0.99	0.20	0.13
	Ca^{2+}，mg/L	34.13	15.58	10.89	24.27
	Mg^{2+}，mg/L	4.19	1.48	2.15	4.46
	K^{+}，mg/L	4.94	14.19	1.22	5.01
	Cl^{-}，mg/L	129.10	212.31	55.30	114.13
	$S_2O_3^{2-}$，mg/L	131.25	49	171.5	57.75
	SO_3^{2-}，mg/L	—	3.13	8.13	—
	SO_4^{2-}，mg/L	16.00	34.15	10.24	17.94
非—中等极性有机物 GC-MS 谱图解解析	杂原子化合物	22.39%	8.07%	9.26%	32.72%
	有机酸类	32.83%	42.67%	21.95%	14.04%
	酯类	18.01%	7.07%	2.61%	0.97%
	酚类	15.00%	30.22%	51.3%	32.86%
	醛酮类	3.90%	3.26%	5.81%	0.75%
	醇类	0.79%	6.69%	0.44%	0.98%
极性化合物数量	所有极性化合物	2164	2219	1564	2349
	主要有机物	2040	2097	1457	2246
	O_x	985	959	743	1228
	O_xS_x	579	705	443	504
	N_x	34	22	15	44
	N_xO_x	476	329	271	324
	$N_xO_xS_x$	91	68	92	92
极性化合物相对丰度	O_x	64.03%	53.70%	76.60%	49.02%
	O_xS_x	25.77%	41.73%	14.03%	45.06%
	N_x	0.19%	0.14%	0.43%	0.24%
	N_xO_x	9.38%	4.01%	5.71%	5.49%
	$N_xO_xS_x$	0.43%	0.42%	1.45%	0.20%
O_x 类相对丰度	O_2	41.56%	38.91%	66.86%	37.01%
	O_3	25.72%	22.13%	12.90%	22.12%
	O_4	23.82%	26.43%	13.22%	30.23%
O_xS 相对丰度	O_3S	27.92%	31.89%	33.19%	88.33%
	O_4S	50.04%	46.15%	26.07%	6.94%
体系稳定性	Zeta 电位，mV	−16.0	−31.6	−6.7	−6.1
	界面张力，mN/m	38.97	33.98	41.79	45.86
	不稳定性	0.046	0.132	0.040	0.055
	$D_{0.5}$，μm	94.78	24.25	4.16	8.48

5.6　废水处理厂(WWTP)

除了酸性废水、废碱液，装置区内的油水分离与废水处理厂(WWTP)的一级处理一般采用相同的技术，二者没有严格界限。因此，本节描述炼厂WWTP的污染负荷、整体配置(流程)、处理效果，进一步验证和补充第3章石油炼制污染源汇解析和上一节的内容。无论流程如何组合，顺序总体为去除游离油(装置)、去除悬浮固体和分散油、去除溶解性有机物(包括生物处理，可能的硝化/反硝化)与其他处理。图5.10为典型废水处理厂的工艺流程图。

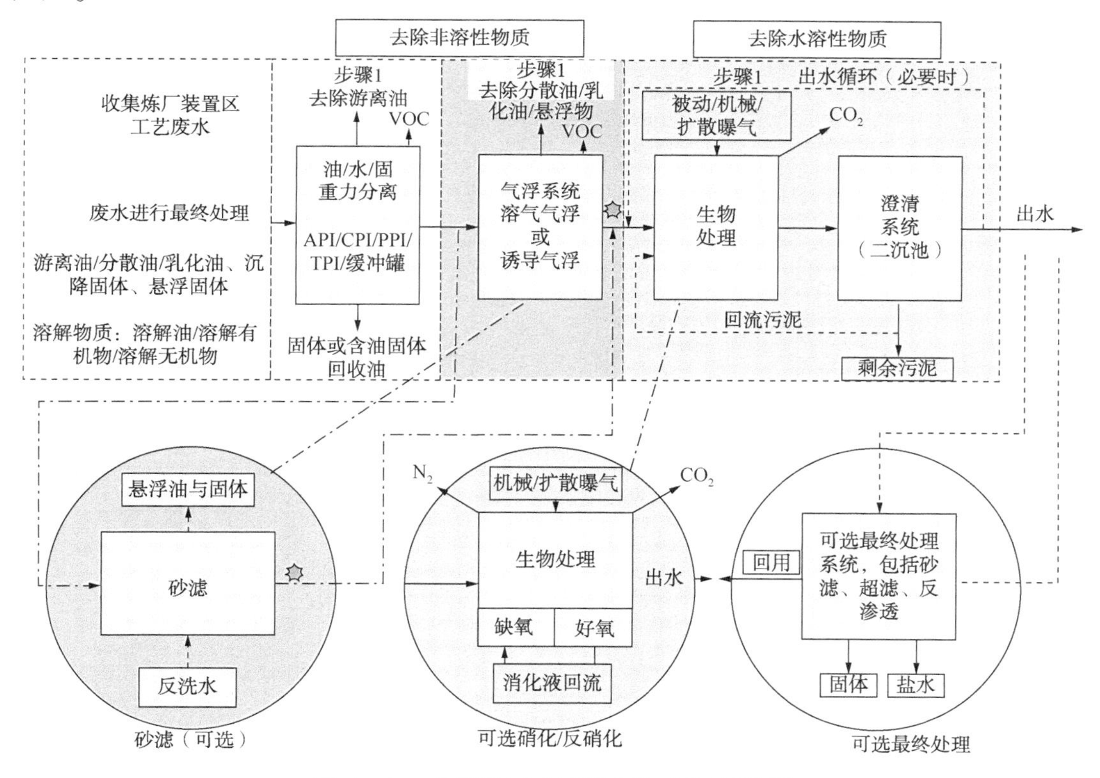

图 5.10　典型废水处理厂的工艺流程图

5.6.1　IWTT 数据分析

IWTT(Industrial Wastewater Treatment Technology Database)取得符合数据质量标准的工业废水处理技术性能数据，来源包括同行评议、会议论文、特定行业组织、政府报告等。根据数据来源中所描述的处理系统的相对规模和目的将数据划分为：全(Full)，即经过所有试验阶段全面运行的系统；先导(Pilot)，即运行的小规模系统，获得了更大系统性能相关的信息；实验室(Lab)，即在实验室进行试验，通常采用配制废水模拟结果。IWTT中没有包括实验室规模系统的处理效果数据，其石油炼制部分主要介绍的废水处理技术(流程)包括：吸附介质(ADSM)、曝气(AIR)、好氧悬浮生长(ASG)、载体澄清(Ballasted Clarification—BCLAR)、化学消毒(CD)、澄清(CLAR)、化学沉淀(ChemPre)、溶气浮选(DAF)、脱氯(DCL)、流量平衡(EQ)、颗粒介质过滤(FI)、离子交换(ION)、膜生物反应器(MBR)、油水分离(OW)、反渗透RO。表5.22为工业废水数据库(IWTT)石油炼制相关数据。表5.23为不同研究报告中的石油废水生物处理效果。

表5.22 工业废水数据库(IWTT)石油炼制污水处理数据

规模	处理流程	参数	进水	出水	去除率,%
全	ASG→AFF→ChemPre→DAF				
全	ADSM	砷，μg/L	15	9	40.00
全	ADSM	钡，μg/L	210	153	27.14
全	ADSM	硝酸盐，mg/L	4	2	50.00
全	ADSM	总硒，μg/L	30	9	70.00
全	ADSM	钒，μg/L	3	1	66.67
全	ADSM	锌，μg/L	20	6	70.00
全	ADSM	氨，mg/L	0.8	0.7	12.50
全	ASG	溶解化学需氧量，mg/L	458	317	30.79
全	ASG	总化学需氧量，mg/L	704	370	47.44
全	ASG	环烷酸，mg/L	10.2	6.8	33.33
全	ASG	挥发悬浮固体，g/L	0.45	0.32	28.89
全	ASG	总悬浮固体(TSS)g/L	3.82	4.24	
全	ANFF				
全	EQ→ASG→→ASG→CLAR				
全	EQ→CO→FI→GAC→BCF→MF→UV→RO→DGS				
全	OW→CO→ChemPre→CLAR→FI→ADSM→MBR→RO→GAC				
全	MBR				
全	CLAR→DAF→AIR→CLAR→MF→RO				
全	ChemPre→ST				
先导	BNR	总氮，mg/L	15.8	1.3	91.77
先导	BNR	化学需氧量，mg/L	316	42	86.71

续表

规模	处理流程	参数	进水	出水	去除率,%
先导	BNR	硝酸盐, mg/L	<0. 01	0. 32	
全	MF→RO				
先导	AIR→ASG	BOD, mg/L	845	11	98. 70
先导	AIR→ASG	化学需氧量, mg/L		296	93. 00
先导	AIR→ASG	总氰化物, mg/L	0. 54	0. 08	85. 19
先导	AIR→ASG	氰化物(弱酸离解), mg/L	0. 2	0. 13	35. 00
先导	AIR→ASG	酚, mg/L	90	0. 15	99. 83
先导	AIR→ASG	硫化物, mg/L	0. 86	0. 05	94. 19
先导	ChemPre→BCLAR	溶解硒, μg/L	16. 8	5. 9	64. 88
全	ChemPre→CLAR	总硒			
先导	ChemPre→BCLAR	总硒, μg/L	18. 2	6. 8	62. 64
先导	FI	汞, μg/L	0. 089	0. 0073	91. 80
先导	BAC	溶解硒			95. 00
先导	ChemPre	硒, μg/L		7. 9	95. 00
先导	ASG→MF	总有机碳(TOC), mg/L	119. 8	23. 5	80. 38
先导	ASG→MF	总化学需氧量, mg/L	874. 8	69. 2	92. 09
先导	ASG→MF	总凯氏氮(TKN), mg/L	28. 7	1	96. 52
先导	ASG→MF	总氮, mg/L	25. 5	3. 6	85. 88
先导	ASG→MF	油和脂, mg/L	169. 4	2	98. 82
先导	ASG→MF	酚, mg/L	5. 1		
先导	ASG→MF	总磷, mg/L	0. 9	0. 3	66. 67
先导	ASG→MF	总悬浮固体(TSS), mg/L	254. 9	<1	>99. 61
先导	ASG→MF	浊度, NTU	173. 2	0. 6	99. 65
先导	ASG→MF	氨, mg/L	14. 6		<100. 00
先导	ASG→MF	总 BOD, mg/L	198. 3	<2	>98. 99
全	OW→DAF	油和脂, mg/L	1800	27	98. 50
全	OW→DAF	悬浮固体, mg/L	944	58	93. 86
全	BNR	氨(N), mg/L	15. 8	1. 3	91. 77
全	BNR	化学需氧量, mg/L	316	42	86. 71
全	BNR	硝酸盐(N), mg/L	<0. 01	0. 32	
全	BNR	亚硝酸盐(N), mg/L	<0. 01	<0. 01	
全	BNR	总凯氏氮(TKN), mg/L	18. 8	1. 8	90. 43
全	BNR	总悬浮固体(TSS), mg/L	62	19	69. 35
全	BNR	硫化物, mg/L	0. 07	<0. 05	>28. 57
全	MBBR→ASG→CLAR→FI→CD	氨(N), lb/d	391	12	96. 93

续表

规模	处理流程	参　　数	进水	出水	去除率,%
全	MBBR→ASG→CLAR→FI→CD	化学需氧量，lb/d	13080	1352	89.66
先导	BNR→MBR	氨(NH_3)，mg/L	29.98	1.49	95.03
先导	BNR→MBR	BOD，mg/L	55.11	18.03	67.28
先导	BNR→MBR	化学需氧量，mg/L	227.6	120.53	47.04
先导	BNR→MBR	硫化氢，mg/L	13.3	0.03	99.77
先导	BNR→MBR	硝酸盐(NO_3)，mg/L	0.14	7	
先导	BNR→MBR	亚硝酸盐(NO_2)，mg/L	0.01	0.95	
先导	BNR→MBR	总凯氏氮(TKN)，mg/L	56.06	15.69	72.01
先导	BNR→MBR	总氮，mg/L	56.58	23.49	58.48
先导	BNR→MBR	总磷(以 P 计)，mg/L	2.98	3.09	
先导	BNR→MBR	总溶解固体(TDS)，g/L	28.79	29.06	
先导	BNR→MBR	总悬浮固体(TSS)，g/L	0.029	0.002	93.10
先导	MF→ION→RO	总碱度($CaCO_3$)，mg/L	159	9.7	93.90
先导	MF→ION→RO	总钡，mg/L	0.25	<0.01	>96.00
先导	MF→ION→RO	总有机碳(TOC)，mg/L	23	<1	>95.65
先导	MF→ION→RO	氯化物，mg/L	637	18	97.17
先导	MF→ION→RO	总铁，mg/L	0.4	<0.05	>87.50
先导	MF→ION→RO	总锰，mg/L	0.06	<0.01	>83.33
先导	MF→ION→RO	硝酸盐，mg/L	25	2.8	88.80
先导	MF→ION→RO	总磷酸盐(PO_4)，mg/L	4.5	0.4	91.11
先导	MF→ION→RO	总硅(SiO_2)，mg/L	59	0.5	99.15
先导	MF→ION→RO	总溶解固体(TDS)，mg/L	2299	33	98.56
先导	MF→ION→RO	总锶(Sr)，mg/L	1.4	<0.01	>99.29
先导	MF→ION→RO	总悬浮固体(TSS)，mg/L	51	<3	>94.12
先导	MF→ION→RO	浊度，NTU	23.1	0.4	98.27
先导	MF→ION→RO	Ca($CaCO_3$)，mg/L	396	0.5	99.87
先导	MF→ION→RO	Mg 硬度($CaCO_3$)，mg/L	91	0.5	99.45
全	OW→EQ→CLAR→IFAS→CLAR→AD				
全	OW→DAF→FI→EQ→MBR	氨(NH_3)			97.00
全	OW→DAF→FI→EQ→MBR	BOD，mg/L	230	<5	>97.83
全	OW→DAF→FI→EQ→MBR	化学需氧量			83.00
全	OW→DAF→FI→EQ→MBR	FOG(油和脂)，mg/L	<5	<1	
全	OW→DAF→FI→EQ→MBR	碱度($CaCO_3$)，mg/L	30	70	
全	OW→DAF→FI→EQ→MBR	氨，mg/L	80	<1	>98.75
全	OW→CO→DGF→EQ→ASG→AD→AIR				

续表

规模	处理流程	参　数	进水	出水	去除率,%
先导	ChemPre→CLAR	硒			70.00
先导	OW→GAC→AIR→MBR	氨(NH_3),mg/L	15	2	86.67
先导	OW→GAC→AIR→MBR	BOD,mg/L	195	5	97.44
先导	OW→GAC→AIR→MBR	总有机碳(TOC),mg/L	109	14	87.16
先导	OW→GAC→AIR→MBR	化学需氧量,mg/L	522	92	82.38
先导	OW→GAC→AIR→MBR	总凯氏氮(TKN),mg/L	24	5	79.17
先导	OW→GAC→AIR→MBR	氨,mg/L	15	2	86.67
先导	EQ→AIR→MBR	氨(NH_3),mg/L	47	1	97.87
先导	EQ→AIR→MBR	苯并[*a*]芘	90		99.90
先导	EQ→AIR→MBR	BOD_5,mg/L	1028	3	99.71
先导	EQ→AIR→MBR	化学需氧量,mg/L	2522	560	77.80
先导	EQ→AIR→MBR	萘	284		99.90
先导	EQ→AIR→MBR	油和脂,mg/L	8	2	75.00
先导	EQ→AIR→MBR	酚,mg/L	226	<0.03	>99.99
先导	EQ→AIR→MBR	总悬浮固体(TSS),mg/L	20	2	90.00
先导	EQ→AIR→MBR	氰化物,mg/L	13.3	10.1	24.06
全	OW→ST→ChemPre→DAF→CS				
全	EQ→ANSG→ASG→ASG→ASG→ASG→ANSG→MBR	氨(NH_3),mg/L	18.1	0.2	98.90
全	EQ→ANSG→ASG→ASG→ASG→ASG→ANSG→MBR	BOD,mg/L	81.7	4.1	94.98
全	EQ→ANSG→ASG→ASG→ASG→ASG→ANSG→MBR	化学需氧量,mg/L	142.2	67	52.88
全	EQ→ANSG→ASG→ASG→ASG→ASG→ANSG→MBR	硫化氢,mg/L	6.6	<1	>84.85
全	EQ→ANSG→ASG→ASG→ASG→ASG→ANSG→MBR	硝酸盐(NO_3),mg/L	1.1	1.7	
全	EQ→ANSG→ASG→ASG→ASG→ASG→ANSG→MBR	亚硝酸盐(NO_2),mg/L		0.2	
全	EQ→ANSG→ASG→ASG→ASG→ASG→ANSG→MBR	总凯氏氮(TKN),mg/L	26.4	1.3	95.08
全	EQ→ANSG→ASG→ASG→ASG→ASG→ANSG→MBR	总磷(P),mg/L	0.4	0.3	25.00
全	EQ→ANSG→ASG→ASG→ASG→ASG→ANSG→MBR	总溶解固体(TDS),mg/L	26015	26320	

续表

规模	处理流程	参数	进水	出水	去除率,%
全	EQ→ANSG→ASG→ASG→ASG→ASG→ANSG→MBR	总悬浮固体(TSS), mg/L	36.7	<1	>97.28
全	MBBR	硝酸盐(N), mg/L	0.4	5.2	
全	MBBR	化学需氧量(溶解), mg/L	84	29	65.48
全	MBBR	总化学需氧量, mg/L	165	83	49.70
全	MBBR	总油和脂, mg/L	15	5.6	62.67
全	MBBR	溶解 BOD, mg/L	37	5	86.49
全	MBBR	酚, mg/L	1.4	0.2	85.71
全	MBBR	总磷, mg/L	0.7	0.2	71.43
全	MBBR	总悬浮固体(TSS), mg/L	32	39	
全	MBBR	总 BOD, mg/L	61	14	77.05
全	MBBR	氨氮(NH_4^+-N), mg/L	8.7	0.7	91.95
全	EQ→OW→ASG→ChemPre→FI→GAC	汞, lb/d	0.18	0.001	99.44
全	ASG	化学需氧量, mg/L	651.75	177.33	72.79
全	ASG	化学需氧量, mg/L	865.17	285	67.06
全	ASG	化学需氧量, mg/L	773.33	223.08	71.15
先导	FI	总汞, ng/L	70	1	98.57
先导	FI	总汞, ng/L	146	1.8	98.77
先导	FI	总汞, ng/L	119	1.3	98.91
先导	CF	总汞, ng/L	112	16.1	85.63
先导	FI	总悬浮固体(TSS), mg/L	90	6.4	92.89
先导	FI	总悬浮固体(TSS), mg/L	111	5.3	95.23
先导	FI	总悬浮固体(TSS), mg/L	105	5.7	94.57
先导	CF	总悬浮固体(TSS), mg/L	72.6	15.2	79.06
先导	FI	浊度, NTU	91	2.7	97.03
先导	FI	浊度, NTU	110	4.6	95.82
先导	FI	浊度, NTU	105	3	97.14
先导	CF	浊度, NTU	66.2	19.7	70.24
全	OW→DAF→EQ→MBR	氨(N), mg/L	7.3	0.4	94.52
全	OW→DAF→EQ→MBR	化学需氧量, mg/L	119.7	77.9	34.92
全	OW→DAF→EQ→MBR	总凯氏氮(TKN), mg/L	14.1	2.8	80.14
全	OW→DAF→EQ→MBR	油和脂, mg/L	16.8	0.1	99.40
全	OW→DAF→EQ→MBR	总磷, mg/L	1	0.5	50.00
全	OW→DAF→EQ→MBR	总溶解固体(TDS), mg/L	33120	32136.2	2.97

表5.23 不同研究报告中的石油废水生物处理效果

序号	方 法	废水类型	去除的污染物	最大去除率,%
1	固定微生物反应器	炼油废水	TOC	78
			油	94
2	好氧生物工艺	石油废水	COD	86
3	上向流厌氧污泥床(UASB反应器)	炼油废水	COD	82
4	UASB反应器	重油炼油废水	COD	70
			油	72
5	UASB反应器和两级生物曝气过滤器(BAF)系统	重油废水	氨氮	90.2
			COD	90.8
			油	86.5
6	UASB反应器与厌氧填料床生物膜反应器	石油废水	COD	81.07
7	活性污泥系统	石油废水	环烷酸(NAs)	73
8	序批反应器系统	石油废水	酚	98
9	厌氧潜没固定床反应器(ASFBR)	石油废水	COD	91
			TSS	92

根据2006年COCAW的调查(欧盟27个炼厂，见表5.24)和2005年的相关数据(114个公司/炼厂)，废水处理厂工艺包括重力分离(如API分离器、板式分离器、罐分离)、二级处理(絮凝、气浮、沉淀、过滤)、生物处理(生物过滤器、活性污泥、曝气池)和其他深度处理。表5.25为欧洲炼厂WWTP典型进、出水水质和负荷。主要分析了出水中的5个水质指标，即总烃含量(THC)、总氮(TN)、生物需氧量(BOD)、化学需氧量(COD)和总悬浮固体(TSS)，可以发现：80%的炼厂报告的年平均THC浓度大于0.15mg/L且小于6mg/L，50%的炼厂报告的年平均THC负荷低于BAT范围的0.75g/t；80%的炼厂报告的年平均BOD浓度为3~35mg/L；80%的炼厂报告的年平均COD浓度为25~100mg/L，大约80%炼厂报告的年平均COD负荷低于70g/t；80%炼厂报告的TN平均浓度为3~35mg/L，约85%炼厂报告值低于15g/t(BAT范围的高值，加工原油或进料的年平均TN负荷的上限值)；80%炼厂报告的年平均TSS浓度为5~35mg/L，大约85%的炼厂报告的年平均TSS负荷低于25g/t。报告指出，最终出水的水质与炼厂的复杂性水平(Nelon指数)没有相关性，认为出水水质取决于处理工艺和废物流管理参数的复杂组合，结合场地特定情况管理更可能描述出达到出水水质目标的最有效方式。73家公司/炼厂单位排水量最大、最小和中值为21.9t/t、0.04t/t、0.54t/t。表5.26为41个欧洲炼厂废水量的概要数据。

表 5.24 欧盟 27 个炼厂的废水处理技术

处理类型		直接排放炼厂（总计 20 个）	间接排放炼厂（总计 7 个）
装置内控制	油水分离器	15	4
	气提	16	5
	氧化	2	0
	活性炭	1	1
一级处理	API 分离器	9	5
	空气浮选	5	1
	混凝	1	0
	化学沉淀	1	0
	溶气浮选	10	1
	均衡	16	4
	絮凝	1	1
	除砂器	0	1
	气浮	0	1
	诱导浮选	4	2
	沉降/撇油	0	1
二级处理	活性污泥	11	0
	生物处理池	6	2
	PAC（粉末活性炭）生物处理	1	0
	RBC（生物转盘）	1	1
	二沉池	12	0
	氧化塘	3	0
	过滤（介质和砂）	3	1
	曝气和其他生物处理	5	0

表 5.25 欧洲炼厂 WWTP 典型进水/排水年平均组分和负荷

项目		API、CPI 和 SWS 预处理后		WWTP 下游年排放组分		比负荷，g/t 进料		数量⑤
		平均值	最大值	范围（最小值~最大值）		前 5%~95%	前 50%	
				前 5%~95%	前 50%			
pH 值		7	10	6~9				
温度，℃		25	45	10~35				
浓度 mg/L	TOC	100	250	4~50	14	1~15	5.5	22
	COD	300~500	1000	19~125	66	9~85	27.2	38
	BOD_5	80~150	300	2~30	10	0.5~25	4.4	31
	HOI①	40~50	100	0.05~6.3	1.5	0.1~3	0.4	15

续表

项目		API、CPI和SWS预处理后		WWTP下游年排放组分		比负荷，g/t进料		数量[⑤]
		平均值	最大值	范围(最小值~最大值)		前5%~95%	前50%	
				前5%~95%	前50%			
浓度mg/L	HOI[②]	—[④]	—	0.3~5	1.2	0.03~10	0.6	11
	TSS	20~60	200	4~35	15	1~30	6.3	37
	AOX[③]	—	—	0~6	0.2	0~0.5	0.06	14
	氨氮	12~15	30	0.3~15	2.7	0.1~10	1.2	19
	亚硝酸盐氮	—	—	0.03~1.5	0.2	0.05~0.7	0.1	13
	硝酸盐氮	—	—	0.4~12	1.7	0.2~3	1.4	15
	凯氏氮	25	50	2~20	5.4	1~6	2.3	13
	总氮	25	50	3~22	8	1~20	4	38
	磷酸盐	5	20	0.1~1.5	0.3	0.05~1	0.13	7
	总磷	—	—	0.05~4	0.6	0.05~2	0.3	26
	阴离子剂	—	—	0.2~0.3	0.25	0.1~0.2	0.15	2
	氰化物[③]	0~3	5	0.003~0.1	0.015	0.001~0.03	0.004	16
	硫化物	5	10	0.005~0.2	0.05	0.002~0.25	0.025	16
	酚	12	25	0.01~0.4	0.1	0.001~0.3	0.02	29
	MTBE[③]	0~3	15	0.003~0.1	0.02	0.001~0.03	0.005	3
	氟化物[③]	0~30	60	0.2~3	0.8	0.3~2	0.6	7
	苯	—	10	0.001~0.1	0.001	0.001~0.05	0.002	10
	甲苯	—	—	0.001~0.6	0.003	0.001~0.1	0.004	10
	乙苯	—	—	0.001~0.005	0.001	0.001~0.007	0.004	9
	二甲苯	—	—	0.001~0.2	0.001	0.001~0.15	0.004	7
	BTEX	5	10	0.001~1	0.005	0.001~0.2	0.01	10
	PAH-16	0.1	0.5	0.0001~0.01	0.0007	0.0001~0.005	0.0003	11
	As	—	—	0.001~0.02	0.003	0.001~0.02	0.0007	21
	B	—	—	0.2~0.6	0.4	—	—	4
	Cd	—	—	0.001~0.05	0.001	0.0001~0.005	0.001	18
	Cr	—	100	0.001~0.05	0.003	0.0001~0.005	0.001	23
	VI	—	—	0.001~0.02	0.002	0.0001~0.002	0.001	7
	Co	—	—	0.001~0.003	0.001	—	—	3
	Cu	—	—	0.01~0.1	0.05	0.001~0.03	0.002	27
	Fe	—	—	0.15~3	0.4	0.01~0.6	0.15	14
	Hg	—	—	0.0001~0.003	0.0002	0.0001~0.002	0.0001	21
	Mn	—	—	0.02~0.5	0.08	0.001~1.8	0.04	9
	Mo	—	—	0.004~0.02	0.01	—	—	4

续表

项目		API、CPI 和 SWS 预处理后		WWTP 下游年排放组分		比负荷，g/t 进料		数量⑤
		平均值	最大值	范围(最小值~最大值)		前 5%~95%	前 50%	
				前 5%~95%	前 50%			
浓度 mg/L	Ni	—	—	0.002~0.1	0.01	0.001~0.03	0.006	22
	Pb	—	10	0.0001~0.01	0.001	0.0001~0.02	0.005	25
	Se	—	—	0.003~0.08	0.04	—	—	5
	Sn	—	—	0.001~0.02	0.01	0.0005~0.005	0.004	6
	V	—	—	0.005~0.1	0.02	0.001~0.01	0.003	10
	Zn	—	—	0.005~0.12	0.03	0.001~0.1	0.015	29
	重金属⑥	1	2	0.05~1.0	0.2	0.02~2	0.1	—

①按 EN 9377—1 方法检测烃油指数；

②按 EN 9377—2：2000(GC-FID)方法检测烃油指数；

③取决于相关的装置是否为炼厂的组成部分；

④不适用；

⑤提供给 TWG 的厂址适用年度浓度值的数量；

⑥以下金属百分比的总和：Cd，Cr，Cu，Hg，Mn，Ni，Pb，Se，Sn，V，Zn。

表 5.26　41 个欧洲炼厂废水量的概要数据

废水类型	范围（前 5%~95%）	中值（前 50%）	废水类型	范围（前 5%~95%）	中值（前 50%）
工艺废水，$10^6m^3/a$	0.55~10	2.58	可能污染的雨水，$10^6m^3/a$	0.09~2.3	0.48
单位废水量，m^3/t	0.11~1.57	0.38	单位废水量，m^3/t	0.02~0.2	0.08
冷却废水，$10^6m^3/a$	0~212	0.9	总废水量，$10^6m^3/a$	0.54~65	2.9
单位废水量，m^3/t	0~58	0.08	单位废水量，m^3/t	0.15~11.68	0.44

5.6.2　国内炼厂污水处理厂处理系统及污染负荷

调查了 30 座废水处理厂，虽然使用的技术名称不同，但工艺路线基本相同，大体可分为物化、生化、后处理三个部分，即常规的三级处理。几乎所有处理厂的流程都是从事故罐或调节罐开始，之后是隔油池、一级或二级浮选；生化工艺普遍包括常规的曝气池、二级沉淀池的组合，厌氧、MBR、氧化塘、介质过滤工艺应用较少。“年度数据”只是给出了部分一级生化池—曝气池的水量、曝气时间(反应时间)、进出水 COD、污泥浓度等，列出了其他生化池的污泥浓度、溶解氧等，不足以核算污泥负荷、去除的 COD 量、判断生物活性和去除 COD 的作用。相关数据见表 5.27、表 5.28 和表 5.29。

表 5.27　所调查的污水处理厂进水水质与出水水质

序号	处理量 10^4t/a	进水水质										出水水质					
		油 mg/L	COD mg/L	pH 值	硫 mg/L	酚 mg/L	氨氮 mg/L	温度 ℃	油 t/a	COD t/a	酚 t/a	油 mg/L	COD mg/L	pH 值	硫 mg/L	酚 mg/L	氨氮 mg/L
1	478.9	87.7	1263	8.43	5.1	41	24.9		420.0	6048.5	196.3	2.7	61	7.62	0.02	0.05	13.3
2	296.9	24.4	653	8.92	1.4	28.5	47.2	25	72.4	1938.8	84.6	1.9	73	7.27	0.03	0.02	0.39
3	27.3		1646	7.31			225	34		449.4			54	7.5	0.04		0.76
4	201.5	51.1	398	7.57	1.1	23.7	12.1	36.4	103.0	802.0	47.8	1.2	37	7.52	0.06	0.01	0.52
5	889.7	90	516	8.12	4.4	11.6	7.1	34	800.7	4590.9	103.2	18.3	196	8.1	0.35	6.85	8.51
6	616	40.8	533	7.85	2.6	10.9	10.7	29	251.3	3283.3	67.1	0.9	26	7.03	0.07	0.12	0.47
7	201.9	18.4	145	6.72	0.2	0.5	5.9	25	37.1	292.8	1.0	1.2	20	6.97	0.04	0.05	1.08
8	450.9	63.8	707	8.03	2.8	25.3	26.1	35.8	287.7	3187.9	114.1	1.2	46	8.03	0.05	0.05	1.45
9	510	107	1181	8.5	53	47	40	32	545.7	6023.1	239.7	1.5	42	6.5	0.01	0.05	0.05
10	395.7	11	99	7.6	0.1	0.1	1	25.5	43.5	391.7	0.4	1.8	52	7.5	0.1	0.1	0.34
11	423	4.9	80	7.5	0.1	0.1	0.3	25	20.7	338.4	0.4	1.9	54	7.5	0.04	0.05	0.05
12	496.3	224.9	1498	7.99	5.7	32	33.3	30	1116.2	7434.6	158.8	1.5	35	7.45	0.01	0.05	0.18
13	576.9	38.5	645	8.2	6.1	8.6	17.7	30	222.1	3721.0	49.6	0.3	29	7.47	0.03	0.03	0.23
14	241	34.5	460	7.8			12.8	28	83.1	1108.6		0.6	54	7.5			5.54
15	241	0.6	54	7.5			5.5	29	1.4	130.1		0.1	22	7.57			0.6
16	183	60.6	924	8.11	7.8	52.1	25.6	21.1	110.9	1690.9	95.3	0.9	31	7.97	0.27	0.22	0.8

续表

序号	处理量 10^4t/a	进水水质										出水水质					
		油 mg/L	COD mg/L	pH 值	硫 mg/L	酚 mg/L	氨氮 mg/L	温度 ℃	油 t/a	COD t/a	酚 t/a	油 mg/L	COD mg/L	pH 值	硫 mg/L	酚 mg/L	氨氮 mg/L
17																	
18	280.4	394	820	7.78	13.4	45.1	26.2	35.2	1104.8	2299.3	126.5	0.7	33	7.66	0	0.02	0.49
19	192																
20		21.9	1465					34				91	959	7.86	21.63	19.44	31.9
21	175.2		1407	8.78	32.2		24.2	40		2465.1		2.6	48		0.16		9.89
22	386		1694	8.4	19.2		28.3	20		6538.8		3	46	7.89	0.01		0.77
23	158	515	1121	8.28	35	40.4	40.7	35	813.7	1771.2	63.8	1.9	44	7.81	0.02	0.25	0.94
24	811.3	166.1	391	7.73		11.3	12.3	28.1	1347.6	3172.2	91.7	0.8	24	7.46	0.05	0.02	0.65
25	262	106.6	790	8.04	14.8	14.3	29.6	35	279.3	2069.8	37.5	0.7	9	7.69	0.26	0.01	1.2
26	176.6	176.5	916	7.62	8.6	7.1	15.5	35	311.7	1617.7	12.5	0.3	27	8.26	0.03	0.03	0.68
27	210.9	38.9	986	8.23	1.1	32.6	23.4	34	82.0	2079.5	68.8	0.4	26	7.86	0.01	0.01	1.14
28	412.8	18.5	726	8.82	17.7	14.5	20.1	34.5	76.4	2996.9	59.9	0.9	30	7.52	0.02	0.02	0.2
29	1049.2	600	900	6	40	1	60	35	6295.2	9442.8	10.5	0.2	27	8.23	0.01	0.01	0.07
最小值	27.3	0.6	54	6.0	0.1	0.1	0.3	20.0	1.4	130.1	0.4	0.1	9.0	6.5	0.0	0.0	0.1
平均值	383.1	120.7	815	7.9	12.4	21.3	29.8	31.0	627.2	2918.7	77.6	5.3	78.0	7.6	0.9	1.2	3.0
最大值	1049.2	600.0	1694	8.9	53.0	52.1	225.0	40.0	6295.2	9442.8	239.7	91.0	959	8.3	21.6	19.4	31.9

表5.28　所调查污水处理厂在运处理设施

序号	事故罐	调节罐	含油污水罐中罐	含盐污水罐中罐	含碱污水罐中罐	中和水罐	油水分离器	平流隔油池	斜板隔油池	浮选池	一级浮选池	二级浮选池	曝气池	MBR膜生物反应器	活性炭吸附罐	后浮选池	氧化塘（好氧池）	厌氧池/缺氧池	砂滤罐	二次沉淀池	纤维束过滤罐	生化沉淀池	混凝沉淀池
1	√	√							√		√	√	√							√	√		
2	√	√	√							√	√	√	√				√	√		√			
3	√	√											√										
4	√	√					√							√			√	√					
5		√						√			√	√	√										
6	√	√	√						√		√	√											
7	√	√								√			√			√	√	√	√				
8	√		√						√	√	√	√	√					√					
9	√										√		√		√			√		√	√		√
10	√	√				√		√					√		√				√		√		
11	√	√				√		√					√		√				√		√		
12	√	√	√				√			√	√	√	√		√		√	√	√		√	√	√
13	√	√				√		√		√			√										√
14	√							√	√	√	√	√	√						√	√			
15										√			√								√		
16	√		√			√	√				√	√	√			√			√	√			
17																							

续表

序号	事故罐	调节罐	含油污水罐中罐	含盐污水罐中罐	含碱污水罐中罐	中和水罐	油水分离器	平流隔油池	斜板隔油池	浮选池	一级浮选池	二级浮选池	曝气池	MBR膜生物反应器	活性炭吸附罐	后浮选池	氧化塘（好氧池）	厌氧池/缺氧池	砂滤罐	二次沉淀池	纤维束过滤罐	生化沉淀池	混凝沉淀池
18		√						√	√	√	√	√					√	√	√				
19		√									√	√	√				√						
20	√		√	√						√	√	√	√	√					√				
21	√	√	√						√	√	√	√	√				√	√	√	√			
22																							
23	√	√						√			√	√	√			√	√	√					
24	√		√		√	√	√	√	√	√	√	√	√		√			√					
25	√	√				√		√		√	√		√				√	√	√	√			
26		√		√	√			√			√	√		√	√		√	√	√	√		√	
27	√	√				√				√	√	√	√		√								
28	√	√	√								√	√	√			√	√	√					√
29	√	√				√				√			√		√			√	√				√
30	√		√			√	√	√			√	√	√				√		√	√			
数量	23	20	10	2	2	9	5	11	7	14	20	18	24	3	8	4	12	14	13	9	6	2	5
占比，%	77	67	33	7	7	30	17	37	23	47	67	60	80	10	27	13	40	47	43	30	20	7	17

表 5.29　所调查污水处理厂生化系统运行参数

序号	一级生化池						A/O 生化池		二级生化池			外排污水	COD 总去除率，%
	进水 COD mg/L	出水 COD mg/L	曝气时间，h	处理量 m^3/h	风量 m^3/min	污泥浓度，g/L	处理量 m^3/h	污泥浓度，g/L	处理量 m^3/h	风量 m^3/min	污泥浓度，g/L	COD mg/L	
1	455	42	10	547	250	4.11						42	90.77
2	433	74.4	24	650	302	4						68.1	84.27
3	1224	258	24									58	95.26
4	242	52.4	9.5	102	40	1.72			101.5	30	1.02	31.33	87.05
5	256	120	5.5									195.79	23.52
6							900	2.3				26.25	
7	62.9	46.5	24				240.4	0.1				20.2	67.89
8	422	75.8	4									45.51	89.22
9	541		4.29	620		3.2			620		2.35	41.78	92.28
10	94		5.87										
11	54.2		5.87										
12	485	387	8760				569.6	4.71				34.53	92.88
13	521						658	5				29	94.43
14	230		18				650	3					
15	41	31										31.02	24.34

续表

序号	一级生化池						A/O 生化池		二级生化池			外排污水	COD 总去除率,%
	进水 COD mg/L	出水 COD mg/L	曝气时间, h	处理量 m^3/h	风量 m^3/min	污泥浓度, g/L	处理量 m^3/h	污泥浓度, g/L	处理量 m^3/h	风量 m^3/min	污泥浓度, g/L	COD mg/L	
16	327	73.9	20				188.9	5.68					
17	389	61											
18							319.9	2.51				33.2	
19													
20													
21	687	56.6	8									48.36	92.96
22	687	57											
23	678	678					168.8					46.4	93.16
24				180					180			44	
25							463.1	2.92				24.11	
26	454	98		350	100	3.6						17.64	96.11
27	849	100					201.6	2000	240	25		27.06	96.81
28	286	236	25				400	2.56				25.63	91.04
29							235.5	5.18				30.25	
30	450	70					625	3.5				27.53	93.88

不同废水处理厂进水温度、pH 值分别为 20～40℃和 6.0～8.9，普遍偏碱性。进水的油、酚、COD 浓度相差很大，分别为 0.6～600mg/L、0.1～53mg/L 和 54～1694mg/L。进水中硫和氨氮的浓度范围分别为 0.1～53mg/L 和 0.3～225mg/L，虽然与原油的硫和氮含量密切相关，但主要取决于酸性水汽提、硫黄和氨回收装置以及焦化装置的控制水平相关。除极个别高值，出水含油量均低于 3mg/L，COD 均低于 60mg/L，酚低于 0.8mg/L。进水 COD、酚和油含量之间总体为正相关关系。在进入生化处理工艺之前，经过隔油、浮选等物化处理，污水中含油量基本可降低到 20mg/L 左右，溶解性 COD 和酚的变化不大。可以认为，酚和非石油烃有机物对 COD 的贡献显著，同时会对装置区的油水分离造成不利影响，如产生较为严重的乳化、导致排水含油量高等。

按废水处理厂的处理规模、进水 COD、含油量、相应的加工规模，计算了单位原油加工量的水量、COD、油量、单位原油输入的酸值(kg KOH/t 原油)，以及不同炼厂的加权平均值，见表 5.30。废水负荷为 0.41～1.38t/t 原油，最大值是最小值的 3 倍左右；加权平均值与中位数量相同(0.70t/t 原油)，可以代表行业的排放水平和相应的消耗水平。尽管油负荷的高值和低值相差近 2 个数量级，从 0.01～0.83kg/t 原油，加权平均值和中位值分别为 0.10kg/t 原油和 0.06kg/t 原油。虽然原油的酸值与废水的 COD 含量直接相关，但在分析的范围内，没有发现二者的相关性。

表 5.30　所调查 25 个炼厂的废水负荷

序号	废水负荷 t/t 原油	COD 负荷 kg/t 原油	油负荷 kg/t 原油	酸值 kg KOH/t 原油
1	0.80	1.02	0.07	0.04
2	0.64	0.47	0.01	0.09
3	0.53	0.21	0.03	0.03
4	0.99	0.51	0.09	0.09
5	1.04	0.46	0.04	0.09
6				0.11
7	1.05	0.74	0.07	2.41
8	1.16	0.59	0.05	1.97
9	0.90	1.35	0.20	0.66
10	0.44	0.28	0.02	0.06

续表

序号	废水负荷 t/t 原油	COD 负荷 kg/t 原油	油负荷 kg/t 原油	酸值 kg KOH/t 原油
11	0. 53	0. 14	0. 01	0. 10
12	0. 41	0. 38	0. 02	0. 09
13	0. 72	0. 59	0. 28	
14				1. 04
15				0. 37
16	1. 17	1. 64		0. 21
17	0. 64	1. 09		2. 10
18				1. 11
19	0. 79	0. 88	0. 40	0. 26
20	0. 92	0. 36	0. 15	0. 18
21	0. 56	0. 44	0. 06	0. 10
22	0. 50	0. 46	0. 09	0. 06
23	0. 56	0. 55	0. 02	0. 14
24	0. 51	0. 37	0. 01	0. 54
25	1. 38	1. 24	0. 83	0. 51
加权平均值	0. 70	0. 51	0. 10	0. 52
最大值	1. 38	1. 64	0. 83	2. 41
最小值	0. 41	0. 14	0. 01	0. 03
前 10%	0. 50	0. 28	0. 01	0. 06
前 50%	0. 70	0. 51	0. 06	0. 19
前 90%	1. 17	1. 35	0. 49	2. 06

另外，还调查了 37 座炼油废水处理厂的运行数据(表 5. 31)，包括总计 67 个处理/分离单元或工艺的部分进出水数据。在此基础上，根据数据之间的逻辑关系，计算出未直接提供的参数，如根据一个系统或单元/工艺的 COD 去除率、去除量和水量，计算出进水 COD 浓度。不同处理厂、相同处理厂不同装置报告的项目和相应的数据(水质分析的项目和工艺位置)并非完全相互对应。一些数据不具备对比分析的条件，仅作为资料列出；多数废水处理厂的实际运

行水量(水力负荷)远低于设计水量，最低负荷率为 13%，中值为 60%，只有 3 个处理厂(包括 1 个转输站)达到了 100%。水力负荷低，意味着所有污染物的负荷低、反应时间和分离时间更长。在分析处理效果时，必须充分考虑到这一点；进水 COD 的最大值、最小值和中值分别为 1480mg/L、128mg/L 和 597mg/L。虽然石油是 COD 的主要来源，但二者没有明显的正相关关系(石油类的最大值、最小值和中值分别为 468mg/L、2mg/L、49mg/L)，充分验证了非烃有机物对 COD 的重要贡献。对于溶解有机物/COD 的去除，分析物化处理(去除非溶解油/非溶解有机物的隔油、浮选等)之后或生物处理(去除溶解性 COD)之前的数据更有意义，如 COD 最大值 790mg/L 对应含油量为 19.7m/L，COD 最低值 224mg/L 与含油量最低值 1.1mg/L 对应则可能是偶然因素，或者可能是废水中非烃有机物(如非烃、溶解/极性有机物)含量会影响物化除油的效果；COD 的中值为 575mg/L，与总进水的相应数据相当。

表 5.31　所调查炼厂废水处理厂运行数据

企业	序号	设施名称	处理工艺	COD mg/L		硫化物 mg/L		氨氮 mg/L		石油类 mg/L	
				进水	出水	进水	出水	进水	出水	进水	出水
SP1		合计/加权平均值		339		1.2		9.5		3.2	
SP1	1	1000t/h 生产废水处理系统	气浮、活性污泥								
SP1	101	气浮	气浮								
SP1	102	生化	活性污泥法	75	47	0.1	0.02	2.5	0.8	1.2	0.6
SP1	2	200t/h 电脱盐污水处理系统	涡凹气浮、溶气气浮、A/O、MBBR、臭氧氧化、接触氧化	790	58	6.2	0.01	33.4	1.0	19.7	0.6
SP1	201	一级气浮	涡凹气浮								
SP1	202	二级气浮	溶气气浮								
SP1	203	均质罐	调节								
SP1	203	A/O 池	A/O	790	130	6.2	—	33.4	13.4	19.7	—
SP1	205	O2 池	MBBR	130	116	—	—	13.4	9.2	—	—

续表

企业	序号	设施名称	处理工艺	COD mg/L		硫化物 mg/L		氨氮 mg/L		石油类 mg/L	
				进水	出水	进水	出水	进水	出水	进水	出水
SP1	206	臭氧接触池	臭氧氧化	116	74	—	—	9.2	—	—	—
SP1	207	生物曝气滤池	生物接触氧化	74	58	—	0.01	—	1.0	—	0.6
SP1	3	1200t/h(700t/h)低浓度系统	隔油、聚结、4级接触氧化、沉淀	445	60	0.7	0.04	18.8	0.7		1.1
SP1	301	圆形隔油池	隔油								
SP1	302	污水调节罐	调节均质缓冲								
SP1	303	高效聚结除油器	隔油								
SP1	304	一级气浮	浮选								
SP1	305	二级气浮	浮选								
SP1	306	生化A池	生物接触氧化法	445	202	0.7	0.05	18.8	3.7	10.1	1.2
SP1	307	生化O1池	生物接触氧化法	202	143	0.3	—	12.4	3.1	25.6	—
SP1	308	生化O2池	生物接触氧化法	143	—	—	—	3.1	—	—	—
SP1	309	生化O3池	生物接触氧化法	—	—	—	—	—	—	—	—
SP1	310	沉淀池	沉淀	—	60	—	0.04	—	0.7	—	1.1
SP1	6	第一作业区污水处理场	调节、隔油、气浮、生物接触氧化								
SP1	601	污水罐	调节	270	28	0.1	0.02				
SP1	602	平流/斜板隔油池	隔油					—	1.0	37.1	2.7
SP1	603	浮选池	气浮								
SP1	604	生化滤池	生物接触氧化法	270	28	0.1	0.02	—	1.0	37.1	2.7
SP1	7	第三作业区处理场	调节、隔油、气浮、生物接触氧化、BAF	224	28		0.05		0.3		0.8
SP1	701	调节池	调节								

续表

企业	序号	设施名称	处理工艺	COD mg/L		硫化物 mg/L		氨氮 mg/L		石油类 mg/L	
				进水	出水	进水	出水	进水	出水	进水	出水
SP1	702	平流/斜板隔油池	隔油								
SP1	703	涡凹气浮池	气浮								
SP1	704	生化滤塔	生物接触氧化法	224	—	—	—	—	—	1.1	—
SP1	705	BAF 装置	BAF	224	28	—	0.05	—	0.3	1.1	0.8
SP1	8	100t/h 高氨氮污水处理系统	活性污泥法	773	54	—	—	365.0	1.0	—	—
SP1	9	输油站污水处理场	生物接触氧化法	142	22	0.3	0.16	—	0.7	2.1	1.1
SP16		合计/加权平均值		839		0.7		29.5		77.7	
SP16	1	含油污水系列	调节、隔油、二级气浮、PACT 生化	821	49	1.7	0.01	49.6	6.9	81.2	1.0
SP16	101	调节罐	调节	821	793	1.7	1.72	49.6	48.0	81.2	64.4
SP16	102	油水分离器	隔油	793	726	1.7	1.71	48.0	47.1	45.4	30.3
SP16	103	引气气浮	气浮	726	703	1.7	1.70	47.1	46.7	30.3	28.1
SP16	104	溶气气浮	气浮	703	686	1.7	1.69	46.7	45.1	28.1	27.7
SP16	105	PAC 系统	PACT 生化	690	49	1.7	0.01	50.0	6.9	28.4	1.0
SP16	106	砂滤池	石英砂过滤	—	—	—	—	—	—	—	—
SP16	2	含盐污水系列	调节、隔油、二级气浮、PACT 生化	866	62	1.7	0.02	42.9	5.4	72.6	1.7
SP16	201	调节罐	调节	866	752	1.7	1.62	42.9	41.3	72.6	51.5
SP16	202	油水分离器	隔油	752	731	1.6	1.59	41.3	39.2	36.0	25.0
SP16	203	引气气浮	气浮	731	610	1.6	1.55	39.2	37.6	25.0	24.1
SP16	204	溶气气浮	气浮	610	573	1.6	1.52	37.6	36.7	24.1	22.2

续表

企业	序号	设施名称	处理工艺	COD mg/L		硫化物 mg/L		氨氮 mg/L		石油类 mg/L	
				进水	出水	进水	出水	进水	出水	进水	出水
SP16	205	PACT 生化系统	PACT 生化	582	62	1.5	0.02	36.7	5.4	22.8	1.7
SP16	206	含盐砂滤池	石英砂过滤	—	—	—	—	—	—	—	—
SP7		合计/加权平均值		128				42.0			
SP7	5	炼油第一污水处理场	隔油、气浮	128	37			46.7	36.9		
SP8	501	含油隔油罐	隔油	128				46.7	36.9		
SP8	502	含油一级浮选池	气浮								
SP8	503	含油二级浮选池	气浮								
SP8	504	含油序进浮选池	气浮								
SP8	505	含油溶气浮选池	气浮								
SP8	6	炼油第二污水处理场	隔油、气浮、两级曝气、MBBR	785	357	18.2	17.44	37.1	35.2		
SP8	601	隔油罐	隔油	785	542	18.2	17.44	37.1	35.2		
SP8	602	浮选池	浮选	567	357			49.7	46.8		
SP8	603	曝气	一级曝气								
SP8	604	曝气	二级曝气								
SP8	605	浮选池	MBBR								
SP9		合计/加权平均值		681		7		477.3	379.3		

续表

企业	序号	设施名称	处理工艺	COD mg/L		硫化物 mg/L		氨氮 mg/L		石油类 mg/L	
				进水	出水	进水	出水	进水	出水	进水	出水
SP9	1	含油污水系列	调节罐+除油+涡凹气浮+溶气气浮+均质	590	574	2.3	0.42	605.2	416.9	468.0	212.0
SP9	101	含油油水分离器		590	586	2.3	1.00	605.2	486.9	594.4	468.0
SP9	102	含油气浮+均质罐		586	574	1.0	0.42	486.9	416.9	468.0	212.0
SP9	2	含盐污水系列	调节罐+除油+涡凹气浮+溶气气浮+均质	930	820	20.8	1.31	130.7	125.8	139.0	139.0
SP9	201	含盐油水分离器		930	919	20.8	15.79	134.0	130.7	283.0	139.0
SP9	202	含盐气浮		919	820	15.8	1.31	130.7	125.8	139.0	106.0
SP10	1	炼油装置含油污水预处理场	调节、隔油、二级气浮	480	230						
SP10	101	提升井	隔栅	—	—	—	—	—	—	—	—
SP10	102	调节罐	调节	—	—	—	—	—	—	—	—
SP10	103	隔油池	隔油	—	—	—	—	—	—	—	—
SP10	104	一级气浮	气浮	480	—	—	—	—	—	—	—
SP10	105	二级气浮	气浮	—	—	—	—	—	—		
SP10	106	监测池	监测	—	410	—	—	—	—	—	10.4
SP3		合计/加权平均值									
SP3	1	高浓度污水处理系统	隔油、气浮、4级BAF、高浓度MBBR、催化氧								

续表

企业	序号	设施名称	处理工艺	COD mg/L		硫化物 mg/L		氨氮 mg/L		石油类 mg/L	
				进水	出水	进水	出水	进水	出水	进水	出水
SP3	2	低浓度污水处理系统	隔油、气浮、低浓度MBBR、二级沉淀池								
SP23		合计/加权平均值									
SP23	1	含油污水处理系统	罐中罐除油+油水分离器、涡凹气浮+溶气气浮、A/O、MBR								
SP23	2	含盐污水处理系统	涡凹气浮、溶气气浮、氧化沟、三级混凝								
SP23	3	高含盐预处理系统	两级气浮、水解+接触氧化								
SP4	1	污水处理场	隔油、一二级浮选、生化、后浮选、BAF池								
SP5		合计/加权平均值									
SP5	1	低浓度废水	油水分离、涡凹浮选、A/O、曝气氧化塘								
SP5	2	高浓度废水	油水分离、涡凹浮选、A/O、曝气氧化塘								
SP6	1	炼油污水处理场	两级隔油、两级浮选、曝气、MBR	600	70						
SP22	1	BAF高浓度废水预处理	隔油、生物滤池	9000	2000						
SP7		合计/加权平均值									

续表

企业	序号	设施名称	处理工艺	COD mg/L		硫化物 mg/L		氨氮 mg/L		石油类 mg/L	
				进水	出水	进水	出水	进水	出水	进水	出水
SP7	1	1#污水处理场	隔油—调节—浮选—生化—MBBR-BAF—双膜系统								
SP7	2	2#污水处理场	细格栅、曝气沉沙池、曝气池、沉淀池、三槽式氧化沟、浓缩池、废气洗涤池/生物滤池								
SP20		合计/加权平均值		582	56	0.8	0.12	28.0	4.1	3.9	1.7
SP20	1	1#污水处理装置	细格栅、曝气沉沙池、曝气池、沉淀池、三槽式氧化沟、浓缩池、废气洗涤池/生物滤池	594	57	0.8	0.11	29.0	3.5	4.0	2.0
SP20	2	2#污水处理装置	格栅、曝气沉砂、气浮池、匀质池、生化池、溶气气浮、“臭氧氧化+曝气生物滤池”	565	54	0.6	0.12	26.7	5.0	3.7	1.3
SP21	1	净一装置	均质、调节+平流斜板隔油+涡凹、溶气两级气浮与缺氧—好氧活性污泥法(A/O)	297	49	1.0	0.10	9.0	4.2	11.9	2.2
SP11		合计/加权平均值		720	52	33.5	1.31			55.6	1.6
SP11	1	含盐污水	隔油、气浮、A/O池	682	60	25.0	1.50		120.0	60.0	2.3
SP11	2	高含盐污水	隔油、气浮、厌氧+曝气+BAF	781	39	47.0	1.00		50.0	48.5	0.5

续表

企业	序号	设施名称	处理工艺	COD mg/L		硫化物 mg/L		氨氮 mg/L		石油类 mg/L	
				进水	出水	进水	出水	进水	出水	进水	出水
SP12	1	西区污水处理厂	浮选池、隔油池、鼓曝池、二级沉淀池	546	76	1.0	0.06	41.3	11.8	64.8	2.7
SP22	1	污水处理厂	隔油池、调节池、均质池、曝气池、二级沉淀池、放流池	525	48	2.2	0.02		1.0	15.0	0.4
SP13		合计/加权平均值		1480	57			26.7	3.1	108.5	2.1
SP13	1	含油污水	隔油、浮选+生化+膜过滤+活性炭过滤								
SP13	2	含盐污水									
SP14	1		隔油、二级浮选、三级生化+粉末活性炭	923	52	0.4	0.05	33.4	10.0	206.6	3.0
SP14	101	平流+斜板+罐中罐	平流+斜板+罐中罐			0.4		26.9		206.6	63.5
SP14	102	一级浮选	罐中罐								45.9
SP14	103	二级浮选	溶气浮选		650		0.31		34.6		28.0
SP14	104	一级生化	活性污泥法投加活性炭粉末		280				30.3		15.0
SP14	105	二级生化	活性污泥法投加活性炭粉末		138		0.11		15.9		9.0
SP14	106	A/O	生物膜法氧化沟		58		0.05		8.4		5.7
SP14	107	外排			52		0.10		6.7		5.1
SP24	1	污水处理厂	油水分离器、涡凹气浮、溶气气浮、A/O、混凝沉淀、流砂过滤	723	56	0.2	0.02	16.5	0.1	46.9	3.2
		总进/出水	有效数据量	22	19	17	17	16	19	16	17

续表

企业	序号	设施名称	处理工艺	COD mg/L		硫化物 mg/L		氨氮 mg/L		石油类 mg/L	
				进水	出水	进水	出水	进水	出水	进水	出水
			最大值	1480	76	47.00	1.50	605	120	468	3
			最小值	128	22	0.15	0.01	9	0.1	2	0.4
			中值	597	54	1.36	0.06	33	4	49	2
		物化后/生化前	有效数据量	8						7	
			最大值	790						37	
			最小值	224						1	
			中值	575						21	

5.6.3　炼油废水处理流程分析

（1）一级处理。

炼厂普遍将炼油废水分为含盐和含油系列或者低浓度和高浓度废水系列(分别处理)，但相同企业的进水水质没有表现出明显的规律性：一个炼厂含油和含盐系列处理流程开始端的COD和含油量分别为821mg/L和89.2mg/L、866mg/L和72.6mg/L，而另一个炼厂分别为590mg/L和486.9mg/L、930mg/L和283.0mg/L；物化处理普遍为隔油、二级浮选(涡凹浮选、溶气浮选)，个别处理厂采用了三级浮选和聚结除油，但出水的含油量均达到了较低水平，生化处理之前的最大值、最小值和中值分别为37mg/L、1.1mg/L和22mg/L，处理水平、效率与处理流程的级数没有明显的正相关关系。例如，一个炼厂两套装置的气浮装置的进水、中间出水、出水的含油量分别为30.3mg/L、28.1mg/L、27.7mg/L和25.0mg/L、24.1mg/L、22.2mg/L(在进水含油量很低的情况下，几乎没有明显的去除效果)；另一个炼厂的一级溶气浮选将含油量从45.9mg/L降低到38mg/L；还有一个炼厂的含油和含盐气浮进出水含油量分别为468.0mg/L、212.0mg/L和139.0mg/L、106.0mg/L。浮选的分离效果主要取决于总的水力/污染负荷(气固比等)、乳化油的分离特性和破乳效果，机理上与级数没有关系，采用多级浮选的原因可能是为了回收不同品质的污油(是否投加混凝剂/破乳剂、投加量和种类的差异)、增加处理负荷、提高处理水平等因素。

（2）二级处理。

有机物或COD的去除主要通过生化处理完成。虽然总体可分为膜法和泥法两类，流程的组合更为复杂和丰富，一般为A/O或活性污泥、移动床生物反应器(MBBR)或曝气生物滤池，少数处理厂采用了厌氧、水解酸化、PACT(粉末活性炭与活性污泥)、MBR(膜生物反应器)和高级氧化。出水COD为22~76mg/L(中值为54mg/L)，符合排放标准或回用的要求。考虑到低水力负荷、相应有机负荷和不同工艺、不同组合的背景条件，可以认为，处理效果或水平主要取决于基质本身的降解特性(生物适用性、抑制性)和降解条件(营养物、氧、生物量等)，与工艺的选择和组合没有必然的联系。例如：第一个炼厂，200t/h电脱盐系列A/O进水的COD从790mg/L降到130mg/L，之后顺序为MBBR、臭氧氧化、曝气生物滤池，出水的COD分别为116mg/L、74mg/L、58mg/L和60mg/L(增加了2mg/L，可以认为没有变化)，只有臭氧氧化的效果比较明显(去除了42mg/L)；第二个炼厂，1200t/h低浓度污水处理系统为四级接触氧化，COD从445mg/L降到60mg/L；第三个炼厂，含油和含盐系列的PACT的进出水COD分别为821mg/L和49mg/L、690mg/L和49mg/L(没有区分吸附和降解的作用)；第四个炼厂，曝气+MBR组合的COD从600mg/L降到70mg/L；第五个炼厂，1#和2#处理装置流程分别为生化池、臭氧氧化+曝气生物滤池与缺氧—好氧活性污泥法(A/O)，两个系列的进、出水COD都非常接近，即594mg/L、57mg/L与565mg/L、54m/L。处理最后出水的含油量很低，在0.4~3mg/L之间(中值为2mg/L)，基本不受进水、处理工艺的影响。

DL石化电脱盐装置正常操作时电脱盐污水进入污水处理厂调节池，电脱盐反冲洗水排入沉降罐(3个，每个500m^3)，沉降处理1周后，将上层废液用提升泵提升至压舱水罐(5000m^3，目前已经没有压舱水)，再沉降一周后顶部污水排入污水处理厂，经其他污水稀释后进入污水处理流程，下层占50%的污泥外委处理。酸性水汽提实际运行酸水硫含量为3000~4000mg/L，实际出水COD浓度为400~500mg/L，石油类低于1mg/L，硫含量为0.01~0.1mg/L，氨氮为1~10mg/L。DL石化污水处理厂进出水水质见表5.32。综合污水厂进水石油类为12~43mg/L，平均值为23mg/L；COD为300~897mg/L；挥发酚为6.9~2.4mg/L，平均值为10.7mg/L；进水氨氮为30mg/L左右。生化段为常规的A/O，停留时间约为60h，之后为高密池和三级澄清池沉降。最终出水石油类小于0.1mg/L，COD低于30mg/L。

表 5.32　DL 石化污水处理厂进出水水质

项目	总进水	生化段进水	高密池出水	三级澄清池出水
COD，mg/L	430	510	17	29
BOD_5，mg/L	91.2	115	4	5.9
SS，mg/L	110	7	4	3
TN，mg/L	57.5	47.7	5.63	4.51
NH_4^+-N，mg/L	40.6	30.7	0.86	0.20
TP，mg/L	0.78	0.53	0.12	0.23
石油类，mg/L	46.2	6.37	0.52	0.06
六价铬，mg/L	未检出	—	未检出	未检出
挥发酚，mg/L	0.0005	0.0012	0.0006	未检出
硫化物，mg/L	0.160	0.214	未检出	未检出
总氰化物，mg/L	0.003	—	0.004	0.004
氟化物，mg/L	0.28	—	0.16	0.16
总铜，mg/L	未检出	—	未检出	未检出
总锌，mg/L	未检出	—	未检出	0.18
总镉，mg/L	未检出	—	未检出	未检出
总铅，mg/L	未检出	—	未检出	未检出
总砷，mg/L	未检出	—	未检出	未检出
总汞，μg/L	未检出	—	未检出	未检出
总镍，mg/L	未检出	—	未检出	未检出
总铬，mg/L	未检出	—	未检出	未检出
苯并[*a*]芘，mg/L	未检出	—	未检出	未检出
烷基汞，ng/L	未检出	—	未检出	未检出

(3) 深度处理。

深度处理的定义并不十分明确，有时也将常规生化后的介质过滤称为深度处理或三级处理。这里所说的深度处理是指以回用为目的脱盐处理和液体零排放，也包括相应的预处理。除了达标排放，国内炼厂普遍建设了污水深度处理(回用)设施，出水主要用于循环冷却水补充水、锅炉补充水。脱盐均采用“双膜”工艺，预处理工艺则差异较大：既有较为简单的物化处理，如流砂过滤器、活性炭过滤器，也有较为复杂的生化、物化组合工艺，如臭氧氧化+曝气生物滤池(BAF)+快混、絮凝和气浮过滤池。除了改善物理指标，COD 也有所降低，从 60mg/L 降低到 40mg/L。目前还没有取得水回收率、膜污染和膜寿命的可靠数据。

12 家石化企业报告了 17 套废水深度/回用处理(包括化工废水)装置，处理工艺从简单的混凝沉淀到深度脱盐，见表 5.33。深度处理流程中的生物处理工艺均为不同形式的生物滤池，去除 COD 的效果并不明显，SP1 炼油废水的进出水 COD 分别为 69.0mg/L 和 64.7mg/L，化工废水的相应数据为 48.4mg/L 和 35.6mg/L。几乎所有的脱盐都采用超滤+反渗透的脱盐工艺，SP19 有浓水蒸发结晶，SP13 采用了电渗析。虽然没有报告脱盐水平，但是，预计可以满足循环水补充水、化学水甚至锅炉用水要求。脱盐水的 COD 报告值为 0(未检出)~19.0mg/L，去除的有机物和盐等其他污染物进入废物流(包括浓水、冲洗水和化学清洗水)。报告中回用率实际上有两种含义，即处理流程的水回收率和产品水回收率(产品水量与处理水量之比)。对于脱盐工艺应是后者，SP19 的双膜脱盐回收率为 77%~85%，结晶可达到 93%。

表 5.33　所调查炼油废水深度处理厂运行数据

企业	序号	处理工艺	年处理水量，10^4t	回用	年回用水量，10^4t	回用率(水回收率),%	COD	
							进口 mg/L	出口 mg/L
SP1	1	BAF、过滤	390	循环水补水	328	84		
SP1	101	BAF	390	循环水补水			69.0	64.7
SP1	102	多介质过滤	390	循环水补水			69.0	64.7
SP1	2	内循环生物滤池	772	—	0	0	48.4	35.6
SP17	1	自然沉淀	63	澄清池补水	63	100		
SP18	1	沉淀-过滤	340	循环水补水及替代部分生产水	340	100	25.0	20.0
SP7	1	混凝、过滤、超滤、反渗透			52			
SP7	101	混凝		—				
SP7	102	过滤		—				
SP7	103	超滤		—				
SP7	104	反渗透	52		52			

续表

企业	序号	处理工艺	年处理水量，10^4t	回用	年回用水量，10^4t	回用率（水回收率），%	COD	
							进口 mg/L	出口 mg/L
SP7	2	超滤、反渗透	65	第三除盐水站	65	100	40.0	0.0
SP9	1	混凝沉淀+砂滤	162	炼油循环水及动力中心循环水补水，绿化	127	78	58.9	40.0
SP19	1	机械加速澄清池+气浮+超滤+反渗透	1126	生产水补水	867	77	63.0	19.0
SP19	2	臭氧+BAF+高密度澄清池+中高压膜+二级反渗透	239	循环水、生产水补水	204	85		
SP19	201	臭氧+BAF+高密度澄清池+中高压膜+二级反渗透	239	循环水、生产水补水	200	83	77.0	15.0
SP19	202	蒸发结晶	5	循环水、生产水补水	4	93		
SP21	1	超滤、反渗透	0		62			
SP21	101	超滤						
SP21	102	反渗透						
SP11	1	预处理加双膜法	140	化学水	91	65		
SP11	2	MBR+化学沉淀	131	循环水	99	75		
SP11	3	超滤+反渗透	125	循环水	63	50		
SP12	1	超滤、反渗透					36.0	
SP22	1	超滤、反渗透		水汽车间、循环水				
SP13	1	电絮凝+电渗析	67	化纤循环水				24.3
SP14	1	内循环生物曝气滤池（IRBAF）						

5.6.4 炼厂废水处理厂废水负荷衡算

GB 31570—2015《石油炼制工业污染物排放标准》规定(表 5.34)，水污染物排放浓度限值适用于加工单位原(料)油实际排水量不高于基准排水量(排放限值和特别排放限值的基准水量分别为 0.5m^3/t 和 0.4m^3/t)的情况。若加工单位原(料)油实际排水量超过规定的基准排水量，须按公式将实测水污染物浓度换算为基准水量排放浓度，并与排放限值比较判定排放是否达标。原(料)油加工量和排水量统计周期为一个工作日。在企业的生产设施同时适用不同排放控制要求或不同行业国家污染物排放标准，且生产设施产生的废水混合处理排放的情况下，应执行排放标准中规定的最严格的浓度限值，并按公式换算水污染物基准水量排放浓度：

$$\rho_{基} = \frac{Q_{总}}{\sum Y \cdot Q_{基}} \times \rho_{实}$$

式中 $\rho_{基}$——水污染物基准水量排放浓度，mg/L；

$\rho_{实}$——水污染物实际排放浓度，mg/L；

$Q_{总}$——排水总量(包括工艺、冷却系统、蒸汽系统、生活等所有废水)，m^3/t；

Y——原(料)油加工量，t；

$Q_{基}$——排水基准水量，m^3/t。

表 5.34 水污染物排放限值

序号	污染物项目	排放限值		特别排放限值	
		直接排放	间接排放	直接排放	间接排放
1	pH 值	6~9	—	6~9	—
2	悬浮物，mg/L	70	—	50	—
3	化学需氧量，mg/L	60	—	50	—
4	五日生化需氧量，mg/L	20	—	10	—
5	氨氮，mg/L	8.0	—	5.0	—
6	总氮，mg/L	40	—	30	—
7	总磷，mg/L	1.0	—	0.5	—

续表

序号	污染物项目	排放限值		特别排放限值	
		直接排放	间接排放	直接排放	间接排放
8	总有机碳，mg/L	20	—	15	—
9	石油类，mg/L	5.0	20	3.0	15
10	硫化物，mg/L	1.0	1.0	0.5	1.0
11	挥发酚，mg/L	0.5	0.5	0.3	0.5
12	总钒，mg/L	1.0	1.0	1.0	1.0
13	苯，mg/L	0.1	0.2	0.1	0.1
14	甲苯，mg/L	0.1	0.2	0.1	0.1
15	邻二甲苯，mg/L	0.4	0.6	0.2	0.4
16	间二甲苯，mg/L	0.4	0.6	0.2	0.4
17	对二甲苯，mg/L	0.4	0.6	0.2	0.4
18	乙苯，mg/L	0.4	0.6	0.2	0.4
19	总氰化物，mg/L	0.5	0.5	0.3	0.5
20	苯并[*a*]芘，mg/L	0.00003		0.00003	
21	总铅，mg/L	1.0		1.0	
22	总砷，mg/L	0.5		0.5	
23	总镍，mg/L	1.0		1.0	
24	总汞，mg/L	0.05		0.05	
25	烷基汞，mg/L	不得检出		不得检出	

注：废水进入城镇污水处理厂或经由城镇污水管线排放，应达到直接排放限值；废水进入园区(包括各类工业园区、开发区、工业聚集地等)污水处理厂执行间接排放限值，未规定限值的污染物项目由企业与园区污水处理厂根据其污水处理能力商定相关标准，并报当地环境保护主管部门备案。

1~19 项的监测位置为企业废水总排放口，20~25 项的监测位置为车间排放口。排水量计量位置与污染物排放监控位置相同。

结合相应的排放限值浓度，这一规定实际上是给出了加工单位原油的水污染物的排放量上限，没有考虑不同炼厂原油物性、产品分布和相应工艺的复杂性。0.5m^3/t 或 0.4m^3/t 的基准排水量与欧洲炼厂 0.44m^3/t 的中值相近，比调查炼厂的 0.70m^3/t 的中值低得多，说明需要将多数调查炼厂废水处理厂的检测排放浓度乘以大于 1 的系数，得出基准排放浓度，与不同污染物的排放限值对比，确定是否存在“超标排放”。需要指出的是，由于一些炼厂不同程度地回用废水，实际排放水量会比处理水量或废水量低得多。但是，目前的多数回用工艺为双膜脱盐，浓水的相应浓度会成倍增加，并不能消除水污染物或降低单位原油加工量的污染物排放量。

分别计算了调查的不同炼化企业的炼油、化工装置和循环水场、新鲜水脱盐等公用工程设施的废水量，其中工艺废气脱硫和酸性水汽提计入炼油装置。装置废水的含盐量、含油量、酸和碱量根据装置检测数据和物料平衡计算。对于装置的非烃有机物的输入或输出，可以关联的只有酸值，即原油、脱盐原油、中间产品或最终产品的酸值，与进料相比，中间产品或最终产品的酸值要低 1~2 个数量级，在相应荷分析过程中计为“0”，预计不会显著影响对进入水相中的有机物分析。例如，所有常减压装置进料的酸值为 mg KOH/g 级，汽油和柴油的酸值为 mg KOH/100mL 级。单独计算了原油的水、盐、酸值输入量和废水处理厂相应输入量。表示无机盐含量的氯化钠、TDS 等统一计为盐量。催化裂化和所有加氢装置(加氢裂化、精制、脱硫等)的废水计入酸性水(源)。分析了酸性水量与相关装置废水(加氢、裂化等)量的关系。聚丙烯和甲醇为有机化工装置，与炼油装置相比，加工规模、废水量、废水含油均很低，给出了废水量和油量，没有纳入污染负荷分析。

产生酸性水装置的废水量之和与酸性水装置处理水量(进水)相差较大，二者的比值从 4%到 319%，中位数为 33%。除了统计误差的影响，也不能排除装置内外废水回用的因素。统计了计入和未计入酸性水量的炼油装置水量，如表 5.35 所示，计算了相应的单位原油废水负荷，中位数分别为 0.7t/t 原油和 0.53t/t 原油。酸性水在炼油装置废水中占较大比例。与炼油装置废水相比，公用工程(循环水场和除盐水系统)的废水量比例较低，规模为 14×10^4 ~ 486×10^4t/a。

表 5.36 为废水处理厂处理规模与炼厂废水量统计情况。虽然均为正相关关系，但计入或未计入酸性水量的炼厂废水合计量(包括炼油装置和公用工程)普遍大于废水处理厂的年处理量(进水量)(71%~491%和 67%~467%)，主要是由于废水在装置之间的梯级利用或重复利用，以及循环水场排污、除盐水设施的浓盐水普遍没有进入废水处理厂。

表 5.35　一些炼油装置与公用工程废水量

序号	炼油装置废水量									公用工程废水量			
	计入酸性水的废水 10^4t/a	计入酸性水的水量比例,%	计入酸性水的废水水负荷 t/t 原油	未计入酸性水的废水，10^4t/a	未计入酸性水的水量比例,%	未计入酸性水的废水水负荷，t/t 原油	装置酸性水 10^4t/a	装置酸性水比例,%	酸性水汽提装置 10^4t/a	装置酸性水量与酸性水装置水量之比,%	废水 10^4t/a	计入酸性水的水量比例,%	未计入酸性水的水量比例,%
1	391	76	0.66	244	59	0.41	146	60	126	116	122	9	4
2	337	67	0.67	208	53	0.41	128	62	65	198	169	27	33
3	128	68	0.34	120	66	0.32	8	7	51	16	59	30	32
4	649	84	0.72	464	68	0.52	185	40	130	142	123	13	16
5	440	80	0.56	220	57	0.28	220	100	142	155	113	15	20
6	219	100	0.36	200	92	0.33	19	9	80	24			
7	255	85	0.59	237	80	0.55	18	8	101	18	46	14	15
8	717	64	0.63	496	54	0.43	221	45	193	114	400	30	36
9	474	71	0.86	330	58	0.60	145	44	160	90	196	24	29
10	1042	84	0.80	951	78	0.73	91	10	296	31	202	15	16
11	1454	95	1.61	1041	75	1.15	413	40	152	273	82	4	5
12	312	92	0.70	312	92	0.70			39		27	8	8
13	231	86	0.59	213	81	0.54	18	9	68	27	37	13	14
14	605	92	1.57	419	72	1.09	185	44	62	299	54	6	8

续表

序号	炼油装置废水量									公用工程废水量			
	计入酸性水的废水 10^4t/a	计入酸性水的水量比例,%	计入酸性水的废水水负荷 t/t 原油	未计入酸性水的废水，10^4t/a	未计入酸性水的水量比例,%	未计入酸性水的废水水负荷，t/t 原油	装置酸性水 10^4t/a	装置酸性水比例,%	酸性水汽提装置 10^4t/a	装置酸性水量与酸性水装置水量之比,%	废水 10^4t/a	计入酸性水的水量比例,%	未计入酸性水的水量比例,%
15	516	97	0.70	489	93	0.66	27	5	145	18	14	3	3
16	166	74	1.10	79	53	0.53	87	109	27	319	60	19	26
17	239	71	0.40	214	66	0.36	25	11	74	33	97	27	29
18	264	95	1.35	257	92	1.31	7	3	178	4	14	5	5
19	178	100	0.89	174	98	0.87	5	3	49	9			
20	462	78	0.52	424	73	0.48	38	9	179	21	131	21	22
21	335	91	0.71	231	71	0.49	104	45	58	178	32	7	9
22	241	70	0.68	241	70	0.68			49		102	30	30
23	136	65	0.36	136	65	0.36			71		73	35	35
24	788	89	0.98	322	58	0.40	466	145	242	193	98	7	11
25	337	41	0.44	281	38	0.37	56	20	168	33	486	55	59
合计(加权平均)	10915	(80)	(0.74)	8303	(67)	(0.56)	2612		2907		2737	(17)	(11)
最大值	1454	100	1.61	1041	98	1.31	466	145	296	319	486	55	59

续表

序号	炼油装置废水量									公用工程废水量			
	计入酸性水的废水 $10^4t/a$	计入酸性水的水量比例,%	计入酸性水的废水水负荷 t/t 原油	未计入酸性水的废水，$10^4t/a$	未计入酸性水的水量比例,%	未计入酸性水的废水水负荷，t/t 原油	装置酸性水 $10^4t/a$	装置酸性水比例,%	酸性水汽提装置 $10^4t/a$	装置酸性水量与酸性水装置水量之比,%	废水 $10^4t/a$	计入酸性水的水量比例,%	未计入酸性水的水量比例,%
最小值	128	41	0.34	79	38	0.28	5	3	27	4	14	3	3
前 10%	171	66	0.38	151	53	0.34	9	6	49	16	28	5	6
前 50%	337	84	0.70	257	70	0.53	89	20	101	33	97	15	16
前 90%	1289	99	1.48	1005	93	1.13	461	109	275	299	469	34	36

表 5.36　废水处理厂处理规模与炼厂废水量

序号	废水处理厂处理量	炼厂合计(公用工程与炼油装置)废水量							
	年处理量 $10^4t/a$	废水负荷 t/t 原油	未计入酸性水的废水 $10^4t/a$	未计入酸性水的水量与处理厂输入水量之比,%	未计入酸性水的废水水负荷 t/t 原油	计入酸性水的废水，$10^4t/a$	计入酸性水的水量与处理厂输入水量之比,%	计入酸性废水的单位原油废水量，t/t	未计入酸性水的单位原油废水量，t/t
1	479	0.80	513	107	0.86	659	138	1.11	0.86
2	324	0.64	506	156	1.00	634	195	1.26	1.00
3	202	0.53	187	93	0.49	195	97	0.52	0.49
4	890	0.99	772	87	0.86	957	108	1.07	0.86

续表

序号	废水处理厂处理量	炼厂合计(公用工程与炼油装置)废水量							
	年处理量 10^4t/a	废水负荷 t/t 原油	未计入酸性水的废水 10^4t/a	未计入酸性水的水量与处理厂输入水量之比,%	未计入酸性水的废水水负荷 t/t 原油	计入酸性水的废水，10^4t/a	计入酸性水的水量与处理厂输入水量之比,%	计入酸性废水的单位原油废水量，t/t	未计入酸性水的单位原油废水量，t/t
5	818	1.04	553	68	0.70	774	95	0.99	0.70
6			219		0.36	237		0.39	0.36
7	451	1.05	300	67	0.70	318	71	0.74	0.70
8	1329	1.16	1118	84	0.98	1339	101	1.17	0.98
9	496	0.90	671	135	1.22	815	164	1.48	1.22
10	577	0.44	1244	216	0.95	1335	231	1.02	0.95
11	482	0.53	1536	319	1.70	1949	404	2.16	1.70
12	183	0.41	338	185	0.76	338	185	0.76	0.76
13	280	0.72	268	96	0.69	287	102	0.73	0.69
14	192		659	343	1.71	844	440	2.19	1.71
15	113		530	467	0.72	557	491	0.75	0.72
16	175	1.17	226	129	1.50	312	178	2.08	1.50
17	386	0.64	336	87	0.56	361	93	0.60	0.56
18			279		1.42	286		1.46	1.42

续表

序号	废水处理厂处理量	炼厂合计(公用工程与炼油装置)废水量							
	年处理量 10^4t/a	废水负荷 t/t 原油	未计入酸性水的废水 10^4t/a	未计入酸性水的水量与处理厂输入水量之比,%	未计入酸性水的废水水负荷 t/t 原油	计入酸性水的废水，10^4t/a	计入酸性水的水量与处理厂输入水量之比,%	计入酸性废水的单位原油废水量，t/t	未计入酸性水的单位原油废水量，t/t
19	158	0.79	178	113	0.89	183	116	0.91	0.89
20	811	0.92	593	73	0.67	632	78	0.72	0.67
21	262	0.56	367	140	0.78	471	180	1.00	0.78
22	177	0.50	343	194	0.97	343	194	0.97	0.97
23	211	0.56	209	99	0.56	209	99	0.56	0.56
24	413	0.51	886	215	1.10	1352	328	1.68	1.10
25	1049	1.38	822	78	1.08	878	84	1.15	1.08
合计(加权平均)	10458	(0.70)	13653	(131)	(0.92)	16265	(156)	(1.10)	(0.92)
最大值		1.38	1536	467	1.71	1949	491	2.19	1.71
最小值		0.41	178	67	0.36	183	71	0.39	0.36
前10%		0.50	213	74	0.56	221	86	0.58	0.56
前50%		0.70	506	129	0.89	557	156	1.00	0.89
前90%		1.17	1419	338	1.62	1711	433	2.13	1.62

炼油装置的酸碱消耗量数据很少，但可以肯定的是，与公用工程相比，盐的排放量相对较低，即使按纯酸、碱的投加量计算，估计最高为30%的水平。废碱液主要来自液化气脱硫，“年度数据”中的规模为$3.3\times10^4\sim45.96\times10^4$ t/a。盐负荷与废碱量数据如表5.37所示。

表5.37　不同装置的盐负荷与废碱量

序号	炼油装置			公用工程		液化气脱硫装置
	酸碱耗量 t/a	总盐量估算，t/a	总盐量比例，%	盐，t/a	盐量比例，%	碱液消耗量 10^4t/a
1		596	11	4078	77	
2				16717	100	
3				2075	100	
4				2235	100	3.3
5	893	893	30	2074	70	
6						
7				538	100	
8				14021	100	29.8
9	1400	1400	10	12869	90	45.6
10				2274	100	25.4
11	223	223	5	4550	95	
12				2161	100	
13				612	100	
14				637	100	14.7
15				3268	100	19.3
16				897	100	13.1
17				4034	100	
18				145	100	17.8
19						1.8
20	1042	1042	14	6461	86	
21				245	100	

续表

序号	炼油装置			公用工程		液化气脱硫装置
	酸碱耗量 t/a	总盐量估算，t/a	总盐量比例,%	盐，t/a	盐量比例,%	碱液消耗量 10^4t/a
22				1374	100	
23				873	100	15.3
24				1358	100	
25				7512	100	29.8

第 6 章　石油炼制行业水系统优化

公用工程和能源系统(冷却水、新鲜水、除盐水、蒸汽生产)也是炼厂重要的废水来源，与炼厂的水环境绩效(加工单位原油的用水量、排水量)密切相关，在一定程度上也会影响废水的水质，尤其是综合废水处理厂废水回用于工艺装置时(去除油、有机物或脱盐之后)。另一方面，随着用水量降低，工艺废水中的污染物浓度会相应增加，直接影响废水处理工艺的设计和运行。通过对比分析工艺用水量/废水量，在相同的水资源用量与废水排放约束条件下，优先采取节水、减排技术(如提高循环水浓缩倍数、空冷替代水冷等)，达到整个炼厂的最佳水平衡。炼厂生产用水的进出水平衡如图 6.1 所示。

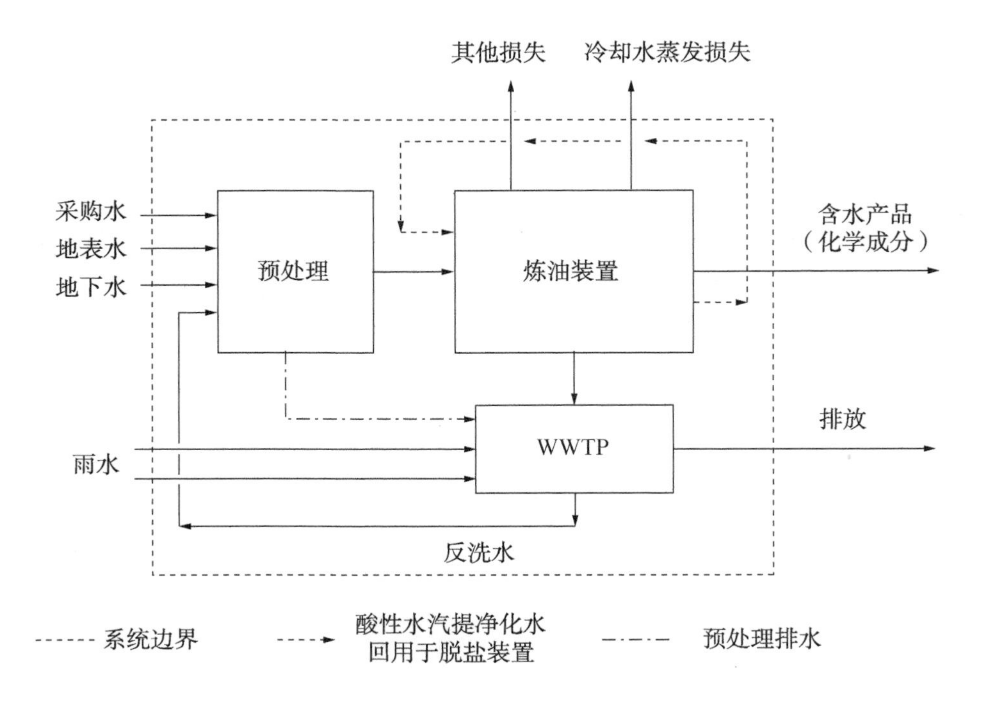

图 6.1　炼厂生产用水的进出水平衡

6.1　冷却系统

炼厂的冷却需求取决于采用的工艺及其集成程度，采用冷却水系统时，冷却水量占炼厂总用水量的比例大。如果炼厂装置、工艺可以最大程度地热集成，则能够减少冷却负荷。在冷却循环系统中，一定量的水通过蒸发排出系统，成为雾滴。因此，冷却过程需要补充的水量约为循环水量的5%。冷却系统对环境的主要直接影响是热，可提高环境温度(ΔT)10~15℃。采用空气冷却器的主要优点是不需要除空气外的其他介质，但空气冷器会产生大于水冷却的噪声(在源处检测的空气冷却风机产生的噪声为97~105 dB)。与水冷(5~30m^2/MW)相比，空冷通常占地面积更大，但维护成本相对较低。

水冷却系统中的主要污染物是抗污染剂和抗腐蚀剂，含锌、钼等。应特别注意的是，闭路冷却水系统中使用分散剂，会加剧油水乳化，影响油水分离工艺效率。由于系统泄漏，冷却水排放时含油0.1~1mg/L。此外，冷却塔还可能出现烃空气排放(由于泄漏和汽提)，有报告指出排放到空气的烃为0.5~85g/m^3冷却塔循环冷却水。急冷只用于炼厂的延迟焦化，蒸汽排放量大，能量损失大，导致用水量大，水污染严重。

通过对冷却水系统连续监测、泄漏探测和修复，可减少油的泄漏。如果观察到油，需要追溯整个系统，确定泄漏源，从而采取补救措施。油的“指纹”识别技术可快速确定泄漏源，在冷却水系统的不同位置安装水中油在线监测更加有效。由于工艺水的污染通常比冷却水严重，因此需要保持二者的隔离。

冷却塔的浓缩倍数应为4~5，但很多炼厂仍以低于3的倍数运行，主要是由于补充水质差、冷却水损失大、工艺泄漏所致污染或化学处理不足等。一种减少冷却系统排污率的方法是减少冷却水用量。另一种通用方法是降低冷却水补充水中的溶解固体含量，常规方法包括水软化、反渗透和电渗析等。此外，炼厂冷却水处理不再使用铬酸盐，消除了一个重要的毒性金属污染物来源。某些炼厂也采用臭氧而非杀菌剂或氯来消除冷却水中的微生物，从而避免可能的毒性化学物质排入炼厂废水。

调查了93套循环水系统，如表6.1所示，浓缩倍数为1.4~7.0倍，新鲜水补充水率为0.01~1.36t/t(平均值为0.14t/t)。按0.32%的较低排污系数计算排污水量，按TDS (mg/L) = kEC(μS/cm)(k值通常为0.60~0.7之间，取0.64)计算含盐量。循环水的COD、总磷和盐的浓度分别为2.0(海水冷却、直流)~118.9mg/L、0.04~18.4mg/L、166~2748mg/L，排出系统的相应量依次为0.09~42.74t/a、0.73~3.69t/a、7.1~1824.9t/a。

表6.1 循环水系统水质及排污量

序号	循环水量 10^4t/a	pH值	浓缩倍数	电导率 μS/cm	换算含盐量，mg/L	总磷 mg/L	COD mg/L	新鲜水补充率，t/t
1	5137.1	8.8	4.7	1295	777	6.18	16	0.07
2	5966.6	8.5	5.34	1686	1012	6.6	21.08	0.01
3	3527.9	9.13	4.21	1819	1091	6.5	11.57	0.01
4	2690.4	9.13	4.2	1863	1118	6.59	11.82	0.01
5	8990.4	8.8	3.5	3090	1854	6.32	19.95	0.01
6	3473.1	7.76	4.99	5550	3330	12.7	20.87	0.01
7	12324.9	7.78	5.08	6246	3748		18.44	
8	11295.5	7.76	4.63	5360	3216		18.86	
9	1318.9	7.91	3.18	4100	2460		8.81	0.01
10	1571.2	8.12	4.7	5808	3485		26.52	0.01
11	5455.5	7.79	4.23	5349	3209		20.28	
12	3524.3	7.69	4.83	6042	3625		20.31	0.01
13	5631	7.64	3.28	3625	2175		72.5	0.01
14	5945	8.13	2.9	1091	655		58.4	0.01
15	2767.4	7.87	2.33	396	238	2.48	5.22	0.01
16	6004	7.82	2.41	402	241		6.29	0.01
17	2442.6	8.11	3.38	549	329		9.17	0.01
18	4241.8	8.3	5	815	489		8.53	0.03
19	9822.9	8.18	4.24	710	426		10.46	0.01
20	9146	7.66	6.96	1560	936		11.89	0.01
21	17716	7.77	5.2	1865	1119		10.63	
22	3561	8.45	4.48	720	432	11.8	8.7	
23	2071.1	8.3	4.1	1550	930	9.55	7.854	0.01
24	9482.7	8.65	4.2	1760	1056	8.4		0.01
25	2715.6	8.5	3.5	3000	1800	11		0.01
26	11057.2	7.8	3.5	3841	2305		17.5	0.07

续表

序号	循环水量 10^4t/a	pH 值	浓缩倍数	电导率 μS/cm	换算含盐量，mg/L	总磷 mg/L	COD mg/L	新鲜水补充率，t/t
27	11057.2	7.8	3.5	3841	2305		17.5	0.07
28	1903.1	7.4		297	178	10.2	10.9	0.07
29	1903.1	7.4		297	178	10.2	10.9	0.07
30	2533.8	7.9		308	185	18.4	10.1	0.07
31	2533.8	7.92		308.2	185	18.4	10.1	0.07
32	4302.5	8.1	3.1	2023	1214		14.5	0.07
33	4302.5	8.1	3.1	2023	1214		14.5	0.07
34	6041.3	8.11	5.49	3045	1827	5.37	11	0.07
35	14059.5	8.4	4	4200	2520	8.2	95	0.01
36	1452	8.6	2	1200	720	7	10	0.01
37	3493.5	8.5	2	1000	600	7	50	0.02
38	3121.4	8.5	3	3000	1800	7.8	100	0.01
39	10167.8	8.8	3.5	4000	2400	8	100	0.01
40	1342.1	8.2	1.4	277	166		2	1.19
41	3331.3	8.6	6.7	2778	1667		12	0.8
42	6112.1	8.6	6.9	2823	1694		11	0.65
43	11352	8.4	3.7	734	440	6.5	6	0.19
44	1495.6	8.8	5.9	1174	704	5.26	6.6	1.11
45	1265.7	8.7	6.1	1224	734	4.9	6.7	0.8
46	2639.1	8.44	4.86	965.5	579	5.67	5.65	0.81
47	3257.6							0.65
48	9034	8.17		1604	962		32	
49	8679	8.33		3976	2386	5.24		
50	7954.6	8.15	4.9	3745	2247	4.29	78.45	0.01
51	3458.9	7.76	4.82	2159	1295	3.32	66.59	0.01
52	2772	8.9	4	3960	2376	12.2	83	0.01
53	2304	9.13	4.23	2856	1714	6.66	38.47	0.01

续表

序号	循环水量 $10^4t/a$	pH值	浓缩倍数	电导率 μS/cm	换算含盐量，mg/L	总磷 mg/L	COD mg/L	新鲜水补充率，t/t
54	4526. 5	8. 79	5. 69	3807	2284	8. 17	118. 9	
55	6283. 3	8. 8	5. 37	3574	2144	8. 74	115. 5	
56	1149. 2	9. 22	5. 38	3578	2147	5. 9		0. 01
57	1090. 4	9. 12	6. 18	4141	2485	6. 29		0. 01
58	5665	8	3					0. 01
59	4396	8. 6	6. 1	1130	678		48. 25	1. 03
60	8023	8. 6	6. 75	1122	673		57. 45	0. 53
61	10416	8. 51	6. 16	916. 3	550	5. 21	45. 37	0. 01
62	33600	8. 7	4. 3	1498	899		14. 44	0. 01
63	3957. 5	8. 3	2. 91	3780	2268	9. 21	11. 12	
64	4467. 8	8. 6	3. 2	4872	2923	8. 54	5. 2	0. 01
65	1594. 2	8. 42	2. 5	2912	1747	9. 2	12	0. 03
66	2648	8. 21	3. 6	2100	1260	8. 8	10	0. 11
67	4732	8. 12	3. 8	1878	1127	8. 5	15	0. 12
68	3058	8. 32	4. 5	2230	1338	8. 8	12. 6	0. 07
69	7096	8. 32	5. 6	2500	1500	9	15. 6	0. 21
70	4568. 2	8. 5	2. 13	1694	1016	6. 37	3. 059	0. 02
71	4384. 3	8. 2	2. 05	1633	980	7. 07	3. 914	0. 02
72	3916. 6	8. 5	2. 39	1896	1138	6. 39	4. 422	0. 01
73	4437. 7	8. 4	2. 47	1700	1020	6. 56	3. 706	0. 01
74	6837. 5	8. 3	1. 48	1177	706	7. 21	4. 162	0. 01
75	1095			2417	1450	6. 23	3. 209	0. 06
76	6553	7. 83	3. 5	1825	1095	3	40	1. 36
77	6893. 8	8. 45	3. 8	1990	1194		8. 3	0. 07
78	8018	8. 39	3. 9				4. 23	0. 02
79	5334	8. 45	3. 91	1588	953		3. 69	0. 01
80	6213	8. 42	3. 46				3. 13	0. 01

续表

序号	循环水量 10^4t/a	pH 值	浓缩倍数	电导率 μS/cm	换算含盐量，mg/L	总磷 mg/L	COD mg/L	新鲜水补充率，t/t
81	11612	8.9	3.6	2020	1212	5.4	78.8	
82	14299.1	8.36	3.25	3715	2229	4.5	67.58	
83	11950	8.58	4.73	2762	1657		12.2	0.01
84	3042	8.34	3.5	1723	1034	6.23	3.6	0.01
85	12500	8.33	5.6	870	522	0.51	7.69	
86	24336	8.35	5.5	1471	883	0.15	9.92	
87	8530	8.33	5.6	1288	773	0.24	8.35	
88	2610	8.15	5.65	866	520	0.04	10.03	0.01
89	50747	8.32	5.87	1873	1124		23	0.01
90	13556	8.38	6.26	2640	1584		25.4	0.01
91	24547	8.38	6.39	2680	1608		29	0.01
92	14032	8.6	5	2000	1200	1	20	
93	22800	8.6	4.5	1800	1080	1	50	0.01
最小值	1090.4	7.4	1.4	277	166	0.04	2.0	0.01
平均值	7153.4	8.3	4.3	2310	1386	6.9	25.0	0.14
最大值	50747.0	9.2	7.0	6246	3748	18.4	118.9	1.36

6.2　能源系统

能源工艺产生的废水主要来自锅炉进水（BFW）系统（脱盐水装置和凝结水处理装置），主要为锅炉排污（1%～2% BFW 进水）和 BFW 制水再生冲洗（BFW 产水的 2%～6%）。废水 COD 约为 100mg/L，凯氏氮（N-Kj）为 0 ～30mg/L，磷酸盐为 0～10mg/L。BFW 制水再生废水采用 NaOH/HCl 中和，通常不需要生物处理。

用于汽提、形成真空、雾化和伴热的蒸汽通常损失为废水或排入大气，蒸汽通常回收为高压（HP）、中压（MP）或低压（LP）凝结水，也通过不同的炼油工艺进入酸性水。

可采用某些方法优化蒸汽的使用，减少蒸汽消耗。例如，当惰性气体（如

N_2)比较低廉、易得时，可替代用于汽提运行的蒸汽，特别是对于轻质馏分。

监测凝结水平衡，达到最大回收率，总的排放量不超过污水处理厂总流量的10%。监测每一个排放点，可在各个排放点或集中排放处收集，在闪蒸罐降至常气压，然后用热交换器冷却，防止损害下水管道及烃类蒸发。

蒸汽排气和泄漏造成水和能源损失，疏水器管理不好也会导致凝结水回流减少。此外，减少锅炉排污和凝结水损失也可降低废水温度。在某家法国炼厂，“疏水阀”程序的排水阀系统图涵盖了20000个设备，节约了大约30t/h蒸汽。一家英国炼厂采用了相同的方法，减少蒸汽损失约50000t/a。

调查了30套除盐水装置，如表6.2所示，采用离子交换或反渗透工艺。按加工量(处理水量)、制水比、原水和产品水的含盐量以及按原水计算的酸和碱单耗，计算出相应年废水(浓盐水)量、去除的盐量、消耗的酸和碱量，从而可以计算除盐水装置的盐水浓度和盐负荷。废水量、去除盐量、酸和碱耗量范围分别是$3.6\times10^4\sim161.9\times10^4$t/a、34~3148 t/a、56~7922 t/a。制水比普遍在1.1~1.2t/t之间，相当6~11倍的浓缩倍数。浓盐水中的盐和有机污染物均来自取水环境，直接排放并不增加水环境的盐和有机污染物总量，但排放点浓度会显著升高，需要受纳水体自然稀释。

表6.2 所调查除盐水装置处理概况

序号	规模 10^4t/a	进水溶解固形物，mg/L	除盐水电导率，μS/cm	制水比 t/t	碱耗 kg/t	酸耗 kg/t	废水量 10^4t/a	去除盐量，t/a	酸碱耗量，t/a
1	416.2	279	3.13	1.1	0.07	0.38	37.84	1161	1843
2	21.7	156	2.06	1.2	0.03	0.23	3.62	34	56
3	303.5	540	2.13	1.1	0.98	1.42	27.59	1640	7284
4	77.6	719	2.42	1.2	1.50	2.22	12.93	558	2887
5	243.7	85	0.5	1.1	0.20	0.35	22.15	207	1351
6	421.2		2.76	1.1	0.23	0.23	42.12		1942
7	93		5	1.2	0.75	0.45	15.50		1116
8	565.1	557	3.94	1.2	0.07	0.11	94.18	3148	1017
9	565.1	557	3.94	1.2	0.07	0.11	94.18	3148	1017
10	197.9	578	3.21	1.2	0.14	0.12	32.98	1144	515
11	197.9	578	3.21	1.2	0.14	0.12	32.98	1144	519
12	457.9	375	0.9	1.2	0.39	1.34	76.32	1717	7922

续表

序号	规模 10^4t/a	进水溶解固形物，mg/L	除盐水电导率，μS/cm	制水比 t/t	碱耗 kg/t	酸耗 kg/t	废水量 10^4t/a	去除盐量，t/a	酸碱耗量，t/a
13	99.5		6.52	1.2	0.32	0.72	16.58		1035
14	1135		0.2	1.1	0.07	0.06	103.18		1486
15	412.8	255		1.0	0.21	0.27		1053	1984
16	159.1	1000	2.53	1.2	0.20	0.16	26.52	1591	570
17	149.1		9	1.1	0.03	0.04	13.55		94
18	180		0.87	1.3	0.17	0.18	36.00		637
19	1132.8	182	0.08	1.0	0.06	0.04		2059	1114
20	196.5		1.9	1.2	0.04	0.05	32.75		192
21	152.2	239	2.7	1.4	0.83	0.52	45.66	363	2049
22	126.1	239	2.7	1.3	0.45	0.57	29.10		1280
23	313.1		0.12	1.1	0.20	0.26	28.46		1440
24	180		2.64	1.1	0.25	1.20	16.36		2610
25	421		3.01	1.1	0.25	0.26	38.27		2147
26	192.7		0.86	1.2	0.03	0.10	32.12		245
27	188.1		5.04	1.4	0.06	0.13	56.43		354
28	317.5	275	1	1.3			73.27	873	
29	309		2.5	1.1	0.15	0.16	30.90		938
30	971.6	171	0.08	1.2	0.16	0.04	161.93	1661	2011
最小值	21.7	85.0	0.1	1.0	0.0	0.0	3.6	34	56
平均值	339.9	399.1	2.6	1.2	0.3	0.4	44.1	1344	1643
最大值	1135.0	1000.0	9.0	1.4	1.5	2.2	161.9	3148	7922

6.3　生产用水

炼厂中水和蒸汽主要用于不同的炼厂工艺，辅助蒸馏工艺或烃的裂化、塔顶系统，用于冲洗、气洗、淬灭或(蒸汽)汽提。其中，电脱盐罐是用水量最大的生产装置。炼厂用水量与炼厂的功能和复杂性有关，主要取决于炼厂的类型，特别是采用的冷却系统，即闭路循环或直流系统。2010 年，CONCAWE 报告了 100 家炼厂的用水数据(年度数据)，其中每吨加工量的年新鲜用水中值为 0.70m^3/t，范围从 0.1~8.6m^3/t。欧洲一个炼厂样本中(包括 58 家炼厂)，多数企业用水为 0.2~25m^3/t 加工进料(高值与采用直接冷却水相关)，工艺用水、锅炉用水、冷却水用水的平均值分别为 0.22m^3/t、0.33m^3/t、7.69m^3/t，占比最大的依然是用于冷却的水(平均超过 50%)。

水利部 2019 年 12 月 9 日发布了《关于印发钢铁等十八项工业用水定额的通知》(水节约〔2019〕373 号)，其中《工业用水定额：石油炼制》规定，通用值为 0.56m^3/t(包括所有用水)，接近上述工艺用水和锅炉用水平均值 0.22m^3/t 和 0.33m^3/t 之和，低于 0.70m^3/t 的新鲜水量中值(包括冷却水)。也低于调查炼厂的 0.70m^3/t 的废水量中值(没有包括冷却系统的蒸发损失)。在难以避免冷却水蒸发损失的情况下，炼油行业可能很难通过废水回用等节水措施达到用水定额。

生产中的反应水、酸性水、冲洗水以及设备清洗废水可多级利用和循环利用。采用特定的处理工艺可去除产生影响的组分，提高循环使用效率。例如，工艺用水流通过中和、汽提或过滤，可作为原水或辅助用水。保持水在生产工艺中循环，除了减少废水负荷，还有回收产品和增加产量的优点，如多级脱盐水的梯级利用、酸性水汽提出水用于脱盐等。

废气处理系统经常采用水或碱净化工艺，特别是用于吸收处理无机化合物(如盐酸、二氧化硫)以及水溶性有机物时。当某些危险物质或不可降解有机物影响生化处理单元，或者未经处理直接排放到受纳水体时，必须采用不产生废水的废气净化技术，包括：优先选择催化氧化热废气流；采用适当的干式除尘设备(如除湿器、旋流器、静电除尘器、纤维过滤器)，分离颗粒物和气溶胶；对于含有机或无机大气污染物的废气流，采用干式/半干式气处理工艺(如活性炭吸附、投加石灰/碳酸钠)；采用可再生的有机溶剂，作为特定气相污染物的净化液。

采用真空泵替代蒸汽喷射，可实现无废水产生真空，只在排污时排出少量的水；也可采用产品作为机械真空泵的隔离液，或采用生产工艺的气相流，实现无废水产生真空。无废水产生真空是否可行必须根据特定的情况确定，在选择适当的工艺时，需要考虑腐蚀、结垢趋势、爆炸风险、工厂安全和运行的可靠性等问题。

减少水量会提高进入废水处理厂的污染物浓度，但如果适当设计，处理系统通常能解决这些问题。

6.4　系统集成

工艺综合/集成措施是在排放源头直接减少甚至避免废物的产生，需要更准确地定义“高浓度的废物流”。在可选择的情况下，采用工艺综合措施优于末端治理方法。在水消耗与水排放成为环境问题时，需要评估并平衡需要大量冷却水的工艺，或者考虑采取湿式尾气净化处理技术，如萃取、蒸馏/精馏、汽提。

水集成(WSI)目的是减少最终排放的工艺水，从而降低运行成本。可节约大量新鲜水和脱盐水；减少供水和废水处理设施的规模、投资和运行成本。另外，也减少了废水排放量和环境影响。WSI的原理是尽可能回收利用和再利用工艺水、雨水、冷却水及某些污染水，减少末端处理的工艺水量。首先，建立每个炼厂装置运行的用水和产生废水的水平衡清单，评估水的损失。然后，按水优化方案确定减少用水的方案，与水量、水质匹配的废水再利用方案。炼厂WSI受到很多因素影响，如炼厂配置、位置、原水的适用性和类型，原油品质和所需的脱盐水平，新鲜水成本，冷却水系统的类型和雨水的适用性等。用水和排放系统需要具有灵活性，适应各项需求，如突然降雨、消防、工艺故障、工艺变化、装置增加、规模扩大和新的法规要求等。

6.5　废水管理措施

作为环境管理体系的组成部分，炼化企业均不同程度地采用了废水管理体系/制度，包括以下内容：检查和识别最重要的污染源，根据污染负荷列出清单；检查受纳环境及其对排放的耐受程度，根据相应的结果，确定强化处理的需求程度，包括废水排放到受纳水体的所有毒性、持久性、可能的生物积累评价；检查和确认最重要的水消耗工艺，列出清单，根据用途寻求改进方案，重点分析高浓度、高负荷废物流对受纳水体的危害和影响；通过对比整体去除效率、整体平衡跨介质(水、空气、废物)影响、技术、组织和经济可行性等，评估最有效的方案；计划新的活动或改变现有活动时评价环境影响和对处理设施的影响；实行排放源削减；将生产数据与排放负荷联系起来，对比分析真实的和计算的排放量；在源头处理污染的废物流，而不是使之扩散或在集中处理厂处理(除非有合理的原因)；采用质量控制方法，评估处理或生产工艺，防止出现失控；采用良好的措施清理设备，减少水体排放；执行设施程序，保证及时检测可能影响下游处理设施的偏离，避免处理设施出现故障；安装有效的中心报警系统，告知所有相关的失效和功能不正常的情况；在所有废物处理设施处执行监测计划，检查其运行的正常性。此外，还应有消防水和泄漏处置方案；现场有污染事故响应计划；将废水处理和废气处理费用分配给相关的生产单元。

第7章　建议与展望

在现有管理框架下，炼油行业的用水、排水水平或水资源、环境绩效实际上是合规、成本之间“弱平衡”的结果，原油的重质化和劣质化(高含硫、高密度、高酸值等)、产品多元化会显著增加炼油工艺的复杂性，导致水消耗和排水量增加，成本显著上升。几十年来，除了依然处于发展阶段的厌氧氨氧化、好氧颗粒污泥，整个废水处理行业的技术几乎没有突破性的进展。在这种情况下，为了保持或优化上述“弱平衡”，必须基于不同炼油装置废水的相对规模、污染特征(污染物的分离或降解特性)，慎重选择适用的技术及其组合。随着排放浓度、总量限值或者单位原油加工量污染物排放量更加严格，单位废水处理成本和相应的资源消耗势必显著上升。需要指出的是，与废气、固体废物一样，废水处理实际上是炼油生产必不可少的组成部分，应计入炼油成本，作为总体资源效率水平的组成指标。图7.1为废水处置方法，包括工艺集成措施与末端处理。根据污染物的分类及其不同BAT处理方法，形成废水处理系统方案决策树(图7.2)。

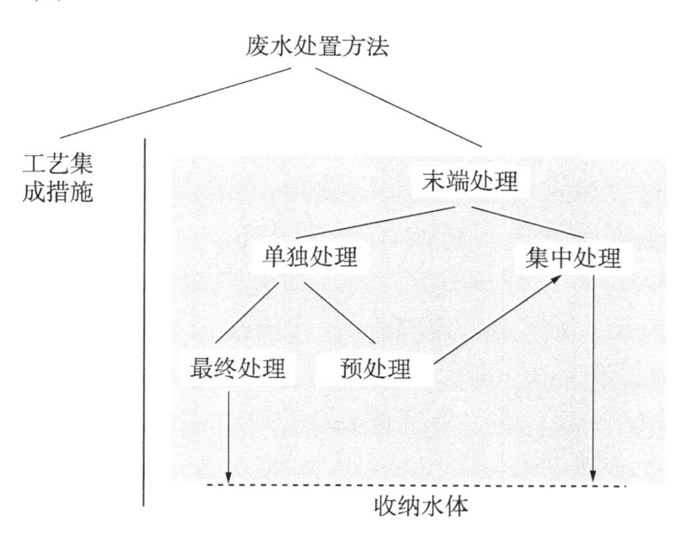

图7.1　废水处置方法

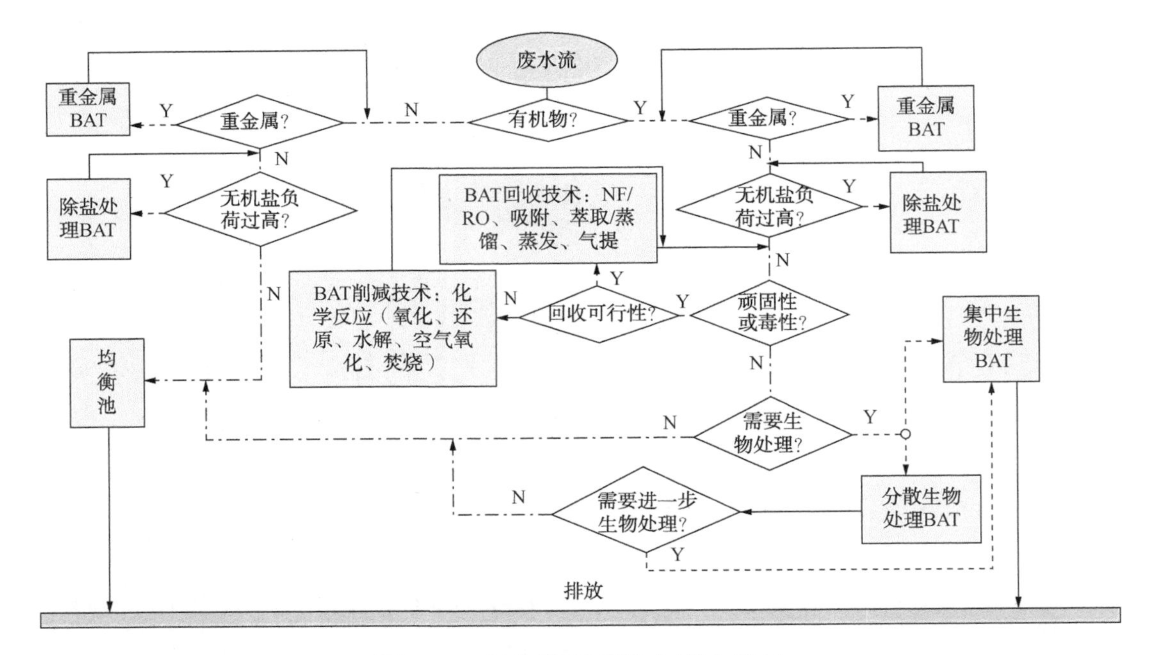

图 7.2　废水处理系统方案决策树

7.1　隔离与稀释

炼油行业普遍将工艺废水分为含盐废水与含油废水系列。含盐废水主要来自电脱盐，也是原油含水中溶解盐和有机物的主要去处；含油废水主要来自酸性水汽提，主要污染物是炼油过程中非烃有机物和环烷酸转化的溶解污染物，即硫化物、氨氮和酚。二者也是水量最大和污染程度最高的两股废水。就最终环境排放而言，由于易于降解或挥发(BTEX——苯、甲苯、二甲苯、对二甲苯)或水溶解度低(PAH 等重质烃)，石油烃并非处理的重点或难点，如进入二级生化处理废水的石油烃含量普遍低于 20mg/L，最终排放时可达到未检出的水平。装置排放或废水处理厂进水的含油量高，主要是由于天然表面活性剂(环烷酸、沥青质等)和悬浮固体(腐蚀、结垢产物和结晶等)造成的乳化，实际上是一种稳定的油、水、固的混合物，在原油罐底水和电脱盐的油水界面形成稳定“老化层”(老化油)，通过冲洗或排泥排出系统。

常规破乳/混凝实质上是将微乳化物聚结为可分离的液滴，分离出的污油、污泥、浮渣均属于含油污泥，只是其中的油、固、水的比例有所不同。可以说，相应的乳化并非不稳定的液—液乳化，常规的油水相分离不足以描述复杂的破乳过程。实际上，只有蒸馏工艺能够实现有效的分离，如含油污泥常用的热脱附。因此，应将原油罐底水、电脱盐反冲洗排水与正常排水隔离，前者可作为污泥进行浓缩和脱水处理，最终进入固体废物流。如果通过稀释或混合进入后续油水分离过程，会造成废水油、悬浮物含量高(10^3mg/L 量级)，最终依然以含油污泥的形式分离出来，对于固含量高的焦化废水同样如此。

酸性水分为含酚(加氢工艺)和非含酚(催化裂化、焦化等工艺)酸性废水两类，含盐量低，适于作为电脱盐的冲洗水。经过汽提去除硫化氢和氨氮后，废水的 pH 值大于 7，呈碱性，会加剧电脱盐废水的乳化。因此，酸性水汽提净化水根据需要调整 pH 值后可用于脱盐。虽然酚可以通过原油吸收，降低废水处理厂的酚负荷，但最终通过加氢工艺转化为烃和水，会增加氢的消耗；含酚酸性水可以回收酚后再利用。高度污染的废碱液分为三类，即液化气碱洗的磺酸废碱，汽油碱洗的酚废碱，煤油和柴油碱洗的环烷酸碱。最后一种可用于脱盐注水的 pH 值调整，但会加剧乳化，也会增加废水中顽固性污染物环烷酸的浓度。因此，三种废碱应单独处置，或者适当处置后再进入废水处理厂。

7.2　浓缩与降解

所有废水的处理目标实质上都是通过浓缩/降解去除污染物或回收资源。广义而言，前者包括混凝/絮凝、化学沉淀、介质过滤、吸附、萃取、离子交换、膜过滤、反渗透、汽提、蒸发、结晶等，后者包括生物降解、化学氧化/高级氧化、焚烧(回收能量)等。由于非溶解污染物易于去除或分离出来，浓缩或降解更多是针对溶解性有机物。一些降解工艺也会出现浓缩，如活性污泥、生物活性炭的吸附、多相催化氧化中固相介质污染/吸附等。图 7.3 为以废水流量和有机物浓度为基准的工艺选择。

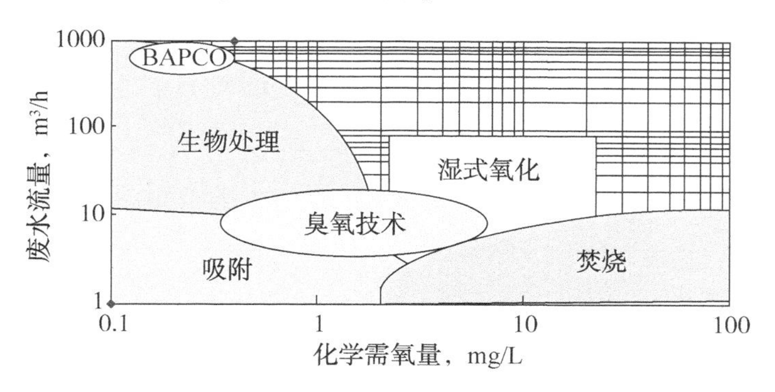

图 7.3　基于废水流量和有机物浓度的工艺选择

挥发性汞主要通过蒸馏分离出来，商品原油中的非水溶重金属或有机金属主要进入重质燃料油或石油焦。氢氟酸或硫酸烷基化产生少量的废酸可通过化学沉淀去除氟化物，或者中和后排入废水处理厂。酸性水汽提净化水调整 pH 值，以及液化气和成品油碱洗均会增加废水的钠含量。总体而言，废水中的溶解盐主要源于原油中的含水，含盐量介于咸水和海水之间，经过电脱盐工艺稀释后会显著降低。废水脱盐可以采用成熟的反渗透、蒸发、结晶技术，关键是将有机污染控制到可以接受的水平。易于降解的石油烃(如 BTEX)、有机酸、酚可以通过生物降解去除，环烷酸等顽固性有机物难以或不能生物降解。规模化或商业化应用的环烷酸废碱处理技术只有湿式氧化。

活性炭吸附技术应用最为成熟，适用范围最广，可以同时去除有机污染物和重金属，不受污染物组成的影响，饱和的活性炭需要再生或作为固体废物。虽然高级氧化的研究成果非常多，但多数无法保证实现顽固性有机物的矿物化或提高 B/C 的目标，而且可能产生溶解性更强的毒性物质，其中效果最佳和应用最多的是臭氧/双氧水高级氧化。对于含有脱盐单元的废水处理厂，采用纳滤可选择性去除顽固性高分子量有机物，与上游去除低分子量有机物的生化工艺组合，可达到极高的有机物去除水平，分离的产物是有机物、重金属、多价离子的浓水和高纯度盐水(单价盐)，后者非常适合脱盐工艺或直接利用。与后续的反渗透结合，上述技术均可达到最为严格的环境排放标准或回用标准，反渗透浓水更适于热浓缩和利用。纳滤的回收率高，浓水量小，为高级氧化和混凝沉淀提供了更为有利反应条件。与纳滤相比，超滤实际上不能去除溶解性有机物，膜材料也易于受到有机物的严重污染。废水需要软化时，石灰软化也可同时去除顽固性有机物，更适于纳滤或反渗透浓水的处置。也可以通过投加硫酸质子化，回收含酚酸性水和废碱液中的酚和环烷酸。之后可通过纳滤、反渗透、正渗透或膜蒸馏等技术的组合回收硫酸铵，这是值得考虑的酸性水汽提替代方案。另外，高有机物浓度的废物流也可考虑焚烧，与高压、高温运行的空气湿式氧化相比，投资和运行成本更低。活性炭吸附、臭氧/双氧水高级氧化和纳滤对比见表 7.1。

表 7.1　活性炭吸附、臭氧/双氧水高级氧化、纳滤对比(按进水 50mg/L COD 计算)

项目	活性炭吸附	臭氧/双氧水高级氧化	纳滤
行业状态	广泛应用于微量有机物和顽固性污染物的去除	已用于微量有机物和顽固性有机物的去除	在不同的工业和市政水处理部门，用于软化和去除金属、有机污染物，是成熟、可靠的技术

续表

项目	活性炭吸附	臭氧/双氧水高级氧化	纳滤
进水水质要求	去除颗粒物的二级出水：为降低再生成本，需要降低进水有机污染物含量	去除颗粒物的二级出水：为降低再生成本，需要降低进水有机污染物含量	适用的TDS范围受进水组分影响很大，但多在500~25000mg/L之间。多数是用于去除水中的二价电解质(Mg^{2+}，Ca^{2+}，Ba^{2+}，SO_4^{2-})和多价(Fe^{3+}，Mn^{4+})电解质、放射性核素，也适用于特定类型的有机物去除。耐污染性能好于反渗透膜，需要适当的软化、介质过滤处理
产水质量	有机物去除率大于90%	有机物去除率大于80%	二价离子和金属的去除率高(>99%)，大分子有机物去除率>90%
生产效率(回收率)	回收率近100%	回收率接近100%	回收率为90%。配套浓水处置，可进一步提高
能耗	少量的能源需求，用于反洗	制备臭氧的能耗高	在进水水质相近的情况下，NF比RO系统的用能少。高压泵系统供电大约2kW·h/kgal (0.08kW·h/bbl)
药剂	为增加颗粒尺度强化分离，进水需要加凝聚剂	储存双氧水，制备臭氧	为防止结垢和污染，需要添加阻垢剂和碱。化学清洗频率受进水水质影响。在超过设计标准时进行清洗，一般采用NaOH、Na_4EDTA、HCl、$Na_2S_2O_4$或H_3PO_4或H_2O_2
生命周期	介质需要频繁更换或再生，与材料类型和进水水质有关	只消耗双氧水和臭氧，不消耗其他材料	膜寿命为5~7年
运行和管理	反洗需要泵和管道装置	监测臭氧和双氧水浓度，收集和处理尾气；储存双氧水，制备臭氧	需要监测和控制进水的pH值、流量、TDS和容器压力；对进水的有机物和无机物组成非常敏感；TFC膜耐受较高的pH值，但进水温度不能超过113°F(45℃)；自动半连续运行，需要短时间的化学清洗或反冲洗循环
浓缩物的控制或废物处置	饱和吸附介质需要再生或作为废物异地处置	无废物流	10%~25%的浓缩液需要处置

7.3 成熟与先进

在原理基本相同的情况下，相似技术的差别只在于效率的高低(时间、空间、成本)，而不是最终处理效果(水平)差异。污染物的去除只取决于其分离特性和降解特性，例如，非溶解污染物/悬浮物/乳化油可以在混凝、絮凝基础上水力分离，可以选择沉降和浮选，前者所需的时间长、占地大，后者则相反；有机物的降解或矿物化程度只取决于基质本身的生物适用性或化学结构，与具体实现形式无关。严格的生物降解试验是最有效的生物降解指标，芬顿氧化可以作为所有高级氧化的可行性判断标准。BAT 是指最佳适用或可用的技术，并非只是最好的技术。美国环境保护署定义了三种生物固体技术状态，实际上也适于炼油废水处理：萌芽状态，即处于实验室开发、台架试验阶段；创新状态，即进行了全规模的现场试验，有一定规模的初步应用；成熟技术状态，即超过 25 个设施成熟应用。

在装置控制措施相近的情况下，国外废水处理厂的处理流程和采用的技术比国内简单得多，通常为物化处理的 API、CPI、DAF 和生化处理的活性污泥，必要时进行生物脱氮，少量采用生物脱氮除磷技术(BNR)，膜生物反应器(MBR)通常替代超滤与反渗透脱盐结合。这种差异可能是由于处理目标的差异，但更主要的是技术认识上的差异，更具体地说，是对技术局限的认识。例如：溶气浮选的效果更多取决于絮凝后微颗粒数量、尺度和适用的气泡量，两级串联并不能降低出水的油含量(如 20mg/L 左右的水平)；炼油废水磷含量低，废水处理厂实际上不需要生物除磷；酸性水汽提充分去除废水中的氨氮之后，也不需要硝化、反硝化生物脱氮；厌氧或水解酸化能够去除 BTEX 等石油烃，但不能去除有机酸。厌氧条件下通过硫酸盐还原作用氧化有机物机理非常清楚，是在地质环境中烃转化为有机酸的主要生物过程，过程非常缓慢，不适合工程应用。好氧生物降解的主要限制因素应是污染物的生物适用性差、生物相浓度低，要达到预期的出水 COD 水平所需反应时间长。BP 公司在筛选先进技术时未选择进一步研究的技术如表 7.2 所示，并说明了这些技术的特点与不足。

表 7.2 BP 先进处理技术筛选中未选择进一步研究的技术

技术	理由
化学除氨：采用氧化剂，如臭氧、氯、催化剂，将氨转化成氮气	效率低；氯气会产生副产品，需要去除；不如生物方法；投资高；药剂量大；出水含溶解固体；可采用高级氧化工艺，但是用于降解难处理有机物，用于氨不经济；提高 COD，影响处理效率

续表

技术	理由
电化学氧化：电解产生次氯酸，氧化氨为氮气	其他离子和悬浮固体高影响氧化效率；投资大，成本高；炼厂使用的信息有限
高频超声波：局部热点，蒸气压低的液体挥发，形成氨浓雾	效率低；严格的结构限制；在炼油行业没有应用
离子交换，活性炭，沸石，化学再生	废炭再生，湿炭腐蚀；沸石在石油行业没有应用；工作时间短；再生废物量大；不如生化方法
电混凝	能源、土地、投资高；出水溶解盐增加；直接使用凝聚剂更经济；结垢；用电量大
电浮选	用电量大；适用于分离油和低密度固体；炼厂没有应用；低电导率水的能耗不能接受
磁流体分离	机理尚不清楚，需要强磁铁才有效，可能是超导磁铁
CAVOX 超声波：可用于炼油厂的进一步处理	用能高，升温导致微生物死亡；缺乏完整的信息
光催化氧化	通常用于分解难降解的有机物

就有机物的最终矿物化而言，化学氧化，包括高级氧化，要经过复杂的转化过程，接触时间长，氧化剂的用量大，效果不确定，经济上难以接受。在降低毒性、提高可生化性方面，还没有更明确、一致的经验可供借鉴。即使采用固体催化剂，商业化的臭氧氧化仍需与双氧水、紫外线照射结合使用。高效商品菌种需要不断补充，必要性和有效性也没有得到充分的证明。国外炼厂的水质要求不高，工艺流程较为简单，通常是活性污泥和活性炭吸附；同时更加重视源削减和隔离，如采用湿式氧化处理废碱液。为了达到 COD、TOC 等有机物排放标准，国内炼厂普遍采用多级生物处理和高级氧化工艺，深度处理一般为臭氧活性炭或臭氧催化氧化、BAF。受原水水质、反应和分离条件的影响，常规生物处理出水的 COD 为 60~100mg/L，深度处理出水 COD 为 40~60mg/L，最低可达到 20~30mg/L。在脱盐回用项目中，有采用 MBR 和反渗透替代常规预处理、UF、RO 的处理方案。厌氧技术更多地用于高浓度、易生物降解的有机废水，其中水解酸化阶段主要用于生物质废物的处理，将非溶解性、微生物不能直接利用的有机物转化为微生物可利用的有机物。为了提高 B/C 比，一些炼厂采用了水解酸化工艺，但作为一种处理工艺或技术，水解酸化只是在国内工业废水中应用，提高 B/C 或降解有机物的效果没有得到普遍认可，更可

能是由于惰性有机物的沉淀、吸附(污泥或填料)。但是，没有得到广泛研究和运行结果的验证，有机物指标的改善或变化，可能是厌氧氧化或厌氧降解的结果。

在各种生物方法中，活性污泥工艺最有效，国际上许多炼厂都采用，是一种可靠的方法。PACT(粉末活性炭)与污泥一起循环，用于对特定污染物排放标准非常严格的情况。SBR(序批生物反应器)只在某些少量炼厂使用。曝气氧化塘用于土地相对便宜、排放标准不是很严格的地方，出水水质不如活性污泥系统，在石油行业用得很少。如果活性污泥法的出水需要三级处理，MBR(膜生物反应器)具有成本优势。活性炭强化 MBR(PAC MBR)技术生物量更稳定，没有膜污染，颗粒活性炭(GAC)的成本低，但存在膜磨损的问题。表 7.3 为常规活性污泥(CAS)与其他生物工艺对比，表 7.4 进一步列出了现有生物技术较 CAS 的不足。表 7.5 和表 7.6 分别为文献中炼厂废水处理中悬浮生物反应器和附着生物反应器(生物膜法)的类型和参数。

表 7.3　常规活性污泥(CAS)与其他生物工艺对比

项目	CAS(常规活性污泥)	EOD(强化溶氧)	Anox/ox(缺氧/好氧)	RBC/SBC(旋转/潜没接触器)	IFAS(固定膜活性污泥)	MBBR(移动床生物反应器)	MBR(膜生物反应器)	BTF/AS(生物滤池/活性污泥)
占地	中	低	低到中	低	低	低	低	中
脱氮效率	中	高	高	中	高	高	高	中
耐毒性	中	中	中	好	高	好于 CAS	中	中
污泥沉降	好	毒性高时差	中	中	毒性高时差	毒性高时差	高浓度时差	中
TSS 去除效果	好			中	中	有变化	高，可达 <0.5mg/L	中
高浓度冲击	中	中	中	好	好	好	不明确	好
烃类降解	适应后好	好	好	中	好	好	高	好
寒冷气候	好	中	好	SBC 更好	好	好	好	相当
废物量	中	低	低	低	中	中	低	低
能耗	中	高	中	较低	较低		最高	低
施行方式	直接	直接	相对直接	相对直接	相对直接	相对直接	需要大量试验	相对直接

续表

项目	CAS（常规活性污泥）	EOD（强化溶氧）	Anox/ox（缺氧/好氧）	RBC/SBC（旋转/潜没接触器）	IFAS（固定膜活性污泥）	MBBR（移动床生物反应器）	MBR（膜生物反应器）	BTF/AS（生物滤池/活性污泥）
改造与新建	新建	改造	改造、新建	改造	改造、新建	改造、新建	新建	新建、改造
其他问题				机械失效	油脂影响	磨损损失（2%/a），限于微气泡曝气	膜污染停产、废物	堵塞、臭味
费用	中/高	中	中	低	低	低	高	低

表 7.4　与常规活性污泥（CAS）相比，现有生化技术的优缺点

技术	优点	缺点
SBR	稳定、可靠、单级，操作灵活	控制系统复杂，曝气系统堵塞，难以保持流量平衡
密实床反应器	支持微生物群落，适应高负荷和冲击负荷	生物堵塞、传质限制、内部生长
旋转生物接触器	稳定、可靠，支持生物群落，成本低	需要半孔隙性改性材料，易出现机械故障
生物滤池	支持生物群落，稳定，维护少，认可的技术	生物堵塞，传质限制
生物滴滤池	支持生物群落，稳定，维护少，两级处理	生物堵塞，传质限制
MBR	稳定、可靠，低 TSS，两级处理	生物堵塞，真空费用/连续维护
常规硝化—反硝化	出水的硝酸盐、BOD、COD 低，稳定、可靠	需要土地，外加碳、氧和碱
厌氧氨氧化（Anammox、Canon、Oland、Sharon）	出水的硝酸盐低，不需要外加氧、有机碳和碱	复杂的接种，易受冲击负荷影响
人工湿地	稳定，显著去除重金属	易富营养，可能有蚊蝇

表 7.5　一些炼厂废水处理悬浮生物反应器类型和参数

反应器	OLR①	COD②	微生物/载体	pH 值	温度,℃	HRT(水力停留时间), h	COD 去除率,%
活性污泥反应器		367~1117(700)	炼厂废污泥	7~7.6	2~24	—	24/17~75.6
CSBR(连续进水序批反应器)	0.177~0.744	—	混合培养物	—	—	19.2~25.6	89.9~96.5
UASB(上向流厌氧污泥反应器)	0.2~1.2	500~1200	废污泥	6.5~7.7	38	10~48	30~81
SBR(序批生物反应器)	0.3~0.93	920~1620	活性污泥	6.7~7.3	27	12.8~4.8	75~95
UASB(上向流厌氧污泥反应器)与IBAF(固定床生物反应器)		129.8~1238	活性污泥(UASB)和商业培养物(IBAF)	7.8~8.3	25~35	40~12	20~90
MBR(膜生物反应器)		616~1010	活性污泥	8.0	25	10	15~79
	30~65 mg/d		活性污泥(3000mg MLSS/L)	6~8	—	16	93.8~94.3
						20	94~95
						33	94.5~95.5
	24~67 mg/d		活性污泥(5000mg MLSS/L)			17	93.5~94
						22	93.5~94.5
						34	94.7~95.8
湿地生态系统	COD 165~347、酚 3~9、油和脂 24~46		砂—砾石		8~10		45~78
			砂—肥料		5~20		33~62

① 有机负荷, kg/(kg MLSS · d);

② 进水 COD, mg/L。

表 7.6　炼厂废水处理附着生物反应器类型和参数

反应器	OLR(有机负荷)	COD①	微生物/载体	pH 值	温度,℃	HRT(水力停留时间), h	COD去除率,%
FBR(固定床生物反应器)		547~4025	火山岩颗粒	6.7~7.8		4	90~97
		200 和 1237					96(柴油100%)
FBR		4500	聚丙烯颗粒	6.5~7.0	28~30		90~95
FBR		36650	聚丙烯颗粒	65~7.0	28~30	3.3~30	40~95
FBR		215~613	合成树脂	7~8	25~35	6.5	53~84
FBR		COD100~920,酚 24~36	聚氨酯泡沫	6.0~8.5	15~39	8~16	85~90，酚 100
RBC(旋转生物接触器)	27.33g/(m^2·d)	2667.30~5406.38	伯克氏菌和光营养微生物	7.5	28	21~24	78.56~97.8
混合反应器系统		3600~5300	恶臭假单胞菌/聚乙烯乙醇凝胶	7.2~8.2	30 和环境温度	—	COD 97,酚 100,甲酚 100
微生物电解电池		136~1400	炼油废水中的混合培养物	7.2~8	30	—	40~79

① 进水 COD，mg/L。

7.4　水量与水质

国内和国外炼厂废水控制指标均为石油烃、特定毒性物质、有机物、营养物(氮、磷)，差别主要在于 COD 的限值，国内控制浓度为 60mg/L，国外则可高达 150mg/L。表 7.7 为国际炼油行业 HSE 导则推荐的排放指标。另一方面，国内排放标准实际上为加工单位原油的水污染物的排放量上限，而且低于基准排放量时排放浓度限值保持不变。国内设定 0.56m³/t 的石油炼制用水定额没有考虑不同炼厂原油物性、产品分布和相应工艺的复杂性，接近欧洲炼厂 0.22m³/t 和 0.33m³/t 工艺用水和锅炉(产蒸汽)用水之和，略大于 0.44m³/t 废水量中值，更低于 0.70m³/t 的调查的废水厂的废水量中值。冷却水蒸发损失和排污是所有炼厂的最大水耗或废水来源，前者难以避免，后者只能通过提高浓缩倍数削减到一定水平，但无法减少污染物量(主要是无机盐)。另一方面，多数回用工艺为双膜脱盐，浓水的污染物浓度会相应成倍增加，只有转化为固体废物或矿物化有机物，才能真正削减污染物或降低单位原油加工量的污染物排放量。可能的替代方案是空气冷却和低温冷却，都需要庞大的投资和系统改造，且前者冷却效果不好，可能是穷尽其他方案之后达到用水定额的最终选择。

表 7.7 炼油 HSE 导则推荐的排放指标①

参数	指标值	参数	指标值
pH 值	6~9	镍，mg/L	0.5
BOD_5，mg/L	30	汞，mg/L	0.02
COD，mg/L	150	钒，mg/L	1
TSS，mg/L	30	酚，mg/L	0.2
油和脂，mg/L	10	苯，mg/L	0.05
总铬，mg/L	0.5	苯并[*a*]芘，mg/L	0.05
六价铬，mg/L	0.05	硫化物，mg/L	1
铜，mg/L	0.5	总氮，mg/L	10②
铁，mg/L	3	总磷，mg/L	2
总氰化物，mg/L	1	温度上升，℃	<3
铅，mg/L	0.1		

① 综合石油设施；

② 包括加氢工艺的出水总氮浓度可能达到 40mg/L。

基于上述情况，必须全面调查企业的实际用水和排水情况，与国内外先进水平对标，确定与原料、产品、加工工艺复杂程度对应的合理用水定额和排放负荷(单位加工量的污染物排放量)。一方面积极与行政主管部门沟通，争取在不影响当地资源和水环境安全的前提下，做出适当豁免(向上调整定额，或推迟执行时间)。另一方面，积极进行技术准备，确定优先领域，开展必要的研究、验证。

参 考 文 献

[1] Das N, Chandran P. Microbial degradation of petroleum hydrocarbon contami-nants: an Overview[J]. Biotechnology Research International, 2010, 2011: 1-13. https://doi.org/10.4061/2011/941810.

[2] Dudek M, Kancir E, Oye G. Influence of the crude oil and water compositions on the quality of synthetic produced water[J]. Energy & Fuels, 2017, 31(4): 3708-3716.

[3] Bata T P, Lar U A, Samaila N K, et al. Effect of biodegradation and water washing on oil properties[J]. AIMS Geosciences, 2018, 4(1): 21-35.

[4] Widdel F, Rabus R. Anaerobic biodegradation of saturated and aromatic hydro-carbons[J]. Current Opinion in Biotechnology, 2001, 12(3): 259-276.

[5] Kokal S L, Aramco S. Petroleum engineering handbook-vol. I chapter 12-crude oil emulsions[M]. Society of Petroleum Engineers, 2013.

[6] Using Vsep to treat desalter effluent[EB/OL]. [2021-10-09] https://www.vsep.com/pdf/DesalterCaseStudy.pdf.

[7] Yeung T W. Latest refining advances to process HACs and BOB[C]. Crude Oil Quality Group Meeting, Chicago, 2007.

[8] Speight J G. Petroleum: chemistry, refining, fuels and petrochemicals[M]. Encyclopedia Of Life Support Systems, 2011.

[9] Prado G H C, Rao Y, Klerk A. Nitrogen removal from oil: a review[J]. Ener-gy & Fuels, 2017, 31(1): 14-36.

[10] Nagi-Hanspal I, Subramaniya M, Shah P, et al. Exploiting opportunities with challenging crudes[J]. Petroleum Technology Quarterly, 2012, 17(5): 47-54.

[11] Shafizadeh A, McAteer G, Sigmon J. High acid crudes- crude oil quality group new orleans meeting[EB/OL]. https://doczz.net/doc/3546951/high-acid-crudes-crude-oil-quality-group-new-orleans.

[12] Kane R D, Cayard M S. A comprehensive study on naphthenic acid corrosion[M]. NACE annual conference & exposition, CORROSION 2002, NACE-02555.

[13] Richard W. Western European refineries and acidity in crude oil[M]. S & P

Global Platts, a division of S&P Global Inc, 2017.

[14] Devold H. Oil and gas production handbook[M]. Edition 1.7 Oslo, 2008.

[15] Baker H. Overcoming shale oil processing challenges [EB/OL]. White paper, 2013 [2021-09-30]. https://www.worldoil.com/uploadedfiles/datahub/37336_ new%20shale_ final.031213.pdf.

[16] Basu S. Impact of opportunity crudes on desalter operation and wastewater treatment performance in a refinery[J]. Proceedings of the Water Environment Federation, 2017(13): 1500-1513.

[17] 张德义. 含硫含酸原油加工技术进展[J]. 炼油技术与工程, 2012, 42(1): 1-13.

[18] 徐延勤. 俄罗斯原油腐蚀性相关性质浅析[J]. 石油化工应用, 2017, 36(1): 67-69.

[19] 芮玉品, 李军. 中国进口原油情况与特性分析[J]. 炼油技术与工程, 2017, 47(12): 1-5.

[20] Sun P, Elgowainy A, Wang M, et al. Estimation of U.S. refinery water consumption and allocation to refinery products[J]. Fuel, 2018, 221: 542-557.

[21] Baldoni-Andrey P, Girling A, Struijk K, et al. Refinery BREF related environmental parameters for aqueous discharges from refineries in Europe [EB/OL]. (2010-04). [2021-09-30]. https://www.concawe.eu/wp-content/uploads/2017/01/report-no.-2_ 10.pdf.

[22] Petroleum refining water / wastewater use and management[M]. Operations Best Practice Series, IPIECA, London, UK, 2010.

[23] Patrick B N. Understanding naphthenic acid corrosion in refinery settings[D]. Berkeley: University of California, 2015.

[24] Water Pollution Prevention Opportunities in Petroleum Refineries[EB/OL]. (2002-07)[2021-09-30]. https://apps.ecology.wa.gov/publications/documents/0207017.pdf.

[25] Frink A, Kehinde T, Sellers B. Water management in refining processes[EB/OL]. (2009-05-08)[2021-09-30]. https://www.ou.edu/class/che-design/a-design/projects-2009/Water%20Management.pdf.

[26] Jayakumar K, Panda R C, Panday A. A review: state-of-the-art LPG sweetening process[J]. International Journal of Chemical Engineering Re-

search, 2017, 9(2): 175-206.

[27] Igunnu E T, Chen G Z. Produced water treatment technologies[J]. International Journal of Low-Carbon Technologies, 2014, 9(3): 157-177.

[28] Hydrophobic membranes for removal of organic impurities in production water [EB/OL]. (2014)[2021-09-30]. https://www.yumpu.com/en/document/view/24820960/hydrophobic-membranes-for-removal-of-organic-impurities-in-.

[29] Neff J, Lee K, DeBlois E M. Produced water: overview of composition, fates and effects[J]. Produced water, 2011: 3-54.

[30] Schreier C G. New uses for old chemistry: chemical methods of environmental remediation[EB/OL]. (2019-05)[2021-09-30]. https://primaenvironmental.com/wp-content/uploads/2019/05/Chemical-Methods-of-Environmental-Remediation.pdf.

[31] Nagy C Z. Oil exploration and production wastes initiative[EB/OL]. (2002-05)[2021-09-30]. https://citeseerx.ist.psu.edu/viewdoc/download?doi=10.1.1.637.3529&rep=rep1&type=pdf.

[32] WEBER M. Phenols [M]. Phenolic resins: a century of progress. Springer, Berlin, Heidelberg, 2010: 9-23.

[33] Producers G. Fate and effects of naturally occurring substances in produced water on the marine environment[J]. International Association of Oil & Gas Products, 2005, 364: 18-20.

[34] Faksness L G, Grini P G, Daling P S. Partitioning of semi-soluble organic compounds between the water phase and oil droplets in produced water[J]. Marine pollution bulletin, 2004, 48(7-8): 731-742.

[35] Ahmadun F R, Pen Da Shteh A, Abdullah L C, et al. Review of technologies for oil and gas produced water treatment[J]. Journal of Hazardous Materials, 2009, 170(2-3): 530-551.

[36] Gunawan Y Y. Anaerobic biodegradation of a naphthenic acid under denitrifying conditions[D]. University of Saskatchewan, 2013.

[37] Misiti T, Tezel U, Pavlostathis S G. Fate and effect of naphthenic acids on oil refinery activated sludge wastewater treatment systems[J]. Water Research, 2013, 47(1): 449.

[38] Havre T E. Formation of calcium naphthenate in water/oil systems, naphthenic

acid chemistry and emulsion stability [EB/OL]. (2002)[2021-10-08]. https://scholar.ustc.cf/scholar? hl=zhCN&as_ sdt=0%2C5&q=Havre+T+E.+Formation+of+calcium+naphthenate+in+water%2Foil+systems%2C+naphthenic+acid+chemistry+and+emulsion+stability%5BJ%5D.+2002.&btnG=.pdf.

[39] Islam M S, Moreira J, Chelme-Ayala P, et al. Prediction of naphthenic acid species degradation by kinetic and surrogate models during the ozonation of oil sands process-affected water[J]. Science of the Total Environment, 2014, 493: 282-290.

[40] Eickhoff C, Heaton P, Vermeersch R, et al. A review of the nature of naphthenic acid occurrence, toxicity, and fate in refinery and oil sands extraction wastewaters[EB/OL]. IN: Proceedings of the Second International Oil Sands Tailings Conference. Sego, D and N. Beier(Eds.). 2010: 185-196 [2021-10-08].

[41] Curtis Eickhoff, Jerome Laroulandie. A review of the nature of naphthenic acid occurrence, toxicity, and fate in refinery and oil sands extraction wastewaters [EB/OL]. https://www.researchgate.net/publication/260021422_A_REVIEW_OF_THE_NATURE_OF_NAPHTHENIC_ACID_OCCURRENCE_TOXICITY_AND_FATE_IN_REFINERY_AND_OIL_SANDS_EXTRACTION_WASTEWATERS.pdf.

[42] Zangaeva E. Produced water challenges: influence of production chemicals on flocculation[D]. Norway: University of Stavanger, 2010.

[43] Shon H K, Vigneswaran S, Kandasamy J, et al. Characteristics of effluent organic matter in wastewater [EB/OL]. Eolss, Oxford, (2007)[2021-10-08]. http://www.eolss.net/sample-Chapters/C07/E6-144-01.pdf.

[44] Chen Z. Polyacrylamide and its derivatives for oil recovery[D]. Missouri University of Science and Technology, 2016.

[45] Alagorni A H, Yaacob Z B, Nour A H. An overview of oil production stages: enhanced oil recovery techniques and nitrogen injection [J]. International Journal of Environmental Science and Development, 2015, 6(9): 693-701.

[46] Ursegov S, Taraskin E, Hachay O A, et al. Ior norway 2017-19th European symposium on improved oil recovery: sustainable ior in a low oil price world [EB/OL]. (2017)[2021-10-08]. https://scholar.ustc.cf/scholar? hl=

zh-CN&as_ sdt=0%2C5&q=IOR+NORWAY+2017-19TH+EUROPEAN+SYMPOSIUM+ON+IMPROVED+OIL+RECOVERY%3A+SUSTAINABLE+IOR+IN+A+LOW+OIL+PRICE+WORLD&btnG=.

[47] Houser T, Gibson S, Scalco V. Front end filtering of unconventional oil [EB/OL]. Petroleum Technology Quarterly, 2018 [2021-10-08]. https://xueshu. baidu. com/usercenter/paper/show? paperid = 3000476610770b78900fa762dd2199fb&site=xueshu_ se&hitarticle=1.

[48] J Li, Y Sun, L Shi. Study on removal of naphthenic acids from white oil by [BMIM]Br-$AlCl_3$[J]. China Petroleum Processing and Petrochemical Technology, 2010, 12(4): 46-51.

[49] BB Yang, Chunming X U, Zhao S Q, et al. Thermal transformation of acid compounds in high TAN crude oil[J]. Science China, 2013, 56(7): 848-855.

[50] Bartsch R, Tanielian C. Hydrodesulfurization[J]. Journal of Catalysis, 1974, 35(3): 353-358.

[51] Parkash S. Hydrocracking processes [EB/OL]. Refining Processes Handbook, 2003: 62-108[2021-10-08]. https://xueshu. baidu. com/usercenter/paper/show? paperid = e00354864df7b3fbb137f255795c90da&site = xueshu_ se.

[52] Jechura J. Hydroprocessing: hydrotreating & hydrocracking [EB/OL]. (2016)[2021-10-08]. https://scholar. ustc. cf/scholar? hl=zh-CN&as_ sdt = 0% 2C5&q = Hydroprocessing% 3A + hydrotreating +% 26 + hydrocracking&btnG.

[53] Addington L, Fitz C, Lunsford K, et al. Sour Water: Where it comes from and how to handle it, Bryan Research and Engineering [EB/OL]. (2011-21-23)[2021-10-08]. https://scholar. ustc. cf/scholar? hl=zh-CN&as_ sdt=0%2C5&q=Sour+water%3A+where+it+comes+from+and+how+to+handle+it&btnG.

[54] E C, Jones, N A, et al. Sour water stripping part 2: phenolic water [EB/OL]. Sulphur the Magazine for the World Sulphur & Sulphuric Acid Industries, 2014[2021-10-08]. https://xueshu. baidu. com/usercenter/paper/show? paperid = 002e9cee3efbe58ff07735c4338d981e&site = xueshu_ se&hitarticle=1.

[55] Weiland, R, Hatcher, et al. HCN distribution in sour water systems[J]. Hydrocarbon Processing, 2014, 93(1): 81-84.

[56] Parvareh A. Investigation of mercaptan removal from kerosene using passive mixing tools: experimental study and CFD modeling [J]. Iranian Journal of Chemical Engineering(IJChE), 2017, 14(3): 55-64.

[57] Short T E, DePrater B L, Myers L H. Petroleum refining phenolic wastewaters [EB/OL]. Petroleum - Organic Chemicals Wastes Section, Treatment and Control Technology Branch, Robert S. Kerr Environmental Research Laboratory, Ada, Oklahoma, 1974 [2021-10-08]. https://www.academia.edu/download/33149126/02cleaning.pdf.

[58] Schramm L L. Surfactants: Fundamentals and applications in the petroleum industry[J]. Journal of Petroleum Science & Engineering, 2002, 34(1-4): 258-259.

[59] Goual L, Firoozabadi A. Measuring asphaltenes and resins, and dipole moment in petroleum fluids[J]. AIChE Journal, 2002, 48(11): 2646-2663.

[60] Spiecker P M, Gawrys K L, Trail C B, et al. Effects of petroleum resins on asphaltene aggregation and water-in-oil emulsion formation[J]. Colloids and Surfaces A: Physicochemical and Engineering Aspects, 2003, 220(1): 9-27.

[61] Yang F, Tchoukov P, Dettma H, et al. Asphaltene subfractions responsible forstabilizing water-in-crude oil emulsions. part 2: molecular representations and molecular dynamics simulations [J]. Energy & Fuels, 2015, 29, 4783-4794.

[62] Qiao P, Harbottle D, Tchoukov P, et al. Asphaltene subfractions responsible for stabilizing water-in-crude oil emulsions. part 3. effect of solvent aromaticity [J]. Energy & Fuels, 2017, 31(9): 1520-5029.

[63] Hannisdal A, Ese M H, Hemmingsen P V, et al. Particle-stabilized emulsions: effect of heavy crude oil components pre-adsorbed onto stabilizing solids[J]. Colloids & Surfaces A Physicochemical & Engineering Aspects, 2006, 276(1-3): 45-58.

[64] Flatley M W. Treatment process for removal of naphthenic acid from oil refinery wastewater[J]. Electronic Thesis and Dissertation Repository. 3882. (2016-

06-09). [2021-10-02]. https://ir. lib. uwo. ca/etd/3882.
[65] Mokhtari R, Ayatollahi S. Dissociation of polar oil components in low salinity water and its impact on crude oil-brine interfacial interactions and physical properties[J]. Petroleum Science, 2019, 16(2): 328-343.
[66] Taylor S, Chu H. Colloids Interfaces [J/OL]. 2018, 2(3): 40; doi: 10. 3390/colloids20-30040. [2021-10-02]. https://www. mdpi. com/journal/colloids.
[67] Ayirala S C, Yousef A A, Li Z, et al. Coalescence of crude oil droplets in brine systems: effect of individual electrolytes[J]. Energy & fuels, 2018, 32(5): 5763-5771.
[68] Kokal S. Crude oil emulsions: everything you wanted to know but were afraid to ask [J]. SPE Distinguished Lecturer Series, 2008. [2021-10-02]. https://www. spe. org/dl/docs/2008/Kokal. pdf.
[69] Moradi M, Topchiy E, Lehmann T E, et al. Impact of ionic strength on partitioning of naphthenic acids in water-crude oil systems-Determination through high-field NMR spectroscopy[J]. Fuel, 2013, 112: 236-248.
[70] Lee K, Li Z, King T, et al. Effects of chemical dispersants and mineral fines on partitioning of petroleum hydrocarbons in natural seawater [C]. International Oil Spill Conference, 2008.
[71] Lee K, Li Z, King T, et al. Effects of chemical dispersants and mineral fines on partitioning of petroleum hydrocarbons in natural seawater [C]. International Oil Spill Conference. American Petroleum Institute, 2008(1): 633-638.
[72] Bakhtiari M T, Harbottle D, Curran M, et al. Role of caustic addition in bitumen-clay interactions[J]. Energy & Fuels, 2015, 29: 58-69.
[73] 方超. 延迟焦化废水有机污染物组成及其对处理效能的影响[D]. 成都: 成都理工大学, 2016.
[74] Comber M, Holt M. Developing a set of reference chemicals for use in biodegradability tests for assessing the persistency of chemicals [J/OL]. MCC Report No. MCC/007, 2010-03-10. [2021-10-02]. http://cefic-lri. org/wp-content/uploads/uploads/Project%20publications/MCC_007_Eco12_Final_Report. pdf.
[75] Gómez M J, Pazos F, Guijarro F J, et al. The environmental fate of organic

pollutants through the global microbial metabolism[J]. Molecular Systems Biology, 2007, 3(1): 114.

[76] Peijnenburg W. Structure-activity relationships for biodegradation: a critical review[J]. Pure and applied chemistry, 1994, 66(9): 1931-1941.

[77] Margesin R, F Schinner. Biodegradation and bioremediation of hydrocarbons in extreme environments[J]. Applied Microbiology and Biotechnology, 2001, 56(5-6): 650-663.

[78] Fukui M, Harms G, Rabus R, et al. Anaerobic degradation of oil hydrocarbons by sulfatereducing and nitrate-redusing bacteria. Microbial Biosystems: New Frontiers[C]. Proceedings of the 8th International Symposium on Microbial Ecology. Atlantic Canada Society for Microbial Ecology, Halifax, Canada. 1999. [2021-10-02]. https://www.researchgate.net/publication/266883435.

[79] Field J A. Limits of anaerobic biodegradation[J]. Water Science & Technology A Journal of the International Association on Water Pollution Research, 2002, 45(10): 9-18.

[80] Rajesh, G, Pilla, et al. Characterization and comparison of dissolved organic matter signatures in steam-assisted gravity drainage process water samples from athabasca oil sands[J]. Energy & Fuels, 2017, 31(8): 8363-8373.

[81] Li L. Treatment of produced water using chemical and biological unitoperations [D]. The University of Utah, 2010.

[82] Parkerton T. A Preliminary analysis of benzene fate in industrial wastewater treatment plants: implications for the EU existing substances risk assessment [J]. Report on behalf of the CEFIC Aromatics Association and CONCAWE, 2001, 17.

[83] Juhasz A L, Britz M L, Stanley G A. Degradation of fluoranthene, pyrene, benz[a]anthracene and dibenz[a, h]anthracene by Burkholderia cepacia [J]. Journal of Applied Microbiology, 2010, 83(2): 189-198.

[84] Lundstedt S. Analysis of PAHs and their transformations products in contaminat-ed soil and remedial processes[J]. Contemporary Mathematics, 2003, 17(2): 245-261.

[85] Alejandro M, Méndez Erika, Hernández-López José L, et al. Novel electroche-mical treatment of spent caustic from the hydrocarbon industry using Ti/

BDD[J]. International Journal of Photoenergy, 2015(8): 1-18.

[86] Soone J, Riisalu H, Kekisheva L, et al. Environmentally sustainable use of energy and chemical potential of oil shale[C/OL]. International Oil Shale Conference. Amman, Jordan: Jordanian Natural Resources Authority. 2006: 23. [2021-10-02]. http://citeseerx.ist.psu.edu/viewdoc/download?doi=10.1.1.731.4403&rep=rep1&type=pdf.

[87] Munter R, Lundin L C. Sustainable water management in the baltic sea basin book II: water use and management[M]. Baltic University Programme Publication Location Sida, Sweden, 2000.

[88] Silva MR, Coelho MAZ, Araujo OQF. Minimization of phenol and ammoniacal nitrogen in refinery wastewater employing biological treatment[J]. Revista De Engenharia Térmica, 2002, 1(2): 33-37.

[89] Rava E, Chirwa E, Allison P, et al. Removal of hard COD, nitrogenous compounds and phenols from a high-strength coal gasification wastewater stream[J]. Water SA, 2015, 41(4): 441-447.

[90] Koleva Y, Tasheva Y. Prediction of the biodegradation and toxicity of naphthenic acids[J]. Petrochemicals, 2012: 295-312.

[91] Allen E W. Process water treatment in Canada's oil sands industry: I. target pollutants and treatment objectives[J]. Journal of Environmental Engineering and Science, 2008, 7(2): 123-138.

[92] Scott A C, Mackinnon M, Fedorak P M. Naphthenic acids in athabasca oil sands tailings waters are less biodegradable than commercial naphthenic acids [J]. Environmental Science & Technology, 2005, 39(21): 8388-8394.

[93] Gallagher J R. Anaerobic biological treatment of produced water[R]. National Energy Technology Laboratory (NETL), Pittsburgh, PA, Morgantown, WV, and Albany, OR (United States), 2001-06. [2021-10-02]. https://www.osti.gov/biblio/791058.

[94] L. F. Del Rio, A. K. M. Hadwin, L. J. Pinto, et al. Degradation of naphthenic acids by sediment micro-organisms[J]. Journal of Applied Microbiology, 2006, 101(5): 1049-1061.

[95] Mckenzie N, Yue S, Liu X, et al. Biodegradation of naphthenic acids in oils sands process waters in an immobilized soil/sediment bioreactor[J]. Chemosphere, 2014, 109: 164-172.

[96] Headley J V, Peru K M, Adenugba A A, et al. Dissipation of naphthenic acids mixtures by lake biofilms[J]. Journal of Environmental Science and Health Part A Toxic/Hazardous Substances & Environmental Engineering, 2010, 45(9): 1027-1036.
[97] Islam M S, Zhang Y, McPhedran K N, et al. Granular activated carbon for simultaneous adsorption and biodegradation of toxic oil sands process-affected water organic compounds[J]. Journal of environmental management, 2015, 152: 49-57.
[98] Drzewicz P, Perez-Estrada L, Alpatova A, et al. Impact of peroxydisulfate in the presence of zero valent iron on the oxidation of cyclohexanoic acid and naphthenic acids from oil sands process-affected water[J]. Environmental Science & Technology, 2012, 46(16): 8984-8991.
[99] Pourrezaei P. Physico-chemical processes for oil sands process-affected water treatment[D]. University of Alberta. 2013. [2021-10-02]. https://www.proquest.com/openview/bc9acdf420a00b5e4bd36a50674a0315/1?pq-origsite=gscholar&cbl=18750.
[100] Mishra S, Meda V, Dalai A K, et al. Photocatalysis of naphthenic acids in water[J]. Journal of Water Resource and Protection, 2010, 2(7): 644-650.
[101] Klamerth N, Moreira J, Li C, et al. Effect of ozonation on the naphthenic acids' speciation and toxicity of pH-dependent organic extracts of oil sands process-affected water[J]. Science of the total environment, 2015, 506: 66-75.
[102] Frankel M L, Bhuiyan T I, Veksha A, et al. Removal and biodegradation of naphthenic acids by biochar and attached environmental biofilms in the presence of co-contaminating metals[J]. Bioresource Technology, 2016, 216: 352-361.
[103] Demadis K D, Ketsetzi A. Degradation of phosphonate-based scale inhibitor additives in the presence of oxidizing biocides: "collateral damages" in industrial water systems[J]. Separation Science & Technology, 2007, 42(7): 1639-1649.
[104] Mohajerani M, Mehrvar M, Ein-Mozaffari F. An overview of the integration of advanced oxidation technologies and other processes for water and

wastewater treatment[J]. Int J Eng, 2009, 3(2): 120-46.

[105] Wen Q, Chen Z, Ye Z, et al. Performance and microbial characteristics of bioaugmentation systems for polyacrylamide degradation[J]. Journal of Polymers and the Environment, 2011, 19(1): 125-132.

[106] Li F. Study on sono-photocatalytic degradation of POPs: a case study hydrating polyacrylamide in wastewater[J]. Organic pollutants. Intech Publisher Inc, Rijeka, 2012: 327-344.

[107] Hu Y, Lu S. Heterogeneous catalytic degradation of polyacrylamide solution [J]. International Journal of Engineering Science & Technology, 2010, 2(7): 110.

[108] Zhang Y, Xue J, Liu Y, et al. Treatment of oil sands process-affected water using membrane bioreactor coupled with ozonation: a comparative study[J]. Chemical Engineering Journal, 2016, 302: 485-497.

[109] Hong P K A, Huang Y, Lin C F, et al. Pressure-assisted O_3/H_2O_2 process for degradation of MTBE[J]. J. Environ. Eng. Manage, 2008, 18(4): 239-247.

[110] Hong P K, Cha Z, Cheng C, et al. Treatment of produced water by pressure-assisted ozonation and sand filtration[J]. Chemosphere, 2009, 78(5): 583-590.

[111] Klasson K T, Tsouris C, Jones S A, et al. Ozone treatment of soluble organics in produced water[C]. Petroleum Environmental Research Forum Project. 2002: 98-04.

[112] Corrêa A X R, Tiepo E N, Somensi C A, et al. Use of ozone-photocatalytic oxidation(O_3/UV/TiO_2) and biological remediation for treatment of produced water from petroleum refineries[J]. Journal of Environmental Engineering, 2010, 136(1): 40-45.

[113] Santos F V, Azevedo E B, Dezotti M. Photocatalysis as a tertiary treatment for petroleum refinery wastewaters[J]. Brazilian Journal of Chemical Engineering, 2006, 23: 451-460.

[114] Dheeaa-al-Deen A A, Puganeshwary P, Hamidi A A, et al. Performance of the photocatalyst and fenton processes to treat the petroleum wastewater-a review[J]. Global NEST Journal, 2017, 19(3): 396-411.

[115] Diya'uddeen B H, Pouran S R, Aziz A R A, et al. Fenton oxidative treat-

ment of petroleum refinery wastewater: process optimization and sludge characterization[J]. RSC advances, 2015, 5(83): 68159-68168.

[116] Zhuo X, Huang H, Lan F, et al. Molecular transformation of dissolved organic matter in high-temperature hydrogen peroxide oxidation of a refinery wastewater[J]. Environmental Chemistry Letters, 2019, 17(2): 1117-1123.

[117] Cardoso C, Mahmoudkhani A, De Caprio A, et al. Facilitating treatment of produced water from offshore platforms by an oxidation/coagulation/flocculation approach[M]. SPE Latin America and Caribbean Petroleum Engineering Conference, Mexico City, Mexico, April 2012. [2021-10-5] https://doi.org/10.2118/153643-MS.

[118] Dalali N, Kazeraninejad M, Akhavan A. Treatment of petroleum refinery wastewater containing furfural by electron beam irradiation[J]. Desalination and Water Treatment, 2016, 57(51): 24124-24131.

[119] Zhang Y, Xue J, Liu Y, et al. Treatment of oil sands process-affected water using membrane bioreactor coupled with ozonation: a comparative study[J]. Chemical Engineering Journal, 2016, 302: 485-497.

[120] Scurtu C T. Treatment of produced water: targeting dissolved compounds to meet a zero harmful discharge in oil and gas production[J]. Department of Hydraulic & Environmental Engineering, 2009[2021-10-5]. https://core.ac.uk/display/19942227.

[121] Katz L, Kinney K, Bowman R, et al. Long term field development of a surfactant modified zeolite/vapor phase bioreactor system for treatment of produced waters for power generation[R]. United States. The University Of Texas At Austin, 2007[2021-10-5]. https://www.osti.gov/biblio/962927-FjtPus/.

[122] Tellez G T, Nirmalakhandan N, Jorge L. Kinetic evaluation of a field-scale activated sludge system for removing petroleum hydrocarbons from oilfield-produced water[J]. Environmental Progress, 2005, 24(1): 96-104.

[123] Santos C E, Fonseca A, Kumar E, et al. Performance evaluation of the main units of a refinery wastewater treatment plant-A case study[J]. Journal of environmental chemical engineering, 2015, 3(3): 2095-2103.

[124] Ebrahimi M, Kazemi H, Mirbagheri S A, et al. An optimized biological ap-

proach for treatment of petroleum refinery wastewater[J]. Journal of environmental chemical engineering, 2016, 4(3): 3401-3408.

[125] Mohd Najib bin Mohd Nordin M N. Treatment of petroleum refinery wastewater using anaerobic filter[D]. Universiti Teknologi Petronas, 2009[2021-10-5]. https://core.ac.uk/display/301105601.

[126] Siedlecka E M, Stepnowski P. Treatment of oily port wastewater effluents using the ultraviolet/hydrogen peroxide photodecomposition system [J]. Water environment research, 2006, 78(8): 852-856.

[127] Mah R, Guest R, Kotecha P. Piloting conventional and emerging industrial wastewater treatment technologies for the treatment of oil sands process affected water[J]. IWC, 2011, 11: 21.

[128] Wang B, Wan Y, Gao Y, et al. Occurrences and behaviors of naphthenic acids in a petroleum refinery wastewater treatment plant[J]. Environmental science & technology, 2015, 49(9): 5796-5804.

[129] Khong F C, Isa M H, Kutty S R M, et al. Anaerobic treatment of produced water[J]. World Acad Sci Eng Technol, 2012, 6: 55-59.

[130] Rava E, Chirwa E, Allison P, et al. Removal of hard COD, nitrogenous compounds and phenols from a high-strength coal gasification wastewater stream[J]. Water SA, 2015, 41(4): 441-447.

[131] Aljuboury D, Palaniandy P, Abdul Aziz H B, et al. Treatment of petroleum wastewater by conventional and new technologies-A review[J]. Glob. Nest J, 2017, 19: 439-452.

[132] Trofaier N, Weilhartner A, Puchner B, et al. Optimizing separation efficiency of produced water tanks by installing cfd designed internals[C]. SPE Annual Technical Conference and Exhibition, Houston, Texas, USA, September 2015. [2021-10-5]. https://doi.org/10.2118/174937-MS.

[133] Ditria J C, Hoyack M E. The separation of solids and liquids with hydrocyclone-based technology for water treatment and crude processing[C]. SPE Asia Pacific Oil and Gas Conference, Melbourne, Australia, November 1994. [2021-10-5]. https://doi.org/10.2118/28815-MS.

[134] Walsh J M. Water management for hydraulic fracturing in unconventional resources Part 1[J]. Oil and Gas Facilities, 2013, 2(3): 8-12.

[135] US Environmental Protection Agency. Wastewater technology fact sheet:

chemical precipitation [J/OL]. September 2000. EPA 832-F-00-018. [2021-10-5]. https://www3.epa.gov/npdes/pubs/chemical_precipitation.pdf.

[136] John, M, Walsh. Water management for hydraulic fracturing in unconventional resources—part 1[J]. Oil and Gas Facilities, 2013, 2(3): 8-12.

[137] Pourrezaei P, Drzewicz P, Wang Y, et al. The impact of metallic coagulants on the removal of organic compounds from oil sands process-affected water [J]. Environmental science & technology, 2011, 45(19): 8452-8459.

[138] Libecki B, Dziejowski J. Optimization of humic acids coagulation with aluminum and iron(III) salts[J]. Polish Journal of Environmental Studies, 2008, 17(3): 397-403.

[139] Hua B, Xiong H, Wang Z, et al. Physico-chemical processes[J]. Water Environment Research, 2015, 87(10): 912-945.

[140] Hurwitz G, Pernitsky D J, Bhattacharjee S, et al. Targeted removal of dissolved organic matter in boiler-blowdown wastewater: integrated membrane filtration for produced water reuse[J]. Industrial & Engineering Chemistry Research, 2015, 54(38): 9431-9439.

[141] Chebbi S, Belkacemi H, Merabet D. Physicochemical characterization and kinetic study of flotation process applied to the treatment of produced water [J]. Journal of Environmental and Analytical Toxicology, 2016, 6: 362.

[142] Tarney E B, Audiology P I, Goodman C, et al. Presented in partial fulfillment of the requirements for the degree doctor of audiology in the graduate school of the ohio state university[EB/OL]. [2021-10-5]. https://kb.osu.edu/bitstream/handle/1811/61598/AUD_capstone_Alchahal2014.pdf? sequence=1.

[143] Tetra Tech I, Fairfax V. Emerging technologies for wastewater treatment and in-plant wet weather management [R]. United States Environmental Protection Agency, 2013. EPA 832-R-12-011.

[144] Drewes J E, Cath T Y, Xu P, et al. An integrated framework for treatment and management of produced water[J]. RPSEA Project, 2009: 07122-12.

[145] Féris L A, Gallina C W, Rodrigues R T, et al. Optimizing dissolved air flotation design and saturation[J]. Water Science and Technology, 2001, 43(8): 145-157.

[146] Rosa J J D, Rubio J. The FF(flocculation-flotation) process[J]. Minerals Engineering, 2005, 18(7): 701-707.

[147] Owens N, Lee D W. The use of micro bubble flotation technology in secondary & tertiary produced water treatment-a technical comparison with other separation technologies [C]. TUV NEL, 5th Produced Water Workshop, Aberdeen, Scotland. 2007: 30-31.

[148] Ross C C, Smith B M, Valentine G E. Rethinking dissolved air flotation (DAF) design for industrial pretreatment[J]. Proceedings of the water environment federation, 2000, 2000(5): 43-56.

[149] Couto H, Sant'Anna Jr G L, Massarani G. Dissolved air flotation technique for oily effluent treatment[J]. Chemical Engineering Program. COPPE, Federal University of Rio de Janeiro, 2005.

[150] Kidder M, PALMGREN T, OVALLE A, et al. Treatment options for reuse of frac flowback and produced water from shale[J]. World oil, 2011, 232(7). [2021-10-5]. https://www.worldoil.com/magazine/2011/july-2011/features/treatment-options-for-reuse-of-frac-flowback-and-produced-water-from-shale.

[151] Junaid A, Sedgwick A, Fan A, et al. Enhanced flotation recovery of bitumen from oil sands tailings streams by cavitation[C]. Proceedings of the World Heavy Oil Congress 2014. 2014: 5-7.

[152] Edzwald J K. Developments of high rate dissolved air flotation for drinking water treatment [J]. Journal of Water Supply: Research and Technology—AQUA, 2007, 56(6-7): 399-409.

[153] Chong M N, Sharma A K, Burn S, et al. Feasibility study on the application of advanced oxidation technologies for decentralised wastewater treatment[J]. Journal of Cleaner Production, 2012, 35: 230-238.

[154] Sayles G D. Office of research and development, national risk management research laboratory, us environmental protection agency, cincinnati, OH[J].

[155] Ayanda O S, Oputu O U, Fatoki O O, et al. Water Treatment Technologies: principles, applications, successes and limitations of bioremediation, membrane bioreactor and the advanced oxidation processes[J]. OMICS Group, USA, 2015: 1-30.

[156] Garrido-Ramírez E G, Theng B K G, Mora M L. Clays and oxide minerals as

catalysts and nanocatalysts in fenton-like reactions—a review[J]. Applied Clay Science, 2010, 47(3-4): 182-192.

[157] Xu P, Cath T, Drewes J E. Novel and emerging technologies for produced water treatment[C]. US EPA Technical Workshops for the Hydraulic Fracturing, Arlington, VA. 2011[2021-10-5]. https://www.epa.gov/sites/default/files/documents/18_Xu_-_Treatment_Technologies_508.pdf.

[158] Benko K, Drewes J, Xu P, et al. Use of ceramic membranes for produced water treatment[C]. 15th Annual International Petroleum & Biofuels Environmental Conference, November. 2008: 10-13.

[159] Burnett D B, Platt F M, Vavra C E. Achieving water quality required for fracturing gas shales: cost effective analytic and treatment technologies[C]. SPE International Symposium on Oilfield Chemistry, The Woodlands, Texas, USA, April 2015: SPE-173717-MS. [2021-10-5]. https://doi.org/10.2118/173717-MS.

[160] Alexander K, Guendert D, Pankratz T M. Comparing MF/RO performance on secondary and tertiary effluents in reclamation/reuse applications[C]. Proc. 2003 IDA World Congress, Paradise Island, Bahamas. 2003.

[161] Muraleedaaran S, Li X, Li L, et al. Is reverse osmosis effective for produced water purification: viability and economic analysis[C]. SPE Western Regional Meeting, San Jose, California, March 2009: SPE-115952-MS. [2021-10-5]. https://doi.org/10.2118/115952-MS.

[162] Coday B D, Xu P, Beaudry E G, et al. The sweet spot of forward osmosis: Treatment of produced water, drilling wastewater, and other complex and difficult liquid streams[J]. Desalination, 2014, 333(1): 23-35.

[163] Abousnina R M. Oily wastewater treatment: removal of dissolved organic components by forward osmosis[D]. University of Wollongong Australia, 2012.

[164] Bhinder A, Fleck B A, Pernitsky D, et al. Forward osmosis for treatment of oil sands produced water: systematic study of influential parameters[J]. Desalination and Water Treatment, 2016, 57(48-49): 22980-22993.

[165] Candal R, Senn A, Loveira E L, et al. Alternative treatment of recalcitrant organic contaminants by a combination of biosorption, biological oxidation and advanced oxidation technologies[M]. INTECH Open Access Publisher, 2012.

[166] Pourrezaei P, Drzewicz P, Wang Y, et al. The impact of metallic coagulants on the removal of organic compounds from oil sands process-affected water [J]. Environmental science & technology, 2011, 45(19): 8452-8459.

[167] Doyle D H, Brown A B. Field test of produced water treatment with polymer modified bentonite[C]. SPE Rocky Mountain Regional Meeting, Casper, Wyoming, May 1997: SPE-38353-MS.

[168] Jaji K T. Treatment of oilfield produced water with dissolved air flotation[J]. 2012. [2021-10-5]. https://dalspace.library.dal.ca/handle/10222/15347.

[169] El-Din M G, Fu H, Wang N, et al. Naphthenic acids speciation and removal during petroleum-coke adsorption and ozonation of oil sands process-affected water[J]. Science of the Total Environment, 2011, 409(23): 5119-5125.

[170] Zhang A, Ma Q, Wang K, et al. Improved processes to remove naphthenic acids[R]. California Inst. of Technology(CalTech), Pasadena, CA(United States), 2005.

[171] Scurtu C T. Treatment of produced water: targeting dissolved compounds to meet a zero harmful discharge in oil and gas production[J]. Department of Hydraulic & Environmental Engineering, 2009. [2021-10-5]. https://core.ac.uk/download/pdf/30818005.pdf.

[172] Elsheikh A F, Ahmad U K, Ramli Z. Investigations on humic acid removal from water using surfactant-modified zeolite as adsorbent in a fixed-bed reactor[J]. Applied Water Science, 2017, 7(6): 2843-2856.

[173] Mohamed M H, Wilson L D, Shah J R, et al. A novel solid-state fractionation of naphthenic acid fraction components from oil sands process-affected water[J]. Chemosphere, 2015, 136: 252-258.

[174] Renu, Agarwal M, Singh K. Methodologies for removal of heavy metal ions from wastewater: an overview[J]. Interdisciplinary Environmental Review, 2017, 18(2): 124-142.

[175] Grefte A, Dignum M, Cornelissen E R, et al. Natural organic matter removal by ion exchange at different positions in the drinking water treatment lane[J]. Drinking Water Engineering and Science, 2013, 6(12): 1-10.

[176] Treavor H. Boyer. Removal of dissolved organic matter by magnetic ion ex-

change resin[J]. Current Pollution Reports, 2015, 1(3): 142-154.

[177] Michael-Kordatou I, Michael C, Duan X, et al. Dissolved effluent organic matter: characteristics and potential implications in wastewater treatment and reuse applications[J]. Water Research, 2015, 77: 213-248.

[178] Arias-Paic M, Cawley K M, Byg S, et al. Enhanced DOC removal using anion and cation ion exchange resins [J]. Water research, 2016, 88: 981-989.

[179] Alexandratos, D S. Ion-exchange resins: a retrospective from industrial and engineering chemistry research[J]. Industrial & Engineering Chemistry Research, 2009, 48(1): 388-398.

[180] Kumar S, Babu B V. Separation of carboxylic acids from waste water via reactive extraction[C]. International Convention on Water Resources Development and Management(ICWRDM), Pilani, India. 2008.

[181] Kwon S, Sullivan E J, Katz L, et al. Pilot scale test of a produced water-treatment system for initial removal of organic compounds [C]. Paper presented at the SPE Annual Technical Conference and Exhibition, Denver, Colorado, USA, 21-24 September 2008.

[182] Mohamed E F. Removal of organic compounds from water by adsorption and photocatalytic oxidation[J/OL]. Toulouse Inpt, 2011. https://oatao.univ-toulouse.fr/7093/.

[183] Suarez-Ojeda M E, Stüber F, Fortuny A, et al. Catalytic wet air oxidation of substituted phenols using activated carbon as catalyst [J]. Applied Catalysis B: Environmental, 2005, 58(1-2): 105-114.

[184] Grumett P. Precious metal recovery from spent catalysts[J]. Platinum metals review, 2003, 47(4): 163-166.

[185] Foley J, de Haas D, Hartley K, et al. Life cycle assessment of biological nutrient removal wastewater treatment plants [C]. 3rd International Conference on Life Cycle Management. Zurich Switzerland, 2007.

[186] Zhang Q H, Yang W N, Ngo H H, et al. Current status of urban wastewater treatment plants in China[J]. Environment International, 2016, 92-93: 11-12.

[187] Lackner S, Gilbert E M, Vlaeminck S E, et al. Full-scale partial nitritation/anammox experiences-an application survey[J]. Water research,

2014, 55: 292-303.

[188] Giesen A, Loosdrecht M V, Pronk M, et al. Aerobic granular biomass technology: recent performance data, lessons learnt and retrofitting conventional treatment infrastructure [J]. Proceedings of the Water Environment Federation, 2016, 2016(11): 1913-1923.

[189] Lodolo A, Gonzalez-Valencia E, Miertus S. Overview of remediation technologies for persistent toxic substances[J]. Arh Hig Rada Toksikol, 2001, 52(2): 253-280.

[190] Lebas R, Lord P, Luna D, et al. Development and use of high - TDS recycled produced water for crosslinked - gel - based hydraulic fracturing [C]. SPE Hydraulic Fracturing Technology Conference. OnePetro, 2013.

[191] Chopra A K, Sharma A K, Kumar V. Overview of electrolytic treatment: an alternative technology for purification of wastewater[J]. Archives of Applied Science Research, 2011, 3(5): 191-206.

[192] Teresa Z, Mario P, Leonardo S. Removal of organic matter from paper mill effluent by electrochemical oxidation[J]. Journal of Water Resource and Protection, 2011, 3(1): 32-40.

[193] John,M, Walsh. Water management for hydraulic fracturing in unconventional resources-part 1[J]. Oil and Gas Facilities, 2013, 2(3): 8-12.

[194] Feng Y, Yang L, Liu J, et al. Electrochemical technologies for wastewater treatment and resource reclamation[J]. Environmental Science: Water Research & Technology, 2016, 2: 800-831.

[195] OriginClear™ water treatment with innovative desalination techniques high tds water treatment for oil & gas markets in oman[P]. OriginClear - Patents Pending, 2015.

[196] Bjornen K K. Electrocoagulation for removal of dissolved organics from water [OL]. 2011. [2021 - 10 - 07]. https://xueshu.baidu.com/usercenter/paper/show? paperid = e69f422d052a83007c e12f509c7ead65&site = xueshu _ se.

[197] Mahmoud S S, Ahmed M M. Removal of surfactants in wastewater by electrocoagulation method using iron electrodes[J]. Physical Sciences Research International, 2014, 2(2): 28-34.

[198] Martínez-Delgadillo, et al. Electrocoagulation process for petroleum refinery

wastewater[J]. Environ. Res, 2010, 20(4): 227-231.

[199] El-Naas M H, Al-Zuhair S, Al-Lobaney A. Treatment of petroleum refinery wastewater by continuous electrocoagulation [J]. Int. J. Eng. Res. Technol, 2013, 2(10): 2144.

[200] Gousmi N, Sahmi A, Li H Z, et al. Purification and detoxification of petroleum refinery wastewater by electrocoagulation process [J]. Environmental Technology, 2016, 37(17-20): 2348-2357.

[201] García-Lugo F, Medel A, Baizaval J L J, et al. Mediated electrochemical oxidation of pollutants in crude oil desalter effluent [J]. Int. J. Electrochem. Sci, 2018, 13(209): 224.

[202] Rogula-Kozłowska W, Kozielska B, Błaszczak B, et al. The mass distribution of particle-bound PAH among aerosol fractions: A case-study of an urban area in Poland [C]//Organic pollutants ten years after the Stockholm convention—Environmental and analytical update. InTech: Rijeka, Croatia, 2012: 163-190.

[203] Doosti M R, Kargar R, Sayadi M H. Water treatment using ultrasonic assistance: A review[J]. Proceedings of the International Academy of Ecology & Environmental Sciences, 2012, 2(2): 96-110.

[204] Maheshwari A, Prasad V, Gudi R D, et al. Systems engineering based advanced optimization for sustainable water management in refineries [J]. Journal of Cleaner Production, 2019, 224: 661-676.

[205] KOHL, KRIS, WHITE, et al. Emulsion breaker and metal removal technology increases FCC residuum [J/OL]. Petroleum Technology Quarterly, 2015. [2021-10-07]. https://xueshu.baidu.com/usercenter/paper/show?paperid=1bb0fbf948eb0a576a2acf5921bd0cf8&site=xueshu_se.

[206] Scott Bieber. Operational issues processing western canadian crude oil[O]. Crude Oil Quality Group. June 18, 2009.

[207] Weiland R H, Hatcher N A, Jones C E. Stripping phenolic water[J]. Protreat, 2013.

[208] Weiland R, Hatcher N. Stripping sour water: the effect of heat stable salts [J]. Petroleum technology quarterly, 2012, 17(5): 105-109.

[209] Andrey Glinsky. Refinery sour and flue gas treatment integrated solution from dupont clean technologies[R]. Business Development Manager O&G, DSS

CT. Friday, 24 April 2015.

[210] Rajat Pal. Sour water treatment at habshan 3(unit-372) innovative solution [R]. Ali & Sons Rashid Iqbal-GASCO MESPON-18th October 2015.

[211] Ji Q, Tabassum S, Hena S, et al. A review on the coal gasification wastewater treatment technologies: past, present and future outlook[J]. Journal of Cleaner Production, 2016, 126(jul. 10): 38-55.

[212] Siemens Industry, Inc Rothschild, Wisconsin. Wet air oxidation pre - treatment of spent caustic for discharge to biological wastewater treatment allowing for water recovery and reuse[R].

[213] Veerabhadraiah G, Mallika N, Jindal S. Spent caustic management: Remediation review: proper disposal of spent caustic requires full understanding of waste components: plant safety and environment [J]. Hydrocarbon Processing(International ed.), 2011, 90(11): 41-46.

[214] Roudsari M H. Investigation on new method of spent caustic treatment[J]. Environmental Science, 2017, 4(6).

[215] Carlos T M S, Maugans C B. Wet air oxidation of refinery spent caustic: a refinery case study[C]. NPRA Conference. 2000: 1-12.

[216] Saudi Aramco. Spent caustic treatment options [R]. Company General Use. 2014.

[217] Maugans C, Howdeshell M, De Haan S. Update: spent caustic treatment [J]. Hydrocarbon Processing, 2010, 89(4): 61-66.

[218] Nacheva P M. Water management in the petroleum refining industry[J]. Water Conservation, 2011: 105-128.

[219] Altaş L, Büyükgüngör H. Sulfide removal in petroleum refinery wastewater by chemical precipitation[J]. Journal of Hazardous Materials, 2008, 153(1-2): 462-469.

[220] International conference on innovation in education, science and culture(ICIESC-2017)[J]. Journal of Physics: Conference Series, 2018, 970(1): 011001-011001.

[221] doc Feb C. Desalter/WWTP integration improves refinery profitability, reduces chemical costs and improves environmental compliance when processing tight oil crudes[R]. GE Power & Water, 2014.

[222] Song Y, Zhou J, Fan J B, et al. Hydrophilic/oleophilic magnetic Janus par-

ticles for the rapid and efficient oil - water separation [J]. Advanced Functional Materials, 2018, 28(32): 1802493.

[223] Putatunda S, Bhattacharya S, Sen D, et al. A review on the application of different treatment processes for emulsified oily wastewater[J]. International journal of environmental science and technology, 2019, 16(5): 2525-2536.

[224] TATT H O O S. Demulsification of water-in-crude oil emulsions via microwave heating technology[D]. Universiti Malaysia Pahang, 2010.

[225] 叶国祥，宗松，吕效平，等．超声波强化原油脱盐脱水的实验研究[J]．石油学报(石油加工)，2007，23(3)：47-51.

[226] Hetherington M, Moore M, Pepperman R, et al. Emerging technologies for biosolids management[R]. Office of Wastewater Management US Environmental Protection Agency Washington, DC, 2006.

[227] Foglar L, Papić S, Margeta D, et al. The use of different reactor systems for biological treatment of petroleum refinery wastewaters[J]. Fresenius Environmental Bulletin, 2015, 24(11 A): 3695-3702.

[228] Environmental, health, and safety guidelines petroleum refining[R]. World Bank Group, 2016.